1001 Hunde

1001 Hunde

© Naumann & Göbel Verlagsgesellschaft mbH, Köln
Autorinnen: Miriam Kuhl, Jennifer Willms, Dr. Beate Ralston
Umschlagmotive: J. L. Klein/M. L. Hubert, Okapia (Titelmotiv). Alle übrigen
Abbildungen stammen aus dem Innenteil.
Produktion und Redaktion: twinbooks, München (Jennifer Künkler, Ina Gärtner)
Gesamtherstellung: Naumann & Göbel Verlagsgesellschaft mbH, Köln

ISBN 978-3-625-12811-3

www.naumann-goebel.de

Vorwort

„Man kann auch ohne Hund leben, aber es lohnt sich nicht" – mit dieser Aussage brachte der Schauspieler Heinz Rühmann die Meinung vieler Hundeliebhaber auf den Punkt. Zu Recht gehören für viele Menschen Hunde zu den beliebtesten Haustieren überhaupt. Der „beste Freund des Menschen" besticht durch Gelehrsamkeit, Gehorsam und Anhänglichkeit. Vor allem die Treue der sozialen Rudeltiere ist sprichwörtlich. Kein Tier ist für eine engere Bindung zum Menschen bekannt.

Seit ihrer Domestizierung vor mindestens 12 000 bis 15 000 Jahren als erste Haustiere sind die „Nachfahren der Wölfe" aber nicht nur die verlässlichsten Begleiter ihrer Herrchen und für die meisten Hundebesitzer geliebte Familienmitglieder, die sich auch mit Kindern hervorragend verstehen, sie harmonieren oft auch gut mit anderen Haustieren. Zudem erfüllen sie wichtige und nützliche Funktionen und gehen dem Menschen helfend zur Hand, zum Beispiel als Wach-, Hüte- oder Jagdhund, als Rettungs-, Polizei- oder Blindenhund sowie als Lasten- und Zugtier. Die besonderen Fähigkeiten der Hunde wie Intelligenz, Kraft, Mut und Ausdauer sowie ein ausgeprägter Gehör- und Geruchssinn befähigen sie dabei zu herausragenden Leistungen.

Schon die Kleinsten gewinnen mit ihrer Tapsigkeit und Verspieltheit alle Herzen für sich. Damit Bewegungstrieb, Spielwut und Entdeckungsfreude nicht in Übermut ausarten, ist eine frühzeitige und konsequente Erziehung vonnöten. Beginnend mit der Beherrschung der Grundbefehle und ersten kleinen Tricks, können die gelehrigen Tiere große Kunstfertigkeit erlangen und auf Hundeshows und sportlichen Wettbewerben wie Hunderennen oder Agility ihre verdienten Auszeichnungen ernten.

Hunde unterhalten und verblüffen ihre Besitzer immer wieder mit ihrem bemerkenswerten und teilweise erstaunlichen Verhalten. Durch ihre Körperhaltung und Mimik bringen sie ihre Stimmungen zum Ausdruck und kommunizieren mit dem Menschen. Umgekehrt haben Hunde im Zuge ihres Zusammenlebens mit den Zweibeinern gelernt, die menschlichen Ausdrucksweisen aufs Genaueste zu deuten. Dies macht die einzigartige Beziehung zwischen Mensch und Hund aus und ermöglicht ein vertrautes Zusammenwirken bei Spiel, Sport und Arbeit.

Nahezu überall auf der Welt werden Hunde gezüchtet – von den uns vertrauten Rassen wie Dackel oder Schäferhund bis hin zu exotisch und eigentümlich wirkenden Vertretern ihrer Gattung wie dem Peruanischen Nackthund oder dem Chinesischen Schopfhund. Genau diese Hundebegeisterung hat dazu geführt, dass es inzwischen unzählige Hunderassen gibt. Über 330 Rassen hat der Verband FCI (Fédération Cynologique Internationale) bis heute zur Zucht anerkannt. Hier hat sich eine überraschende Vielfalt an Hunden verschiedener Statur, Fellbeschaffenheit und Eigenschaften herausgebildet. Aber nicht nur der Haushund, sondern auch Wildhunde – von Kojoten und Dingos bis hin zu Mähnenwolf und Polarfuchs – vermögen zu faszinieren.

Entdecken Sie auf den folgenden Seiten in zauberhaften Bildern die abwechslungsreiche Welt der Hunde und lernen Sie die verschiedenen Facetten dieser auf vielerlei Weise beeindruckenden Tiere kennen.

Inhalt

RASSEHUNDE

HÜTE- UND TREIBHUNDE

Schäferhunde

Die Sektion der Schäferhunde zählt mit ihren 37 Mitgliedern zur zweitstärksten Gruppe innerhalb der anerkannten Hunderassen. Die Bestimmung dieser Gebrauchshunde lag in der Unterstützung des Schäfers beim Hüten und Bewachen seiner Herde vor zwei- und vierbeinigen Räubern. Leistungsfähigkeit und Witterungsbeständigkeit waren primäre Zuchtfaktoren der meist im Freien lebenden Tiere.

■ Belgischer Schäferhund

Je nach Haarbeschaffenheit unterscheidet man vier Varietäten des vielseitigen Gefährten: Groenendael, Tervueren, Malinois und Lakenois. Der Belgische Schäferhund kann weit mehr als seine ursprüngliche Bestimmung, das Schafehüten, vermuten lässt. Seinem Arbeitseifer kann man Rechnung tragen, indem man ihn als Wach- oder Diensthund einsetzt. Ohne ausreichende Forderung verkümmert der wachsame und lernfreudige Hund, Aufgaben findet er als Rettungs- und Spürhund, aber auch im Agilitysport.

■ Australischer Kelpie

Die Hündin Kelpie, die 1872 das erste in Australien abgehaltene Sheep Dog Trial gewann, begründete diese agile, intelligente und selbstständige Rasse. In Europa wenig verbreitet, werden die ausdauernden Arbeitshunde besonders von amerikanischen Schaf- und Rinderzüchtern hoch geschätzt. Ihre Hütearbeit können sie selbst bei Temperaturen bis 40 °C zuverlässig absolvieren. Ihr Haarkleid ist dicht und glatt anliegend und schützt so gut vor Regen, ideal für lange Aufenthalte im Freien. Ihre Stärken sind ausgeprägter Gehorsam, schnelle Auffassungsgabe und große Ausdauer. Der Australische Kelpie gehört zu den wenigen Hunderassen, deren Vertreter in Ausübung ihrer Arbeit auch über die Rücken der ihnen anvertrauten dicht zusammengedrängten Schafherde laufen.

Belgischer Schäferhund
Groenendael – schick in Schwarz

Schwarz und mit langen Haaren ist der Gronendael nach seiner Herkunft aus dem gleichnamigen belgischen Ort benannt. Bedingt durch seine Haarbeschaffenheit bedarf er relativ intensiver Pflege. Der gefestigte Charakter, sein lebhaftes und munteres Temperament, der Mangel an Ängstlichkeit und Aggressivität bilden die Grundlage für seine vielfältigen Einsatzmöglichkeiten. Einziges Manko: Als Schoßhund ist er nicht geeignet.

Belgischer Schäferhund
Selten und ruhiger: der Laekinois

Seltener als die drei anderen Varietäten anzutreffen – und hier im Bild gleich im „Doppelpack"! – ist der rauhaarige, überwiegend falbfarbene Laeken, gezüchtet im Park des gleichnamigen belgischen Schlosses. Sein Wesen ist zudem ruhiger und ausgeglichener. Nicht zu unterschätzen ist jedoch auch sein Bewegungsdrang. Um ihm gerecht zu werden, muss man schon viel Zeit und Sportlichkeit anbieten. Wer meint, mit sporadischen Radtouren und Jogging sei dem Genüge getan, riskiert eine Verhaltensstörung.

Belgischer Schäferhund
Der arbeitsame Malinois

Der kurzhaarige Vertreter der Rasse, falbfarben mit schwarzer Wolkung und schwarzer Maske aus der Gegend um Malines, findet häufig Einsatz bei Polizei und Zoll, als Sport- und als Schutzhund. Insbesondere die Leistungshunde sind als Familienhunde weniger geeignet, da sie einfühlsam, mit liebevoller Konsequenz und ohne Härte erzogen werden müssen. Die leistungsstarken, zuverlässigen Tiere werden im Arbeitseinsatz oft den Deutschen Schäferhunden vorgezogen.

Belgischer Schäferhund
Aktiv und temperamentvoll: der Tervueren

Das äußere Erscheinungsbild des Tervueren ist langhaarig, falbfarben mit schwarzen oder grau-schwarzen Haarspitzen und schwarzer Maske. Seine Lieblingsbeschäftigung, wie hier im Bild: Spiel und Spaß bei ausgelassenem Toben im Freien. Als Wach- und Schutzhund trainiert, verteidigt er Herrn und Haus leidenschaftlich und hartnäckig. Ohne Aufgabe ist vielfältige, ausdauernde Bewegung unabdingbar.

Schipperke

Großer Charakter im Kleinformat: Der aus Belgien stammende Schipperke (Scheperke = Flämisch für „kleiner Schäferhund") ist die kleinste aller Schäferhundrassen und mit erster Erwähnung bereits im 15. Jahrhundert zugleich recht alt. Mit maximal 33 cm Größe sind Rüden bei einem Gewicht von ca. 3 bis 9 kg ausgewachsen. Das Erscheinungsbild wirkt aufgrund des kurzen, kräftigen Körperbaus gedrungen, seine Fellfarbe ist schwarz. Leidenschaftlich verbellt er als aufmerksamer Wächter Eindringlinge aus seinem Revier, ohne dabei aggressiv zu werden. Auf Fremde reagiert er unnahbar bis unfreundlich. Aufgrund seines kleinen Formates und des gelehrigen und temperamentvollen Wesens ist er als Familienhund selbst in Etagenwohnungen geeignet.

Tschechoslowakischer Wolfhund

Kreuzung aus Deutschem Schäferhund und Karpatenwolf: Ursprünglich als Militärhunde gezüchtet, erblickten die ersten Welpen aus dieser Verbindung vor gut 50 Jahren das Licht der Welt. Endgültig anerkannt wurde die Rasse des Tschechoslowakischen Wolfhundes erst 1999. Seine Aufzucht und Haltung erfordern sehr viel Erfahrung im Umgang mit Hunden (und Wölfen), denn nicht nur im Aussehen ist der gelblich-, wolfs- und silbergraue, hochintelligente Hund dem Wolf sehr ähnlich geblieben. Mit frühzeitiger Sozialisation und regelmäßigem einfühlsamen und abwechslungsreichen Training kann man ihn zum Grundgehorsam führen. Als Ausdauerläufer können diese Tiere bis zu 100 km am Stück trabend absolvieren, sie sind zudem temperamentvoll, gelehrig, verfügen über einen hervorragenden Orientierungssinn und eine ausgeprägte Treue und Anhänglichkeit an den Halter.

Kroatischer Schäferhund

Hüte-Allrounder: Der Kroatische Schäferhund zählt mit seinen bis zu 51 cm Widerristhöhe zu den kleineren der mittelgroßen Hunde. Seine Fellfarbe ist schwarz, das Fell weich und wellig mit einer Haarlänge von 8 bis 13 cm. Aufgrund seiner Schnelligkeit, seines Eifers und raschen Auffassungsgabe zeichnet er sich als hervorragender Hütehund jeglichen Viehs aus, sein Jagdtrieb ist kaum ausgeprägt. Anderen Hunden und Fremden tritt der sonst anspruchslose, robuste, leicht erziehbare und intelligente Hund skeptisch gegenüber. Außerhalb Kroatiens ist er kaum bekannt, selbst in seiner Heimat selten.

Deutscher Schäferhund

So kennen und lieben wir ihn, unseren „Rex", den klassischen Vertreter des Deutschen Schäferhundes! Seine ursprüngliche Bestimmung, die Unterstützung des Schäfers beim Schafehüten, ist heute kaum noch gefragt. Aufgrund von Lerneifer, Mut, Unterordnungsbereitschaft und Nervenstärke verdienen sich viele ihrer Art als Rettungs- und Schutzhunde ihr Futter. Aber auch viele blinde Menschen vertrauen auf den zuverlässigen, treuen Sport- und Familienhund. Er zählt zu den gefragtesten Rassen weltweit.

Deutscher Schäferhund
Nie ohne Action

Ein Leben ohne fordernde Aufgaben und viel Bewegung ist für diese Rasse eine Qual und nicht artgerecht. Dabei sind den Möglichkeiten kaum Grenzen gesetzt, da der Deutsche Schäferhund sich durch ausgeprägte Lernbereitschaft, Leichtführigkeit und den Willen zur Unterordnung auszeichnet. Ob Polizei- oder Rettungshund, Schnüffler beim Zoll, Lawinen- oder Blindenführhund, Turnierhundesport, Agility oder gar Fernsehstar – Hauptsache, Bewegung und Beschäftigung kommen nicht zu kurz.

■ Mallorca-Schäferhund

Der schwarze mittelgroße Ca de Bestiar kommt weitgehend kurzhaarig vor. Er wird als robuster, kräftiger Bauernhund mit ausgeprägtem Schutztrieb beschrieben, der in Spanien speziell für den gewandelten Bedarf vom Hüte- zum Wachhund gezüchtet wird. Die Rasse ist selbstständig, wachsam, mutig, verteidigungsbereit und stark territorial. Er ist seinem Herrn, und nur diesem, treu ergeben, Fremden gegenüber wenig aufgeschlossen. Der Mallorca-Schäferhund wird zum Bewachen von Haus und Hof, im Sicherheitsdienst und in Nordamerika sogar zur Bekämpfung von Kojoten eingesetzt.

■ Beauceron

Der französische Hüte- und Treibhund ist von großem Wuchs, dabei muskulös, kräftig, jedoch ohne Schwerfälligkeit. Sein ursprünglicher Einsatz als Schäferhund tritt zunehmend zugunsten der Unterstützung von Polizei und Zoll zurück. Konsequente und erfahrene Erziehung ist notwendig, dann allerdings hat man in dem freundlichen und zuverlässigen Hund einen treuen Gefährten.

■ Katalanischer Schäferhund

In vielen katalanischen Hirtengebieten hat er sich als wachsamer, engagierter Hütehund erwiesen. Nicht nur die Anweisungen des Schäfers befolgt der Katalanische Hirten- oder Schäferhund gewissenhaft, er ist dank seiner Intelligenz in der Lage, selbstständig Entscheidungen zu treffen. Ihre nur mittlere Größe kompensieren die aktiven, ausgeglichenen Tiere mit Mut und aufopfernder Treue zum Herrn.

Briard

Knapp 70 cm Größe bei gut 30 kg Körpergewicht und langes, leicht gewelltes Fell sind die äußeren Merkmale dieses muskulösen, großen Schäferhundes. Der Briard zählt zu den ältesten französischen Hunderassen und hat seine Ahnen in Hof- und Bauernhunden. Herden umkreisen und bewachen ist heute nicht mehr seine Hauptaufgabe. Vielmehr tritt er immer häufiger als zuverlässiger und ausdauernder Familienhund auf.

Briard
Immer in Bewegung

Der ausgeprägten Bewegungsfreude des Briard sollte unbedingt mit Hundesport und viel Auslauf begegnet werden. Die geschätzten Hütehundeigenschaften wie beispielsweise ein gesundes Misstrauen Fremden gegenüber sind noch heute in seinem Wesen verankert. Seine sehr anspruchsvolle Haltung ist auch aufgrund der intensiven Fellpflege nichts für bequeme Zeitgenossen. Dank seiner territorialen Veranlagung eignet er sich auch als Wachhund.

Berger Picard

Ein klein wenig verwegen mutet er an, der bis 65 cm große, französische Hütehund. Dabei ist das struppige, raue Fell, das diesen Eindruck verursacht, ideal für längere Aufenthalte im Freien geeignet, da es schmutzabweisend und pflegeleicht ist und gut gegen Kälte und Nässe schützt. Als rauhaarige Variante der französischen Schäferhunde weist er eine ähnliche Geschichte auf wie Beauceron und Briard und ist ebenso anspruchsvoll in Aufzucht und Haltung.

Langhaariger Pyrenäen-Schäferhund

Die langhaarige Variante des Pyrenäen-Schäferhundes ist temperamentvoller und deutlich misstrauischer als sein kurzhaariger Artgenosse. Ob Pferde, Ziegen, Schweine oder Schafe – er bewacht seine Schützlinge mit gleicher Vehemenz wie Haus und Hof. Erstaunlich, ist er doch mit seinen bis zu 54 cm Größe ein recht kleiner Hütehund. Mit Mut, Energie und starkem Willen macht er seine körperliche Unterlegenheit wett.

Kurzhaariger Pyrenäen-Schäferhund

Nur wenige Details unterscheiden den kurzhaarigen Pyrenäen-Schäferhund körperlich von seiner langhaarigen Varietät. Am auffälligsten sind wohl die kurzen feinen Haare, die seinen Kopf bedecken und namensgebend sind. Sein Wesen charakterisiert ihn als einfach im Umgang und wenig misstrauisch Fremden gegenüber. Ein Verhaltensmerkmal, auf dessen Beachtung auch er stark drängt, ist seine Freude an Bewegung und Herausforderung.

Bearded Collie

Der heutige Bearded Collie soll bereits im 15. Jahrhundert seine Vorfahren unter Hütehunden haben. Sein sanftes und ausgeglichenes Wesen machen ihn zu einem beliebten Familienhund. Jedoch ist er nicht ganz unproblematisch: Der bis zu 56 cm große Hund braucht einerseits viel Bewegung, andererseits ist die Pflege des längeren Fells zeitaufwendig und bringt viel Schmutz ins Haus.

Bearded Collie
Familienfreundlich

Der Beardie ist ein durchsetzungsstarker und selbstständiger Hund, der gewohnt ist, in unbequemem Gelände seine Schützlinge zusammenzutreiben. Wie bei den meisten Arbeitshunderassen ist auch für ihn ein Leben ohne Aufgabe, Gesellschaft und viel Bewegung nicht artgerecht. Kompetenten Umgang dankt er mit seinem fröhlichen und aufgeschlossenen Wesen, das besonders von Familien geschätzt wird.

Border Collie

Sein Name erklärt sich durch sein ursprüngliches Einsatzgebiet an der englisch-walisischen und englisch-schottischen Grenze („border" = „Grenze"). Der mittelgroße, wendige Hütehund verschreibt sich seiner Aufgabe, dem Hüten von Herden, voller Arbeitseifer. In geduckter Haltung, mit unter den Bauch geschlagener Rute beobachtet er konzentriert seine Schützlinge, die er fast zu hypnotisieren scheint.

Border Collie
Anspruchsvolle Beschäftigung

Der größte Fehler, den ein Halter bei einem Border Collie begehen kann, ist, ihn nicht adäquat zu fordern. Denn Unterforderung und Langeweile können zu Hyperaktivität, Aggressivität und sogar Bissigkeit führen. Der vielseitige, intelligente Hund erscheint in zahlreichen Farben, Weiß darf jedoch nicht dominant sein. Ob Lang- oder Kurzhaar – das Fell des quirligen Gefährten ist pflegeleicht.

■ Langhaariger Schottischer Schäferhund

Der bekannteste Vertreter dieser schottischen Rasse ist der Fernseh-hund Lassie. Auch diese Schäferhund-drasse musste sich ursprünglich um das Wohl der ihr anvertrauten Schafe in den Hochebenen Schottlands kümmern. Sein langes dichtes Fell ist weniger aufwendig in der Pflege, als es der Anblick vermuten lässt. Sein freundliches Wesen mit ausgeprägtem Sozialverhalten machen ihn zu einem idealen Familienbegleiter.

■ Kurzhaariger Schottischer Schäferhund

Im Gegensatz zu seinem langhaarigen Kollegen ist der Kurzhaar-Collie recht unbekannt. Wesen und Fellfarbe sind ähnlich, er ist jedoch anspruchsvoller in der Haltung, denn seine Intelligenz und Bewegungsfreude fordern regelmäßige sinnvolle Beschäftigung. Der agile und bis ins Alter verspielte Hund ist zudem sehr sensibel. Er lässt sich gut erziehen und ins Familienleben integrieren.

■ Bobtail

Der bei uns vielfach als Bobtail bekannte Altenglische Schäfer-hund ist von sanftem, ruhigem und ausgeglichenem Wesen. Dass er bisweilen recht stur anmutet, liegt an seinem ursprüng-lichen Aufgabengebiet als Schafhüter und -treiber. Mittlerweile überwiegend arbeitslos, bietet er sich auch als Familienhund an. Dank seiner hohen Reizschwelle ist er auch für den Umgang mit Kindern gut geeignet.

Bobtail
Farbenfroh

Er kommt in allen Schattierungen von Grau, Grizzle und Blau mit und ohne weiße Zeichnung vor. Die Bezeichnung als „Bobtail", was „kurzschwänzig" bedeutet, hat heute, dank Kupierverbot, keine Relevanz. Neben seinem signifikanten Aussehen sind auch sein rollender Gang und der spezielle Tonfall beim Bellen rassetypische Merkmale. Seine Haltungsansprüche liegen in viel Zeit für Fellpflege und Bewegung.

Shetland Sheepdog

In seiner ursprünglichen Heimat, den Shetlandinseln, bestand seine Aufgabe im Hüten der Herden und in Haus- und Hofwache. Insbesondere für die endemischen kleinwüchsigen Rassen von Schaf, Rind und Pferd war der ebenfalls kleine Schäferhund prädestiniert. Denn durch sein geringes Gewicht von ca. 7 kg konnte er auch leichtfüßig über die Rücken der Tiere springen, um diese z. B. vor Klippenstürzen zu bewahren. Seitdem die Herdentiere dort von normalem Wuchs sind, übernehmen die größeren Border Collies seine Aufgaben.

Shetland Sheepdog
Beliebter Haushund

Mittlerweile hat sich der robuste, kluge und lerneifrige Sheltie zum leichtführigen Familienhund entwickelt. Wie bei fast allen Hütehunden ist auch seinem Temperament mit ausreichender Bewegung Rechnung zu tragen. Seine Schönheit kommt am besten zum Ausdruck, wenn sein pflegeintensives, seidiges Fell wöchentlich gründlich gebürstet wird. Konsequente Erziehung ist, wie bei den meisten Arbeitshunden, für ein harmonisches Familienleben unabdingbar.

Welsh Corgi Cardigan

Er ist die ältere der beiden Welsh-Corgi-Rassen und zugleich eine der ältesten Rassen in Großbritannien. Für das Zusammenhalten und den Schutz von Herden ist das Fersenzwicken, mit dem sich der kleine Schäferhund Respekt verschafft, gut geeignet. Im Zusammenleben mit Kindern kann sich dies jedoch als problematisch herausstellen, man kann es aber durch konsequente Erziehung und Alternativbeschäftigung abtrainieren.

Welsh Corgi Pembroke

Der Name „Corgi" steht für die walisischen Komponenten „cor" = „Zwerg" und „gi" = „Hund". Die nur bis 30 cm großen Hüte- und Treibhunde hatten durch ihre geringe Größe bei der Arbeit viele Vorteile. Sich schnell unter ausschlagenden Hufen wegzuducken und wendig außer Reichweite zu springen sind ihre Stärken. Die Wehrhaftigkeit der Herdentiere fordern sie durch die Fersenbisse heraus, ein Mittel des kleinen Hundes, sich Respekt zu verschaffen.

Welsh Corgi Pembroke
Royaler Favorit

Zwar ist der Pembroke weniger bissig als der Cardigan, ein idealer Familienbegleiter ist er dennoch nicht, auch wenn er sich dank seiner geringen Größe für das Leben in einer Stadtwohnung eignet. Mit solider Erziehung präsentiert er sich aufgeweckt, freundlich und mutig. Seine Beliebtheit wuchs dank königlicher Fürsprache: Königin Elisabeth II. erkor den Pembroke zu ihrem Lieblingshund. Insgesamt ist er jedoch weit weniger verbreitet als der Cardigan.

Bergamasker Hirtenhund

Das Auffälligste an diesem Hütehund aus Norditalien ist sein zotteliges, fettiges und dichtes Fell, das ihn ideal vor Kälte und Nässe schützt. Dies ist auch einer der Gründe, weswegen er wenig verbreitet ist: In seiner Haarpracht trägt er viel Schmutz spazieren. Der stolze und intelligente Hund braucht eine konsequente und zugleich sensible Bezugsperson, die seiner zuweilen eigensinnigen und temperamentvollen Persönlichkeit gerecht wird.

Maremme-Abruzzen-Schäferhund

Er zählt zu den bekanntesten italienischen Hirtenhunden. Seine Aufgabe bestand darin, Schafe vor großen Raubtieren und Wilddieben zu beschützen. Dabei half ihm seine imposante Größe von rund 70 cm bei einem Gewicht von etwa 40 kg ebenso weiter wie Mut und Entschlossenheit. Durch seinen schwach ausgeprägten Gehorsam ist der Maremme-Abruzzen-Schäferhund schwer auszubilden und kein Tier für Anfänger.

Komondor

Die Größe des Komondors von bis zu 80 cm und sein massiver Körperbau, der bis zu 61 kg auf die Waage bringt, sind beeindruckend und, je nach Sichtweise, Angst einflößend. Eindringlinge in sein Revier duldet der tapfere, verwegene Hütehund ungarischer Hirten nicht. Ein Leben als Stadt- oder Schmusehund ist für den selbstständigen und robusten Hund, dessen Sinn für Unterordnung kaum ausgeprägt ist, undenkbar.

Komondor
Intensive Fellpflege

Sein weißes, sehr langes und in Platten verfilzendes Fell hat für den Hirtenhund, der ein Leben im Freien gewohnt ist, viele Vorteile. Es schützt vor Kälte, Hitze und Nässe ebenso wie vor Bissverletzungen. Die Farbe ermöglichte es, ihn von angreifenden Wölfen oder, wie in den USA, von Kojoten zu unterscheiden. Die Fellpflege ist eine Herausforderung und erfordert viel Zeit.

Kuvasz

Die edle weiße Erscheinung verbirgt ein robustes und temperamentvolles Wesen. Der ausgeprägte Jagdtrieb des Kuvasz und seine Eigenständigkeit erfordern Erfahrung im Umgang mit Hunden. Im Ernstfall verteidigt er Haus und Herrchen unter Einsatz seines Lebens. Dies trug ihm auch seinen Namen ein, denn in ihm steckt das türkische „kavas", gleichbedeutend mit „bewaffneter Wächter".

Mudi

Der mittelgroße ungarische Hüte- und Treibhund ist sehr gelehrig und erfüllt auch seine Aufgaben als Wachhund gut. Er ist pflegeleicht und anspruchslos in der Haltung. Der temperamentvolle Hirtenhund verfügt über einen ausgeprägten Arbeitswillen, dem durch abwechslungsreiche Aufgaben und viel Bewegung, z. B. Agility, Rechnung getragen werden sollte.

▬ Puli

Ursprünglich in Asien beheimatet, kam diese Schäferhundrasse vermutlich im 9. Jahrhundert als Begleiter der Nomaden nach Ungarn. Dort wurden sie primär zum Hüten von Schafen eingesetzt. Besonderes Merkmal dieses mittelgroßen Hundes mit robustem und muskulösem Körperbau ist sein Fell, das in Schnüren bis zum Boden hängt. Lebhaft, intelligent und zugleich sehr sensibel, benötigt der Puli einfühlsame Erziehung und Beschäftigung.

▬ Pumi

Aus der Kreuzung von Puli und terrierartigen Hunden entstand im 17. und 18. Jahrhundert in Ungarn der mittelgroße Pumi, der seit Beginn des 20. Jahrhunderts eine eigene Rasse gemäß anerkannten Standards bildet. Der stets einfarbig vorkommende Hirtenhund ist äußerst lebhaft und bellfreudig. Sein fröhliches, aufgeschlossenes Wesen findet immer mehr Anhänger. Der Ausgeglichenheit muss durch viel Bewegung Rechnung getragen werden.

Holländischer Schäferhund
Idealer Familienhund

Wie die meisten großen Hunderassen benötigt auch der Holländische Schäferhund ausreichend Bewegung, um physisch und mental gesund zu bleiben. Dank seiner raschen Auffassungsgabe und ausgeprägten Intelligenz sind den Möglichkeiten kaum Grenzen gesetzt. Der gehorsame, treue Begleiter sucht Familienanschluss. Fremden tritt er misstrauisch, aber niemals unbegründet aggressiv gegenüber.

Holländischer Schäferhund

Nicht nur im Aussehen ist er ein äußerst vielseitiger Hund: Als Hüte-, Wach-, Polizei-, Schutz-, Blinden- oder Familienbegleithund ist der große Holländische Schäferhund flexibel einsetzbar. Er präsentiert sich mit Rauhaar, Kurz- und seltener Langhaar in den Farben Grau und Braun, Blaugrau und Pfeffersalz gestromt. Seine Zuverlässigkeit und hohe Anpassungsfähigkeit machen ihn zum idealen Begleiter für bewegungsfreudige Tierhalter.

Saarloos-Wolfshund

Der bis zu 65 cm große Saarloos-Wolfshund wurde erstmalig von Leendert Saarloos in den 1920er-Jahren gezüchtet. Hinter der Kreuzung von Deutschem Schäferhund mit Wolfsmischlingen stand die Intention, ursprünglichere, weniger vermenschlichte Tiere zu züchten. Fremden gegenüber sind diese Hunde sehr misstrauisch. Können sie in Stresssituationen nicht instinktgemäß flüchten, neigen sie zu Ängstlichkeit.

Saarloos-Wolfshund
Stammbaum nicht zu leugnen

Die Wolfeinflüsse sind nicht nur im Aussehen klar erkennbar: Deutlicher Fluchtinstinkt, Gehorsam nur aus Eigenantrieb und ein ausgeprägter Jagdtrieb sind natürliche Eigenschaften derartiger Rückkreuzungen auf den Wolf. Dies schränkt auch den Kreis potenzieller Halter stark ein: Umfangreiche Kenntnisse in Hundehaltung und -erziehung und konsequente Führung sind dringend nötig, um diesem reaktionsschnellen, lebhaften Hund einen adäquaten Lebensraum geben zu können.

Niederländischer Schapendoes

Der mit „Schafspudel" zu übersetzende Niederländische Schapendoes zählt zu den mittelgroßen Hunderassen. Meist taucht er in blaugrauen bis schwarzen Farben auf, andere sind möglich. Fast ausgestorben, wurde er ab 1940 aus typischen Restvertretern seiner Rasse neu gezüchtet. Nach wie vor ist er wenig verbreitet. Wo er auftaucht, gewinnt er durch sein freundliches Wesen schnell Freunde.

■ Polnischer Niederungshütehund

In seiner polnischen Heimat ist er mittlerweile weniger Hütehund als Familienhaustier. Der auch PON genannte Polnische Niederungshütehund erreicht mit seinen bis zu 50 cm Höhe ein Gewicht von ca. 20 kg. Streunen und Wildern liegen ihm fern, vielmehr möchte er sein Temperament in viel Bewegung zeigen. Sein in allen Farben vorkommendes dichtes Fell ist lang und sollte regelmäßig gepflegt werden.

Tatra-Schäferhund ■

Ebenfalls zu den weißen Hirtenhunden zählt der Tatra-Schäferhund aus Polen. Auch Podhalaner genannt, wird der große Hund heute überwiegend als Wach- und Begleithund eingesetzt. Nervenstärke, Lerneifer und Pflichtbewusstsein zeichnen ihn aus. Seiner Aufgabe entsprechend, ist er Fremden gegenüber misstrauisch und zurückhaltend.

■ Portugiesischer Schäferhund

Er hütet alles, was ihm anvertraut wird, seien es Schweine, Ziegen, Schafe und sogar Rinder und Stiere. Von Gelb bis Schwarz kann er in vielen Farben auftauchen, am häufigsten ist heute die dunkle Fellfarbe. Der Portugiesische Schäferhund ist im Erscheinungsbild groß und wirkt durch das dichte, langhaarige Fell kräftiger, als er mit seinen knapp 20 kg ist.

Südrussischer Ovtcharka

Der Südrussische Ovtcharka ist ein Schäferhund, der in Weiß und verschiedenen Pastellfarben vorkommt, außerhalb Russlands jedoch sehr selten ist. Er beeindruckt durch seinen massigen Körperbau und kann durchaus bis zu 75 kg auf die Waage bringen. Zugleich ist er sehr groß und mit seinen langen, pflegeintensiven Haaren insgesamt eine imposante Erscheinung.

Slowakischer Tschuvatsch

Der Slowakische Tschuvatsch ist groß und mit seinen etwa 40 kg Gewicht eine der kräftigeren Hunderassen. Dank seinem Äußeren zählt er zu den weißen Hirtenhunden, die neben Herden auch Haus und Hof vor Eindringlingen schützen. Sein Bewegungsdrang und seine Selbstständigkeit erfordern einen hundeerfahrenen Halter.

Australischer Schäferhund

Seine Rassebezeichnung lautet Australian Shepherd (Deutsch: „Australischer Schäferhund"), von Liebhabern auch Aussie genannt. Sein Name ist irreführend, stammt der Viehhütehund doch aus den USA. Dies hat er seiner Aufgabe, dem Hüten von Australian Sheeps in Australien, später in Amerika, zu verdanken. Neben dem Einsatz als Hütehund ist er aufgrund seiner Selbstständigkeit und seiner Intelligenz auch auf vielen anderen Gebieten verwendbar.

Australischer Schäferhund
Kleiner Bruder

Mittlerweile gibt es auch eine kleinere Variante dieses seit 1996 offiziell anerkannten Hundes. Die sogenannten Miniature Australian Shepherds jedoch sind nicht anerkannt. Sie sind in der Handhabung etwas einfacher als ihre großen Kollegen, da sie neben der geringeren Größe auch über ein weniger stark ausgeprägtes Durchsetzungsvermögen verfügen. Sie erreichen eine maximale Schulterhöhe von 30 bis 45 cm, der große „Bruder" hingegen wird bis zu 58 cm hoch.

Ciobanesc Românesc Mioritic

Die Hunde der Rasse Ciobanesc Românesc (rumänische Hirtenhunde) sind mit ihrer großen Wachbereitschaft und Eigenständigkeit die idealen Hütehunde. Der Ciobanesc Românesc Mioritic, dessen Name so viel wie „kleines Schaf" bedeutet, ist die Hirtenhundrasse der rumänischen Tiefebenen. Den etwa 60 bis 65 cm großen Hund mit den charakteristischen bernsteinfarbenen Augen kennzeichnet ein langes, wuscheliges Fell mit weißer Grundfarbe.

Ciobanesc Românesc Carpatin

Auch der Ciobanesc Românesc Carpatin ist ein rumänischer Schäferhund, allerdings stammt er, wie der auf die Karpaten verweisende Name bereits besagt, aus den dortigen Gebirgsregionen. Die ruhigen und ausgeglichenen Hunde sind mit etwa 72 cm etwas größer als die Mioritic. Das kurze bis mäßig lange Fell ist meist mausgrau – bisweilen mit schwarzer Gesichtsmaske –, aber auch Farben von Beige bis Weiß mit schwarzen bis rötlichen Flecken kommen vor.

Weißer Schweizer Schäferhund

Lange wurde der Weiße Schweizer Schäferhund als eine Fellmutation des Deutschen Schäferhundes angesehen und nicht als Rasse anerkannt. So gab es ab den 1930er-Jahren in Europa kaum mehr Weiße Schäferhunde. Erst in den 1970er-Jahren kamen die zuverlässigen und eleganten Familien-, Begleit- und Gebrauchshunde über die USA und Kanada zurück nach Europa, zunächst in die Schweiz. Heute werden sie unter anderem als Wach-, Rettungs- und Blindenhunde eingesetzt.

Treibhunde

Treibhunde müssen ebenso wie Schäferhunde wehrhafte, kraftvolle und durchsetzungsstarke Tiere sein, da ihre Aufgabe darin besteht, Herden von Rindern, Schweinen oder Schafen über längere Strecken in den Stall oder zum Markt zu treiben. Allein schon das vorbereitende Zusammentreiben versprengter Herdentiere erfordert Mut und selbstständiges Vorgehen. Einige Treibhunde verschaffen sich mit Fersenbissen Respekt bei widerspenstigen Ausbrechern.

■ Australian Cattle Dog

Seinen Namen verdankt der Australische Treibhund seinem Haupteinsatzgebiet, dem Zusammentreiben von Rinderherden im australischen Outback. In Europa ist der ausdauernde und kräftige Hund mit dem gedrungenen Körperbau noch selten. Das kurze, pflegeleichte Haar des Cattle Dog ist bei Geburt noch weiß und erhält erst später sein blau oder rot gesprenkeltes Aussehen. Für erfahrene Hundehalter ist er ein idealer Familienhund.

Australian Cattle Dog
Mit Konsequenz zum Familienhund

Der Fersenbiss, mit dem er widerspenstige Rinder zur Herde zurücktreiben sollte, ist dem Australien Cattle Dog angeboren. Zusätzlich zum ausgeprägten Jagdtrieb macht ihn dies zu einer Herausforderung im Umgang und bei der Eingliederung in die Familie. Da er jedoch insgesamt von freundlichem Wesen ist, lohnt sich eine konsequente Erziehung, die die Instinkte, wie beispielsweise beim Hundesport, in verträgliche Bahnen umlenkt.

Ardennen-Treibhund ■

Nur weiß darf er laut Rassestandard nicht sein, ansonsten sind alle Farbbeschläge in dieser Treibhundrasse zugelassen. Optik war beim Ardennen-Treibhund stets zweitrangig, sodass er sich mit einem wetterbeständigen, pflegeleichten Fell präsentiert. Da er gewohnt ist, selbstständig und ausdauernd zu arbeiten, fällt es ihm schwer, sich in Familienkonstellationen unterzuordnen.

Flandrischer Treibhund

Mit seinem bis zu 68 cm hohen Widerrist und bis zu 40 kg Gewicht zählt er zu den großen, Kraft ausstrahlenden Hunderassen. Intelligenz und Kühnheit, gepaart mit einem robusten, muskulösen Körper, halfen ihm früher beim Treiben von Rinderherden, heute bei Wach- und Schutzaufgaben. Den aus Flandern stammenden Hund trifft man auch im Dienst von Polizei und Rettungsdiensten.

Flandrischer Treibhund
Eigenwilliger Hütehund

Wie bei allen Hunderassen, die ursprünglich darauf abgerichtet waren, selbstständig Aufgaben des Hütens, Treibens und Wachens zu übernehmen, sind auch beim Flandrischen Treibhund Temperament, Eigenwille und Selbstbewusstsein stark ausgeprägt. Bei konsequenter und sachkundiger Erziehung helfen ihm Intelligenz und Lerneifer, sich in neue Aufgaben einzufinden.

Australian Stumpy Tail Cattle Dog

Die australische Rasse mit dem quadratischen Körperbau wurde im frühen 19. Jahrhundert von den australischen Siedlern gezüchtet, um die großen halbwilden Rinderherden zu hüten. Seinen Namen (Engl. „stumpy tail" = Stummelrute) verdankt dieser anhängliche Treibhund mit dem blauen oder blau getüpfelten bzw. rot gesprenkelten Fell seiner höchstens 10 cm langen Rute.

PINSCHER, SCHNAUZER, MOLOSSOIDE, SENNENHUNDE

Pinscher und Schnauzer

Man kann sie als Haus- und Hofhunde bezeichnen, da sie von jeher die Ställe und Scheunen frei von tierischem Ungeziefer wie Ratten und Mäuse halten sollten. Pinscher und Schnauzer sind artverwandt und unterscheiden sich im Wesentlichen durch Größe und Felltyp.

▆ Dobermann

Den Dobermann kennt man in den Farben Schwarz und Braun, jeweils mit rostrotem Brand mit kurzem, hartem und dichtem Haar. Mit seinen bis zu 72 cm Widerristhöhe ist er der größte Pinscher. Zugleich ist er die einzige deutsche Rasse, die den Namen ihres ersten Züchters trägt: Friedrich Louis Dobermann. Ursprünglich war das robuste Tier ein Gebrauchshund, der häufig im Polizeidienst eingesetzt wurde.

Dobermann
Einsatz als Schutzhund

Mittlerweile ist der kräftige, muskulöse Dobermann primär als Schutzhund im Einsatz, der Wachdienste ausübt. Bei gründlicher, fachkundiger Erziehung kann er sogar als Familienhund gehalten werden, zumal seine Grundstimmung entgegen vielen Vorurteilen als friedlich und freundlich beschrieben wird. Seiner vorhandenen mittleren Schärfe kann man durch zielgerichtete Arbeit Energie nehmen.

▆ Deutscher Pinscher

Schon 1880 kommt der Deutsche Pinscher im Deutschen Hundestammbuch vor. Er präsentiert sich mittelgroß mit kurzem, dichtem und glatt anliegendem Fell. Seine Farbgebung ist entweder einfarbig hirschrot, rotbraun, dunkelrotbraun oder schwarzrot mit braunen Abzeichen. Bis zu 20 kg an Gewicht kann der 45 bis 50 cm große Hund erreichen.

Deutscher Pinscher
Idealer Familien- und Wachhund

Der Deutsche Pinscher vereint ideale Eigenschaften, um als Familienbegleiter oder Wachhund ein geeignetes Zuhause zu verdienen. Dazu zählen sein lebhaftes Temperament ebenso wie seine Ausgeglichenheit und Klugheit. Mit Hundesport oder durch regelmäßige ausgedehnte Jogging- oder Radtouren wird man seiner ausdauernden Art gerecht. Insgesamt ist er pflegeleicht, zählt jedoch seit 2003 zu den im Bestand gefährdeten Haustierrassen.

 # Zwergpinscher

Der Zwergpinscher ist die kleinere Ausgabe des Deutschen Pinschers und auch er hat seinen Ursprung in heimischen Gefilden. Er ist lebhaft und temperamentvoll, selbstsicher und ausgeglichen. Er ist zwar ein idealer Familienbegleithund, man muss sich allerdings darüber im Klaren sein, dass er bellfreudig ist. Aufgrund seiner geringeren Größe benötigt er jedoch weniger Auslauf als der Deutsche Pinscher.

Zwergpinscher
Regelmäßige Sozialkontakte

Früher waren die niedlichen kleinen Zwergpinscher Zeitvertreib für die weibliche adelige Gesellschaft. Je größer die Konkurrenz durch andere Kleinhund-Rassen wurden, desto mehr wurden sie verdrängt, sodass sie heute nur noch verhältnismäßig selten sind. Trotz der geringen Größe sollte man eine fundierte Erziehung, die auch regelmäßige Sozialkontakte einschließt, nicht außer Acht lassen.

Affenpinscher

Auch er hat seinen Ursprung in Deutschland. Bereits der Künstler Albrecht Dürer hat Vorfahren des Affenpinschers zwischen 1471 und 1528 auf seinen Holzschnitten verewigt. Er ist rauhaarig, klein und verdankt seinen Namen seinem affenartigen Gesichtsausdruck. Das Wesen des kleinen Familienhundes ist anhänglich, wachsam und manchmal ein wenig zur Hartnäckigkeit neigend.

Österreichischer Pinscher

Wesensfest, spielfreudig und besonders anhänglich ist der mittelgroße stämmige Pinscher aus Österreich. Starken Jagdtrieb kann man ihm nicht nachsagen, umso mehr aber einen ausgeprägten Schutzinstinkt, der ihn zu einem unbestechlichen Wächter macht. Er erscheint in verschiedenen Farben – von Semmelblond über Hirschrot bis Schwarz, wobei auch weiße Abzeichen zulässig sind.

Dansk-Svensk Gaardshund

Der Dansk-Svensk Gaardshund erinnert mit seinem kurzen, weißen Fell, das mit farbigen Flecken in Schwarz, Loh, Braun oder in verschiedenen Beigetönen vorkommen kann, ein wenig an den Foxterrier. Der robuste, wachsame und leicht erziehbare Hund hat einen gering ausgeprägten Bewegungsdrang, weshalb er nicht dazu neigt, herumzustreunen. Daher bestand seine Aufgabe früher vor allem darin, Haus und Hof von Ratten und Mäusen freizuhalten. Heute wird er auch gerne als Familienhund gehalten.

Riesenschnauzer

Der Riesenschnauzer ist mit seinen bis zu 70 cm Höhe ein großer Hund, der aufgrund seiner Statur als eher kräftig einzustufen ist. Es gibt ihn in verschiedenen Farben, von Schwarz bis Pfeffersalz und von Eisen- bis Silbergrau. Sein Haar ist drahtig und dicht, mit gut ausgeprägter Unterwolle. Sein Fell sollte regelmäßig getrimmt werden, ist aber insgesamt pflegeleicht. Der Riesenschnauzer vereint darüber hinaus viele positive Eigenschaften, die sich in Klugheit, Kraft, Ausdauer, Robustheit und Belastbarkeit zeigen.

Riesenschnauzer
Einsatz im Dienst

Ursprünglich wurde der Riesenschnauzer im süddeutschen Raum als Viehtreiber eingesetzt, seit 1925 ist er als Diensthund anerkannt. Er verfügt über einen gutartigen, ausgeglichenen Charakter, der sich auch in unbestechlicher Treue zu seinem Besitzer äußert.

Schnauzer

Mit seinen bis zu 50 cm Widerristhöhe zählt er zu den mittelgroßen Hunden. Ursprünglich war der Pferde liebende Hund ein Stalljäger, der diese von Ungeziefer freihielt. Auch Kutschenwachdienst zählte zu seinen Aufgaben. Heute ist er zunehmend als liebevolles, anhängliches Familienmitglied zu finden, das bei ausreichendem Auslauf sein lebhaftes Temperament und seine Spiellust abreagieren kann.

Zwergschnauzer

Der Zwergschnauzer ist ein kleiner, temperamentvoller Hund, der, wie der Schnauzer, früher die Höfe von Ratten und Mäusen frei hielt. Er ähnelt insgesamt dem großen Bruder. Aufgrund seiner geringen Größe neigen Halter allerdings zu größerer Nachsicht und Inkonsequenz in der Erziehung. Seiner angeborenen Dickköpfigkeit wird dadurch Vorschub geleistet. Fremden gegenüber zeigt er sich sehr zurückhaltend und kündigt jeden bellend an.

▬ Holländischer Smoushund

Der Smous, wie der Holländische Smoushund von seinen Verehrern genannt wird, ist ein anhänglicher und freundlich-fröhlicher Hund, der sich ideal in eine Familie integrieren kann. Sein rauhaariges Fell darf lediglich einfarbig gelb, jedoch in allen Schattierungen, auftreten. Bis zu 42 cm Größe bei knapp 10 kg Körpergewicht sind die äußeren Merkmale des holländischen Energiebündels.

Schwarzer Terrier ▬

Der Schwarze Terrier stammt aus Russland, wo er unter anderem aus Airedale Terrier, Riesenschnauzer und Rottweiler hervorging. Für seine Einsätze als Armee- und Polizeihund, als Schlitten- und als Hüte- und Treibhund musste er von überragender Widerstandfähigkeit und großem Leistungswillen sein. Heute lebt der Schwarze Russische Terrier überwiegend als Familienhund, der allerdings ein hohes Maß an Aktivität zu einem glücklichen Hundeleben braucht.

Molosser

Die Sektion der Molosser ist mit ihren 34 Mitgliedern eine recht umfangreiche Gruppe ähnlicher Hunde. Gemeinsam ist den Hunden dieser Untergruppe ein großer Wuchs mit einer massigen Erscheinung. Die Molossoiden werden weiter unterteilt in Doggenartige und Berghunde. Hunde dieser Kategorien sind Deutsche und Argentinische Dogge, Bulldogge, Leonberger und Bernhardiner. Sie sind trotz ihrer imposanten Erscheinung nicht zwangsläufig gefährlich.

Argentinische Dogge

Die Argentinische Dogge wurde Anfang des 20. Jahrhunderts vom argentinischen Arzt Dr. Martinez gezüchtet. Sein Ziel war ein wachsamer Hund, den er zugleich auf die Großwildjagd mitnehmen konnte. 1973 wurde der Dogo Argentino als einzige und erste argentinische Rasse von der Internationalen Kynologischen Vereinigung (FCI) anerkannt. Sein Erscheinungsbild ist athletisch, sein Charakter ist ausgewogen und liebenswürdig.

Fila Brasileiro

Der bis zu 75 cm Widerristhöhe erreichende Fila Brasileiro wirkt aufgrund seines relativ hohen Körpergewichts schwer und kompakt. Ein ausgeprägter Wesenszug ist sein Misstrauen Fremden gegenüber, die er festzuhalten sucht und bei Bedrohung auch angreift. In einigen Ländern ist seine Haltung aufgrund seiner nicht einfachen Beherrschbarkeit mit Auflagen verbunden.

Shar Pei

Der Shar Pei zählt zu den Molossoiden. Er stammt aus China und wird aufgrund seines Äußeren auch Chinesischer Faltenhund genannt. Die Falten sind bei der Geburt der Welpen noch nicht angelegt, sie entwickeln sich erst im Alter von vier Wochen. Eine weitere anatomische Besonderheit ist die Blaufärbung von Zunge und Gaumen, die er neben dem Chow-Chow als einzige Hunderasse besitzt.

Shar Pei
Familienhund

Sein nicht sehr stark ausgeprägter Bewegungsdrang macht den Shar Pei auch bei uns zu einem beliebten Familienhund. Er ist ein lebhafter, mittelgroßer, kompakt erscheinender Hund, der sich ruhig und liebevoll seiner Familie anschließt. Sein unabhängiges, selbstbewusstes Wesen, gepaart mit Wachsamkeit und Misstrauen Fremden gegenüber, erfordern eine konsequente Erziehung.

Broholmer

Seine Heimat ist Dänemark, und weit über Skandinavien hinaus ist er auch nicht bekannt. Mit seinen bis zu 75 cm Widerristhöhe bei bis zu 63 kg Körpergewicht ist er ein massiger, kräftiger Hund. Er braucht zwar viel Bewegung, ist aber kein Sprinter. Als Begleit- oder Wachhund ist das freundliche Tier bei fachkundiger Führung gut geeignet.

Broholmer
Bewacher von Haus und Hof

Seit dem Mittelalter werden die Broholmer insbesondere bei der Hirschjagd eingesetzt. Zunehmend fanden sie ihre Bestimmung dann in der Bewachung von Haus und Hof. Auch er wäre im Zuge des Zweiten Weltkrieges fast ausgestorben, seit 1975 strebt die „Gesellschaft zur Wiederherstellung der Broholmer Rasse" die stabile Population der großen mastiffartigen Tiere an.

Deutscher Boxer

Der Brabanter Bullenbeißer gilt als unmittelbarer Vorfahre des Deutschen Boxers. Ursprünglich wurde er von Jägern gezüchtet, um die Hetzhunde durch Festbeißen der Beute zu unterstützen. Aus diesem Grund hat der mittelgroße, stämmige Hund ein breites Maul mit weitem Zahnstand. Schwerfällig oder plump darf der muskulöse Hund nicht sein.

Deutscher Boxer
Nervenstark und ausgeglichen

Sein Fell ist kurz, hart und glatt anliegend. Es kann Gelb oder gestromt sein und eine schwarze Maske aufweisen. Nervenstärke, Selbstbewusstsein und unerschrockener Mut sind typische Merkmale. Zugleich ist er aber, insbesondere in seiner Familie, ruhig, ausgeglichen und heiter bis freundlich. Er nimmt Erziehung gut an und ordnet sich auch unter.

Deutsche Dogge

Eine Dogge ist laut Rasseverständnis ein großer, starker Hund, der keiner bestimmten Rasse angehören muss. Spätere Differenzierungen unterschieden die Tiere dann hinsichtlich Farbe und Größe. 1878 wurde in einem Fachkomitee beschlossen, alle Varietäten unter dem Begriff Deutsche Dogge zusammenzufassen. Ein erster Standard für diese Rasse folgte zwei Jahre später anlässlich einer Ausstellung in Berlin.

Rottweiler

Der Rottweiler ist eine deutsche Hunderasse, die zugleich zu den ältesten der Welt zählt. Schon die Römer schätzten ihn als Hüte- und Treibhund, der selbst anstrengende Touren durch die Alpen klaglos überstand. 1910 wurde er aufgrund seiner hervorragenden Eigenschaften als Polizeihund anerkannt. Er ist von mittelgroßem bis großem Wuchs, stämmig und gedrungen gebaut.

Deutsche Dogge
Idealer Familienbegleiter

Hündinnen sind mit ihren mindestens 72 cm Widerristhöhe nur geringfügig kleiner als ihre männlichen Artgenossen. Beide Geschlechter verfügen über einen großen, kräftigen und harmonischen Körperbau. Trotz ihrer Größe sind sie leichtführig, gelehrig und liebevoll, so dass sie einen idealen Familienbegleiter abgeben. Aggressivität kennen sie im Regelfall nicht, ihre Reizschwelle ist hoch.

Rottweiler
Freundlich und liebevoll

Große Kraft, Wendigkeit und Ausdauer sind Eigenschaften, die der Rottweiler seit jeher erfolgreich unter Beweis stellt und die ihn zu einem zuverlässigen Gebrauchshund gemacht haben. Seine Grundstimmung ist dabei freundlich und friedvoll. Er ist sanft im Umgang mit Kindern, anhänglich und gehorsam seinem Herrchen gegenüber. Nervenstärke und Unerschrockenheit runden seinen gefestigten Charakter ab.

Mallorca-Dogge

Die Mallorca-Dogge, auch Ca de Bou oder Perro dogo mallorquin genannt, ist ein typischer Molosser mit kräftigem, mittelgroßem Körper. Als Wach- und Schutzhund macht ihr keiner etwas vor, Mut und Tapferkeit helfen in kritischen Situationen. Im alltäglichen Umgang ist dieser Hund ruhig, vertrauensvoll und treu seinem Herren gegenüber. Typische Fellfarben der Mallorca-Dogge sind gestromt, Falb und Schwarz.

Bordeauxdogge

Die Bordeauxdogge ist eine der ältesten Hunderassen Frankreichs. Rüden erreichen 60 bis 68 cm Körpergröße bei mindestens 50 kg Gewicht. Meist sind sie falbfarben von Mahagoni bis isabellfarbig mit kurzem, dünnem Fell. Der muskulöse und athletische Hund wird in manchen Ländern zu den gefährlichen Rassen gezählt. In den richtigen Händen ist er aber ein ruhiger und liebevoller Begleithund.

Bulldogge

Ihr äußeres Erscheinungsbild ist kraftvoll, kompakt und untersetzt. Die Bulldogge hat Haare von kurzer feiner Struktur, die dicht und glatt sind. Farblich präsentiert sich diese Rasse unter anderem in Rot, Falb, Rehbraun oder Weiß, gescheckt und gestromt. Schwarze Maske und schwarzer Fang sind laut Rassestandard zulässig. Ihre Widerristhöhe variiert zwischen 31 und 36 cm.

Bulldogge
Grimmig, aber liebenswert

Die Bulldogge stammt von den alten Bullenbeißerhunden ab, die früher auch zu Hundekämpfen eingesetzt wurden. Entschlossenheit, Kraft und Mut sind signifikante Merkmale des Hundes, der seinen Ursprung in Großbritannien hat. Auch wenn das Aussehen der Englischen Bulldogge grimmig und wenig einladend anmutet, ist sie ein liebenswerter Hund, der sanft und treu im Wesen ist.

Bullmastiff

Der Bullmastiff stammt aus Großbritannien, wo er die Wildhüter des 19. Jahrhunderts unterstützt hat. Heute ist der bis zu 68 cm große und 59 kg schwere Molossoid ein umgänglicher und ruhiger Hausgenosse. Er ist verspielt, aber auch temperamentvoll, unabhängig und bisweilen stur, so dass konsequente Erziehung und sinnvolle Beschäftigung, z. B. mit Unterordnungsspielen, notwendig sind, um ihn zu kontrollieren.

Mastiff

Der Mastiff oder Old English Mastiff stammt aus Großbritannien und ist in seiner Größe nicht festgelegt. Mit seinen mindestens 69 cm Widerristhöhe ist er jedoch kein kleiner Hund. Sein Gewicht von 65 kg aufwärts verspricht zudem Kraft und den Drang nach viel Bewegung. Neben einer erfahrenen Hand und viel Platz erfordert seine Haltung in manchen Ländern auch eine spezielle Genehmigung.

Mastino Napoletano

Der Mastino Napoletano ist ein großer schwerer Hund, der als sehr alte Hunderasse von römischen Mastiffs abstammt. Diese wurden für Zirkuskämpfe, im Krieg und zur Jagd auf Großwild abgerichtet. Heute ist der kräftige Hund hauptsächlich als Begleithund und im Sicherheitsdienst zu finden. 1949 wurde er als eigenständige Rasse anerkannt. Sein Fell erscheint in Grau, Beigegrau oder Schwarz mit kleinen weißen oder bräunlichen Flecken.

Mastino Napoletano
Groß und kraftvoll

Typisch für ihn ist die locker in Falten hängende Haut. Auch wenn er bei richtiger Erziehung nicht grundlos aggressiv oder bissig ist, unterliegt seine Haltung in manchen Ländern strikten Auflagen. Wie jeder große, kraftvolle Hund benötigt auch er eine konsequente Führung, die ihn in jeder Situation unter Kontrolle hat; für zarte Personen eignet er sich nicht.

Italienischer Corso-Hund

Der Römische Molosser ist ein direkter Ahn des Corso-Hundes, der seinen Ursprung in „Bella Italia" hat. Sein Name leitet sich vom italienischen „cohors" ab, was „Hüter, Verteidiger von Haus und Hof" bedeutet. So ist auch seine heutige Funktion primär der Einsatz als Wach- und Schutzhund. Sein Fell ist kurz, glänzend mit nur dünner Unterwolle.

Tosa

Aus Japan stammt der große, kräftige Tosa, der früher primär als Kampfhund in den damals beliebten Hundekämpfen eingesetzt wurde. Heute ist der mutige und unerschrockene Hund oft Wächter von Haus und Hof. Der auch Japanischer Mastiff genannte Tosa hat Hängeohren und ein kurzes dichtes Fell in den Farben Rot, Falb, Apricot, Schwarz und gestromt.

Cão Fila de São Miguel

Sein Name verrät seinen Herkunftsort, die Azoreninsel Saint Miguel, wo er als Treibhund, beispielsweise bei Kuhherden, im Einsatz war. Der Portugiese, der auch unter dem Namen Kuhhund bekannt ist, existiert seit Anfang des 19. Jahrhunderts. Bei einem Gewicht zwischen 20 und 35 kg wird er maximal 60 cm groß. Sein Fell erscheint in verschiedenen festgelegten Farben immer gestromt.

Uruguayischer Cimarron

Der mittelgroße, kompakte und kräftige Uruguayische Cimarron besitzt kurzes, glattes Fell, das gestromt oder in allen Gelbtönen auftreten kann. Er ist ausgeglichen, scharfsinnig und unerschrocken, aber auch misstrauisch gegenüber Fremden. Diese Eigenschaften zeichnen ihn für seine Arbeit als Jagdhund bei der Wildschweinjagd, als Wach- und Treibhund für Herden oder als Schutzhund aus. Der Uruguayische Cimarron hat sich wahrscheinlich aus der Verschmelzung einheimischer Hunde mit Hunden, die spanische und portugiesische Eroberer nach Südamerika einführten, entwickelt.

Dogo Canario

Der Dogo Canario stammt, wie sein Name schon sagt, von den Kanarischen Inseln. Ursprünglich diente er den spanischen Eroberern als Kriegshund. Sein ausgeglichenes, gehorsames, aber auch gelehriges und Fremden gegenüber misstrauisches Verhalten sind ausgezeichnete Wesensmerkmale für seine Arbeit als Herdenschutz- und Wachhund. Der Dogo Canario wird heute aber auch oft als Familienhund gehalten.

Anatolischer Hirtenhund

Er hat einen mächtigen, kraftvollen Körperbau und ein dichtes, doppeltes Fell, das ihn bei seinen ständigen Aufenthalten im Freien ideal schützt. Seinem Lebensraum und seiner Aufgabe hat er sich im Laufe der Zeit gut angepasst. Er ist ausdauernd und schnell, um beispielsweise entlaufene Herdentiere einzufangen. Seine Arbeit erfordert ein hohes Maß an Selbstständigkeit, Intelligenz und Ausgeglichenheit.

Neufundländer

Der Neufundländer stammt aus Kanada und ist sowohl als Schlittenhund für das Ziehen schwerer Lasten als auch als Wasserhund gut geeignet. Sein kräftiger, muskulöser Körperbau wirkt massiv und trotzt widerstandsfähig den extremen klimatischen Bedingungen seiner Heimat. Gerade für den Einsatz im eiskalten Wasser ist sein wasserabweisendes Haarkleid mit weicher, dichter Unterwolle ideal.

Neufundländer
Wasserliebender Familienhund

Der wasserliebende, widerstandsfähige Hund ist bei uns primär als Familienhund anzutreffen. Er präsentiert sich ruhig und freundlich und dabei genügsam und ausdauernd. Für träge Menschen ist dieser Hund nicht geeignet. Er braucht viel Platz und ausreichend Bewegung, am liebsten im Wasser. Gelassenheit und Selbstsicherheit zählen zu seinen Wesensmerkmalen.

Hovawart

Der Hovawart ist ein mittelgroßer, kraftvoller, langhaariger Gebrauchshund aus Deutschland. Sein Name gibt Hinweise auf seine primäre Verwendung: Im Mittelhochdeutschen bedeutet „hova" so viel wie „Hof", „wart" ist die alte Bezeichnung für „Wächter". Heute zählt der bis zu 70 cm große Hund aus der Gruppe der Molossoiden zu den klassischen Schutzhundrassen.

Hovawart
Polizei und Rettung

Sein Arbeitseifer und seine Lernfähigkeit machen ihn zu einem gut erziehbaren Hund, der sich auch für Polizei-, Rettungs- und Wachdienst gut eignet. Als Familienmitglied benötigt er viel Bewegung und Beschäftigung. Insgesamt ist er ein ruhiger Zeitgenosse, der jedoch seine Wachsamkeit gegenüber jedem Fremden durch Bellen unter Beweis stellt.

Leonberger

Bis zu 80 cm kann der Leonberger Rüde erreichen. Dabei ist er kräftig, muskulös und hat einen harmonischen Körperbau. Hauptsächlich findet man ihn heute in Familien, die den lebhaften, selbstbewussten Hund schätzen, zumal er sich durch ausgesprochene Kinderfreundlichkeit auszeichnet.

Leonberger
Züchtung eines löwenähnlichen Hundes

Der erste echte Leonberger soll 1846 das Licht seiner deutschen Heimat erblickt haben. Er entstand als Folge der Bemühungen des Leonberger Stadtrats Heinrich Essig, der in den 1830er- und 40er-Jahren einen löwenähnlichen Hund züchten wollte. Dazu paarte er eine schwarz-weiße Neufundländerhündin mit einem Bernhardinerrüden, später wurden auch Pyrenäen-Berghunde eingekreuzt.

Landseer

Mit seinen durchschnittlich 72 bis 80 cm Schulterhöhe ist der Landseer, der seinen Ursprung in Deutschland und der Schweiz hat, ein sehr großer Hund. Sein Äußeres wirkt schwer und kräftig, was er bei seiner Wasserliebe gern als Rettungshund Ertrinkender unter Beweis stellt. Als Familien- und Begleithund ist er geeignet, braucht aber viel sinnvolle Beschäftigung, um sein ausgeglichenes Wesen aufrechterhalten zu können.

Spanischer Mastiff

Seine Größe und Schwere benötigte der muskulöse Hund, um die ihm anvertrauten Schafherden vor Raubtieren, wie beispielsweise Wölfen, schützen zu können. Der Spanische Mastiff bewacht außerdem Haus und Herrn entschlossen. Er ist ein selbstsicherer, kraftvoller und ausgesprochen intelligenter Hund. Sein Fell ist dicht, grob und halblang und ist farblich nicht festgelegt.

Pyrenäen-Mastiff

Seinem ursprünglich gefährlichen Job zum Schutz gegen Raubtiere wie Wolf und Bär muss der Pyrenäen-Mastiff heute kaum noch nachgehen. Primär bewacht der sehr große, spanischstämmige Hund größere Anwesen auf dem Land vor Eindringlingen eher menschlicher Natur. Er hat viele sympathische Wesenszüge wie Intelligenz, Mut, Stolz und Gutmütigkeit. Fremden stellt er sich kraftvoll entgegen.

Pyrenäen-Berghund

Trotz seiner imposanten und kräftigen Struktur entbehrt der Pyrenäen-Berghund nicht einer gewissen Eleganz. Auch er musste Herden gegen räuberische Tiere verteidigen. Diese Aufgabe ließ ihn charakterlich zu einem starken und unabhängigen Hund werden. Der Pyrenäen-Berghund baut eine enge Bindung zu vertrauten Personen auf und verrichtet seine Aufgabe zuverlässig. Dennoch entbehrt er nicht gewisser Sanftmütigkeit. Der sehr starke Hund benötigt einen Menschen, der ihm Respekt abringt, andernfalls ist eine Unterordnung unmöglich.

Jugoslawischer Hirtenhund

Noch immer ist der Jugoslawische Hirtenhund oder Sarplaninac ein Schafhüter, der in seiner Heimat als Herdenschutzhund weit verbreitet ist. Der kraftvolle Hund wird zwischen 57 und 61 cm hoch und sollte nicht mehr als 45 kg auf die Waage bringen, um entflohene Schafe wendig und schnell einfangen zu können. Er hat einfarbiges Fell in Weiß bis Braun und Grau.

Atlas-Berghund

Der Atlas-Berghund stammt aus Marokko, wo er Zelte, Hab und Gut der Hirten und Halbnomaden in der Region des Atlasgebirges gegen Raubtiere verteidigt hat. Sein Fell hat sich den unterschiedlichen Bedingungen, wie Sonneneinstrahlung und Kälte, angepasst. Außerdem ist er wachsam und furchtlos, treu gegenüber seinem Herrn und gut führbar.

Serra da Estrela-Berghund

Der Serra da Estrela-Berghund ist nach einem Gebirge im Norden Portugals benannt, wo er als eine der ältesten Hunderassen der Iberischen Halbinsel beheimatet ist. Das Hüten und Verteidigen von Herden, aber auch von Haus und Hof gegen tierische wie menschliche Übergriffe sind seine Aufgaben. Er macht mit seinen bis zu 72 cm bei 40 bis 50 kg einen kraftvollen und vitalen Eindruck. Die Erziehung des selbstständigen, Respekt einflößenden Hundes ist für Anfänger schwierig bis unmöglich.

Castro Laboreiro-Hund

Schwarz-braun gestromt ist die gängige Fellfarbe des großen, kräftigen Hundes aus Portugal. Er wird zu den ältesten Hunderassen der Iberischen Halbinsel gezählt, auch wenn sein konkreter Ursprung nicht überliefert ist. Grundlose Aggressivität kennt der Viehhüter nicht, jedoch ist er stets verteidigungsbereit. Temperament, Widerstandsfähigkeit und Verbundenheit seinen Menschen gegenüber runden sein Wesen sympathisch ab.

Rafeiro von Alentejo

Er gilt als größte portugiesische Hunderasse und ist außerhalb seines Heimatlandes kaum bekannt und verbreitet. Als reiner Familienhund eignet sich der sehr selbstständige und dominante Hund nicht, da er eine latente Schärfe und Aggression nicht ablegen kann. Seine Erziehung kann bestenfalls von erfahrenen Rassekennern gewährleistet werden. Als Schutzhund, der Haus und Hof bewacht, ist der aufmerksame Hund jedoch gut geeignet.

Bernhardiner

Bernhardiner sind nach der Passhöhe des Grossen St. Bernhard benannt, wo sie in einem Kloster von Mönchen gehalten wurden. Ihre Aufgaben waren der Schutz des Klosters und die Bergung von verirrten Reisenden. Der große schweizerische Berghund ist zum Urbild des Rettungshundes, besonders in Nebel und Schnee, geworden.

Bernhardiner
Nationalhund der Schweiz

Offiziell anerkannt wurde der St. Bernhardshund am 2. Juni 1887. Seitdem gilt er auch als Nationalhund der Schweiz. Ob Kurz- oder Langhaar – der sanfte Riese ist meist von weißer Grundfarbe mit rot-braunen Flecken. Der muskulöse, kräftige Körper ist widerstandsfähig und zu enormen Leistungen in der Lage. Sein Wesen ist freundlich, ruhig, lebhaft und wachsam, seine Mimik ist ausdrucksstark.

Karst-Schäferhund

Aus Slowenien stammt der mittelgroße, robuste Karst-Schäferhund. Die bereits jahrhundertealte Rasse zählt ebenfalls zur Gruppe der Molosser. Seinen Namen verdankt sie ihrer Heimat, dem Karstgebirge. 1939 wurde er zunächst unter dem Namen Illyrischer Schäferhund bekannt, erst 1968 erhielt er aufgrund einer Namensdopplung mit dem heutigen Sarplaninac seinen aktuellen Namen.

Kaukasischer Ovtcharka

Von mittelgroßer bis großer Erscheinung mit grobkräftigem Körperbau – so präsentiert sich der Kaukasische Schäfer-hund, der seinen Ursprung in Russland hat. Dort arbeitet er als Herden-, Wach- und Schutzhund, wofür er aufgrund seiner Widerstands- und Anpassungsfähigkeit gut geeignet ist. Typische Wesensmerkmale des Ovtcharka sind Misstrauen gegenüber Fremden und Schärfe.

Tibet-Dogge

Die Tibet-Dogge oder Do Khyi wurde schon zu Zeiten Aristoteles' (384–322 v. Chr.) erwähnt. Ob als Wächter tibetanischer Klöster oder als Herdenschutzhund der im Himalaya wandernden Hirten – es wurde insbesondere seine Stärke lobend hervorgehoben. Der erste Do Khyi in der westlichen Welt, ein Rüde, soll 1847 als Geschenk an Queen Victoria gegangen sein.

Zentralasiatischer Ovtcharka

Der Mittelasiatische Schäferhund weist mindestens eine Körpergröße von 65 cm Widerristhöhe auf und kann in allen Farbkombinationen auftreten. In seiner Heimat hat er sich mit den extremen Wetterverhältnissen, den heißen Sommern und eisigen Wintern, arrangiert, indem sich innerhalb der Rasse unterschiedliche Typen ausgeprägt haben. Er hat ein ruhiges und ausgeglichenes Wesen, ist im Ernstfall aber auch verteidigungsbereit.

Tibet-Dogge
Perfekt angepasst

Rüden sollten mindestens 66 cm Widerristhöhe aufweisen, Hündinnen starten bei 61 cm. Sein Schritt wirkt bedächtig, kraftvoll und leichtfüßig. Der kräftige Körper wirkt imposant und mächtig. Robust und ausdauernd, können diese Hunde sich an alle klimatischen Bedingungen anpassen. Sie präsentieren sich treu, mit ausgeprägtem Schutzinstinkt und unabhängig im Wesen.

Tornjak

Der aus Bosnien-Herzegowina und Kroatien stammende Tornjak ist ein typischer Herdenschutzhund, was sowohl durch seine Statur – Rüden erreichen eine Widerristhöhe von 70 cm und ein Gewicht von etwa 50 kg – als auch durch sein Wesen deutlich wird. Er ist ein selbstbewusster, eigensinniger und intelligenter Hund. Zudem zeichnet er sich als gutmütiger und treuer Beschützer aus, der allerdings Fremden durchaus misstrauisch entgegentritt. Der Tornjak ist kein gefährlicher Hund, seine Haltung erfordert aber dennoch gute Kenntnisse über seine Rasse, ein konsequente Erziehung und ein hohes Maß an Autorität.

Südosteuropäischer Schäferhund

Der Ciobanesc Românesc de Bucovina gehört zu den Berghunden und hat seine Heimat in Südosteuropa, weshalb er auch Südosteuropäischer Schäferhund genannt wird. Der bis zu 75 cm große Hund besitzt ein selbstständiges, eigensinniges, ausgeglichenes und treues Wesen. Seine große Wach- und Verteidigungsbereitschaft zeichnen ihn als idealen Herdenschutz- und sehr guten Wachhund aus, der immer mit großer Aufmerksamkeit seine Herde sowie Haus und Hof bewacht.

Schweizer Sennenhunde

Ein Senn ist ein Hirte in den Alpen, demzufolge sind Schweizer Sennenhunde die Bauernhunde der Schweiz. Ihre Aufgaben in den teils entlegenen Gebieten der Gebirge waren vielfältig: Herdenschutz, Haus- und Hofbewachung, Lasten- und Zugtier sowie Treibhund für die Herden. Bei der Zucht wurde weniger auf Aussehen als auf Zuverlässigkeit und Leistungsfähigkeit Wert gelegt.

Appenzeller Sennenhund

Der Appenzeller Sennenhund hat eine schwarze oder havannabraune Grundfarbe, die mit symmetrischen rotbraunen und weißen Abzeichen aufgelöst wird. Havannabraun als Grundfarbe ist eine Rarität. Seine 22 bis 30 kg verteilen sich auf 50 bis 56 cm Widerristhöhe. Charakteristische Kennzeichen sind sein dreieckiger Kopf und die seitlich über dem Rücken eingerollte Ringelrute.

Appenzeller Sennenhund
Ausdauernd

Aufgrund seiner Tätigkeit als Treib- und Hütehund, ursprünglich in und um Appenzell, ist er ein sehr selbstständiger und ausdauernder Hund. Konsequente Erziehung ist ein Muss, um ihn als ausgeglichenen Familienbegleiter beherbergen zu können. Dazu gehört aber auch eine sehr ordentliche Portion Bewegung, z. B. im Hundesport.

Berner Sennenhund

Der Berner Sennenhund wurde früher auch Dürrbächler genannt, nach dem gleichnamigen Ort Dürrbach im Schweizer Kanton Bern. Dieser sehr alte Bauernhund aus der Gruppe der Schweizer Sennenhunde hatte in den Voralpen überwiegend die Aufgaben eines Wach-, Zug- und Treibhundes, die er in überragender Weise erfüllte. Bei uns ist er heute primär als liebenswerter Familienhund zuhause.

Berner Sennenhund
Furchtlos und gutmütig

Seine Anpassungsfähigkeit und die attraktive Dreifarbigkeit seines langhaarigen Fells sind überzeugende Merkmale dieser Rasse. Insgesamt hat der 60 bis 70 cm große Hund eine harmonische und ausgewogene Statur. Seine Besitzer lieben ihn als aufmerksamen, im Alltag furchtlosen und gutmütigen Charakter. Der Berner Sennenhund ist leichtführig und seiner Familie anhänglich verbunden.

▬ Entlebucher Sennenhund

Der Entlebucher ist mit maximalen 50 cm Größe der kleinste der vier Sennenhunde aus der Schweiz. Der mittelgroße, kompakt gebaute Hund ist dreifarbig, wobei Schwarz die Grundfarbe sein sollte. Früher als Hütehund im Einsatz, ist er heute primär als Familienbegleiter zu finden. Als solcher hat er sich dank seines lernfreudigen, verspielten, temperament-vollen und anhänglichen Wesens in die Herzen seiner Menschen geschlichen.

▬ Großer Schweizer Sennenhund

Bereits 1912 wurde zur Förderung und Reinerhaltung dieser Rasse der „Klub für Große Schweizer Sennenhunde" gegrün-det. Ursprünglich war er dem Bernhardiner noch ähnlich, doch seit dieser primär in Rot-Weiß zugelassen wurde, entwickelte sich der Große Schweizer zu einer eigenen Rasse. Früher als Wach- und Zughund im Einsatz, findet man ihn heute mehr als Begleit-, Schutz- und Familienhund.

Großer Schweizer Sennenhund
Aktiver Ausdauersportler

Die majestätische Größe und Statur sind nicht nur im Anblick beeindruckend. Diese Rasse benötigt kundige und konse-quente Erziehung, um einen zuverlässigen Alltagsbegleiter abgeben zu können. Dann ist er ein aktiver Ausdauersportler, der viel Bewegung zur Auslastung braucht. Seine Verteidi-gungsbereitschaft ist groß. Insbesondere in seiner Entwick-lungsphase, die drei Jahre andauert, ist auf seine richtige Ernährung großer Wert zu legen.

TERRIER

Hochläufige Terrier

Der Begriff Terrier bezeichnet eine Gruppe von kleinen und mittelgroßen Hunden, unterschieden wird hierbei zwischen hoch- und niederläufigen, bullartigen und Zwergterriern. Die Sektion der Hochläufigen Terrier umfasst 15 Rassen, wobei viele von ihnen Schädlingsjäger sind. Ein ebenfalls überwiegender Teil der Terrier aller Sektionen stammt aus Großbritannien.

Brasilianischer Terrier

Der mittelgroße Brasilianische Terrier tritt als Trikolor in Weiß mit schwarzen, rotbraunen, blauen oder lohfarbenen Flecken in Erscheinung. Als Rattenjäger und -fänger hat er sich längst bewiesen, insgesamt jedoch hält sich sein Jagdtrieb in stadtkompatiblen Grenzen. Er ist anhänglich, freundlich und anpassungsbereiter als manch andere Terrierrasse.

Deutscher Jagdterrier

Der Deutsche Jagdterrier ist kein Hund für eine rein private Haustierhaltung. Als unermüdlichem Jäger kann man ihm ohne Arbeit kein artgerechtes Leben bieten. Förster und professionelle Jäger wissen seine ausdauernden Leistungen im Aufstöbern und Stellen zu schätzen. Zum Nachteil gereicht dem freiheitsliebenden Hund seine Hartnäckigkeit und Aufopferungsbereitschaft: Ohne Rücksicht auf eigene Schäden widmet er sich seiner Arbeit und wird dabei nicht selten verletzt oder gar getötet.

Deutscher Jagdterrier
Sturer Kopf

Der mittelgroße Hund weist entweder raues oder glattes Haar meist in Schwarz, Schwarz-Grau oder Braun mit helleren Abzeichen auf. Immer jedoch ist es pflegeleicht, ideal für seine Bestimmung als Assistent des Jägers, denn dieser fordert einen diesbezüglich unproblematischen, robusten und einsatzfreudigen Begleiter. Sein eigensinniger und starker Charakter erfordert einen erfahrenen Halter, der meist der Einzige bleibt, dem dieses Tier sich unterordnet.

Airedale Terrier

Der Airedale, früher auch Waterside oder Bingley Terrier genannt, zählt mit seinen gut 60 cm zu den größten Hunden der Terriergruppe. Farblich präsentiert er sich lohfarben mit schwarzem oder grauen Sattel, Nacken und Schwanzoberseite. Wie die meisten Terrier stammt auch der „König der Terrier" aus England. Sein Fell muss mindestens zweimal im Jahr getrimmt werden, es ist dicht und drahtig und bedarf intensiver Pflege durch Bürsten und Auszupfen.

Airedale Terrier
Vielseitig einsetzbar

Sein früherer Name Waterside Terrier weist auf eine seiner zahlreichen Verwendungsmöglichkeiten hin: Ob Wasserarbeit, Rettungs- oder Jagdhund, sein temperamentvolles Wesen lässt sich relativ leicht in die entsprechende Richtung prägen. Daneben gibt er auch einen ausgezeichneten Familienhund ab, der bei viel Auslauf lebhaft und auch Kindern gegenüber freundlich ist.

Bedlington Terrier

Er sieht ein wenig aus wie ein Lamm, ist jedoch dem Wesen nach eindeutig ein mittelgroßer Terrier aus Großbritannien. Schärfe und Schnelligkeit besonders bei der Kaninchenjagd über und unter der Erde zeichnen ihn aus. Jedoch lässt er sich gut zum Haushund erziehen, der dann durch Ruhe, Ausgeglichenheit und Treue zu seinem Herrchen zu bestechen weiß.

Border Terrier

Eine der kleineren Terrierrassen ist der Border Terrier, der früher auch Coquetdale oder Reedwater Terrier genannt wurde. Seinen heutigen Namen verdankt er wie der Border Collie seiner grenznahen Herkunftsregion. In seinem Fall ist dies die Grenze zwischen Schottland und England. Bei seiner insgesamt geringen Größe sind seine Läufe lang, um bei der Jagd mit den galoppierenden Pferden Schritt halten zu können.

Border Terrier
Familienhund mit Biss

Sein starkes Gebiss ist schon manch einem Dachs oder anderen Kleintier zum Verhängnis geworden. Der arbeitsfreudige, leidenschaftliche Jäger lässt sich zudem gut als Familienhund, insbesondere auch mit Artgenossen, halten. Zu den eher leichtführigen Terrierrassen gehörend, braucht auch er viel Bewegung und eine konsequente Haltung. Seinen Jagdinstinkt muss man bei jedem Spaziergang einkalkulieren.

Fox Terrier (Glatthaar)

Der mittelgroße, glatthaarige Foxterrier aus Großbritannien präsentiert sich mit überwiegend weißem Fell, das lohfarbene oder schwarze Abzeichen tragen darf. Wenn man ihn finden möchte, sollte man im jägerischen Umfeld über- und unterirdisch suchen. Von großem Vorteil bei der Jagd auf Fuchs und Schwarzwild ist seine Fellfarbe: Eine Verwechslung mit dem Jagdgut ist nahezu ausgeschlossen.

Lakeland Terrier

Ebenfalls aus England, dem Lake District, stammt einer der ältesten Gebrauchshunde der Terrierrassen, der mittelgroße Lakeland Terrier. Ursprünglich wurde er als Schafhüter eingesetzt, der mutig und mit Schärfe angreifende Füchse verfolgte und sie, notfalls auch in ihrem Bau, tötete. Um ihn als Familienhund halten zu können, sollte man konsequente Erziehung ernst nehmen und seinen angeborenen Jagdtrieb nicht unterschätzen. Terriergerecht gehalten, ist er ein aufgeweckter fröhlicher Begleiter.

Fox Terrier (Drahthaar)

Die zweite Variante des Foxterriers unterscheidet sich nicht nur in der Fellstruktur von seinem glatthaarigen Kumpan. Er ist häufig dickköpfiger, neigt zu Bissigkeit, ist aber dennoch beliebter als der Glatthaar-Fox. Das schmutzabweisende Fell sollte zweimal jährlich getrimmt, aber nicht geschoren werden. Seit 1876 wird er getrennt vom glatthaarigen Fox gezüchtet.

Fox Terrier (Drahthaar)
Selbstsicheres Tier

Als Familienhund ist er nur bei äußerst konsequenter Erziehung geeignet. Denn Härte, schwere Führigkeit, ausgeprägter Jagdinstinkt und Furchtlosigkeit machen aus diesem Hund einen selbstbewussten Gefährten. Intensive Beschäftigung und ausreichende Bewegung dürfen für ein ausgeglichenes Hundeleben auf gar keinen Fall fehlen.

Manchester Terrier

Schwarz und lohfarben, taucht dieser mittelgroße Terrier heute weniger in der Ratten- und Kaninchenjagd, sondern vielmehr zunehmend als Familienhund auf. Seiner Schnelligkeit und Arbeitsfreude sollte durch entsprechende Beschäftigung Rechnung getragen werden. Er ist pflegeleicht, wachsam, fröhlich und zuverlässig. Kindern gegenüber ist er aufgeschlossen und dank seiner Gelehrigkeit gut zu erziehen.

Parson Russell Terrier

Wie die meisten Terrier ist auch der Parson Russell mit bis zu 36 cm Widerristhöhe von mittlerem Wuchs. Er ist überwiegend Weiß mit kleineren lohfarbenen, zitronengelben oder schwarzen Abzeichen. Das Fell kann glatt- oder rauhaarig sein, ist jedoch immer dicht und eng anliegend. Seine Abgrenzung zum Jack Russell führte zur Einführung von hoch- und niederläufigen Typen.

Parson Russell Terrier
Ideale Jagdgröße

Der hochbeinige Jagdgebrauchshund konnte aufgrund seiner Beinlänge mit den Pferden mithalten, trotzdem ist er klein genug, um Füchse in ihren Bauten aufzustöbern. Um Zerstörungswut aus Langeweile vorzubeugen, muss diese durch Agility und Beschäftigung gleich im Keim erstickt werden. Der Parson Russell ist temperamentvoll, intelligent, kann dabei aber auch anhänglich gegenüber seinen Bezugspersonen sein.

Welsh Terrier

Rauhaarig, überwiegend in Schwarz und Loh präsentiert sich der aus Großbritannien stammende Welsh Terrier. Als erfolgreicher Schädlingsjäger hat er es besonders auf Fuchs, Dachs und Otter abgesehen. Auffällig ist sein langer Bart, der als Maßnahme gegen Verfilzen täglich gekämmt werden sollte. Auch das Fell bedarf regelmäßiger, wenn auch bei Weitem nicht täglicher Pflege.

Welsh Terrier
Gelehrig und neugierig

Auch beim Welsh Terrier ist seine ursprüngliche jägerische Verwendung zugunsten der Eingliederung ins Familienleben gewichen. Hierzu eignet er sich gut, da er im Vergleich zu anderen Rassen gut erziehbar ist. Fröhlich, temperamentvoll und verspielt, wie er ist, darf auch er nicht als Schmuse- oder Zwingerhund gehalten werden. In Auseinandersetzungen kommen verstärkt Terrierzüge durch.

Irish Glen of Imaal Terrier

Der aus Irland stämmige Glen of Imaal ist ein Terrier, dem ursprünglich vom Wachen über Schädlingsbekämpfung bis hin zum Antreiben von Arbeitsmaschinen viele Aufgaben zufielen. Wird er nicht früh und nachhaltig sozialisiert, fällt ihm ein harmonisches Zusammenleben mit Artgenossen schwer. Um den Verlust der Arbeit auszugleichen und ihn als ausgewogenen Begleiter zu erhalten, hilft z. B. Hundesport.

Irish Terrier

Der rote, rötlich-weizenfarbene oder gelbrote Irish Terrier zählt zu den ältesten Terrierrassen. Sein außergewöhnlicher Mut und sein unbedingter Einsatz, der keine Rücksicht auf eigene Verluste kennt, sind legendär. Nicht umsonst ist ihm der Beiname „Daredevil" („Draufgänger") verliehen worden. In Auseinandersetzungen ist er nur selten als reiner Zaungast zu bestaunen.

Irish Terrier
Nicht gern allein

Sein ausgeprägtes Temperament setzt eine konsequente und erfahrene Erziehung voraus, die auch den Kontakt mit Artgenossen nicht außer Acht lassen sollte. Begegnet man seiner ausgeprägten Selbstständigkeit mit Aktivität und Bewegung, erfährt man in dem gelehrigen Hund einen freundlichen, gutmütigen und anhänglichen Gefährten. Sein Fell benötigt regelmäßige Pflege.

Kerry Blue Terrier

Wie sein Name vermuten lässt, ist seine farbliche Bestimmung Blau in allen Schattierungen. Wie die meisten Terrier von mittlerem Wuchs ist er recht aufwendig in der Haltung. Sein Fell bedarf täglicher Pflege, und von Freilauf ohne Leine sollte aufgrund seines Kampfgeistes, auch gegenüber Artgenossen, abgesehen werden. Gleichzeitig ist er ein zuverlässiger Beschützer und anhängliches Familienmitglied.

Irish Soft Coated Wheaten Terrier

Lockiges, seidiges Fell ist sein individuelles Merkmal, das eine aufwendige Fellpflege mit sich bringt. Der Soft Coated Wheaten Terrier zeigt einen ausgeprägten Jagdinstinkt, ist aber bei beharrlicher Erziehung ein gutmütiger und freundlicher Familienhund. Seinem Temperament muss zudem durch sinnvolle Beschäftigung Rechnung getragen werden.

Niederläufige Terrier

Die Unterscheidung in hoch- und niederläufig, was zwischen längerbeinigen und den kleineren Tieren differenzieren sollte, stammt schon aus dem Jahr 1677. Der Terrier an sich und speziell der größenmäßig ideal geeignete niederläufige Terrier stöbert liebend gern in Tierbauten unter der Erde. Terrier besitzen zumeist kein pflegeleichtes Fell und sind im Wesen eigenwillig und selbstbewusst.

Jack Russell Terrier

Auf bis zu 30 cm Größe verteilen sich die 5 bis 6 kg Körpergewicht des Jack Russell Terrier. Farblich muss Weiß vorherrschen, dies ist aus der Historie zu begründen: Wie bei vielen anderen in der Jagd eingesetzten Hunden sollte auch hier eine versehentliche Verwechslung mit den Zielobjekten verhindert werden. Schwarze, braune oder lohfarbene Abzeichen führen zu seinem individuellen Erscheinungsbild.

Australian Terrier

Der kleine, intelligent dreinblickende Australian Terrier ist äußerst wachsam und verteidigungsbereit, Fremde kündigt er mit lautem Bellen an. Trotz seiner kurzen Beine ist er schnell, wendig und kann erstaunlich hoch springen. Nach einer vernünftigen Erziehung ist er ein angenehmer Stadthund, der die Nähe des Menschen genießt.

Jack Russell Terrier
Nahe Verwandte

Ebenso wie der Parson Russell Terrier stammt auch er im Ursprung vom Fox Terrier ab, die Beine des Jack Russell sind jedoch kürzer als die des Parson Russell. In Größe, Gewicht und Fellfarbe sind die beiden Rassen heute kaum zu unterscheiden. Lebhaft und draufgängerisch, dabei umgänglich, ist dieser Hund ein angenehmes Familienmitglied – vorausgesetzt, er erhält die nötige Bewegung und Erziehung.

Cairn Terrier

Der Cairn Terrier aus Schottland zählt mit seinen bis zu 31 cm Widerristhöhe zu den kleineren der Terrierrassen. Trotzdem ist er ein äußerst erfolgreicher und zäher Jäger im Einsatz gegen Ratten, Mäuse und Füchse. Da er gewohnt war, in der Meute zu jagen, verträgt sich der draufgängerische Terrier gut mit Artgenossen. Im Umgang mit Kindern sollte man ihn allerdings beaufsichtigen.

Cairn Terrier
Viel Auslauf bevorzugt

Unbegründete Aggressivität ist kein Wesensmerkmal, sondern deutet auf fehlerhafte Haltung im Welpenalter hin. Gerade die auch in unterirdischen Tierbauten selbstständig jagenden Terrier sind auf konsequente Erziehung angewiesen. Der Cairn Terrier ist fröhlich, aufgeweckt und lebhaft. Nur mit ausgedehnten Spaziergängen ist er auch in einer Stadtwohnung zufrieden.

Dandie Dinmont Terrier

Auch eher klein von Wuchs ist der ebenfalls schottische Dandie Dinmont Terrier mit einer Größe von unter 30 cm. Er gilt als der sanftmütigste unter den sehr eigensinnigen Terriern. Er handelt überlegt und der Situation angemessen, gilt als „Philosoph" dieser niederläufigen Terrier. Dennoch ist er verteidigungsbereit und mutig, wenn nötig, kann aber auch sehr anhänglich und anpassungsfähig sein.

◼ Norfolk Terrier

Es gibt nur wenige Unterscheidungsmerkmale zwischen Norfolk und Norwich Terrier. Hauptkriterien sind die Ohren, beim Norfolk als Kipp-, beim Norwich als Stehohren angelegt. Aufgrund ihrer geringen Größe und Anpassungsfähigkeit sind beide gut in Stadtwohnungen zu halten und selbst für unerfahrene Halter geeignet.

◼ Norwich Terrier

Ebenso wie der Norfolk Terrier ist auch der Norwich von unproblematischem, sympathischen Wesen. Sein kräftiger Kiefer war im ursprünglichen Einsatz gegen Ratten und Mäuse sehr hilfreich. Heute präsentiert er sich als liebenswerter, selbstbewusster und kinderfreundlicher Familienhund, der dank seiner geringen Größe nicht ganz so viel Auslauf wie seine größeren Kollegen braucht.

◼ Scottish Terrier

Der kleine Scottish Terrier fällt äußerlich durch seinen lang gestreckten Schädel auf. Seine braunen Augen werden von langen Brauen teilweise verdeckt, sein aufgeweckter Ausdruck büßt dadurch nichts ein. Aggressivität kennt der mutige Hund nicht. Heute ist der einstige Jäger recht selten, obwohl er sich dank seines geringen Bewegungsbedürfnisses gut für die Haltung in der Stadt eignet.

Scottish Terrier
Erstmal vorsichtig

Ursprünglich hieß der aus Schottland stammende Terrier mit schwarzem oder weizenfarbenen Fell Broken-Haired- oder Aberdeen-Terrier. Obwohl er lebhaft und flink auftritt, ist er doch eher zurückhaltend und tut sich schwer mit Fremden. Hat er erst einmal Vertrauen gefasst, ist er treu und zuverlässig. Nicht übergehen darf man auch bei diesem furchtlosen Vertreter der Gruppe eine kompetente Haltung.

Sealyham Terrier

Der Sealyham ist ausschließlich Weiß, höchstens Abzeichen an Kopf und Ohren sind laut Rassebeschreibung erlaubt. Wie manch anderer kleiner Hund macht auch er sich eine natürliche Täuschung zunutze: Seine Bellstimme klingt tief und voll und suggeriert einen weitaus größeren Hund. Nicht nur seine geringe Größe prädestiniert ihn für eine Wohnungshaltung, auch sein freundliches, unkompliziertes Wesen trägt dazu bei.

Skye Terrier

Er stammt von der Isle of Skye vor der Küste Schottlands, die ihm auch seinen Namen verlieh. Der Skye Terrier ist eine der ältesten schottischen Rassen und jagte ursprünglich wie viele andere Terrier Kleintiere in ihren Erdbauten. Seine Selbstständigkeit und Schärfe haben noch heute Auswirkungen: Er ist dominant, bisweilen aggressiv und akzeptiert nur einen Herrn. Sein längeres Fell ist pflegeintensiv.

West Highland White Terrier
Nicht ohne Anspruch

So niedlich er auch anmutet, der Westie ist durch und durch Terrier. Mut, Temperament und Eigenwille sind seine Merkmale. Er ist bellfreudig, wenn es aus seiner Sicht angebracht erscheint, und fordert eine kundige Führung. Ausreichender Auslauf und abwechslungsreiche Beschäftigung sind ein Muss für eine artgerechte Wohnungshaltung.

West Highland White Terrier

Der Westie ist seit den 1980er-Jahren an sehr vielen Leinen zu finden, mittlerweile hat sich dieser Modetrend zugunsten anderer Rassen zurückentwickelt. Der West Highland Terrier wurde, in Kontrast zu seiner Herkunft aus den schottischen Moorlandschaften und um Verwechslungen mit den Beutetieren zu verhindern, bewusst rein Weiß gezüchtet.

West Highland White Terrier
Frechdachs

Der West Highland White Terrier hat einen frechen Gesichtsausdruck, dem nicht nur Liebhaber kaum widerstehen können. Zudem strotzt er vor Selbstbewusstsein, ist äußerst lebhaft, mutig, quirlig und dabei stets fröhlich. Kleine Tiere, selbst die fast gleich großen Katzen, haben es mitunter nicht leicht, wenn ein Westie ohne Leine ihrer gewahr wird. Auch im Umgang mit anderen Hunden verhält er sich nicht immer einladend.

Tschechischer Terrier

Der bis 32 cm große Tschechische Terrier, auch Böhmischer Terrier genannt, tritt in Graublau und Hellbraun in Erscheinung. Mittlerweile ist er nicht mehr primär im Jagdeinsatz, sondern Familienbegleithund. Er ist besonders ruhig, leicht zu erziehen und von sanftem Wesen und eignet sich deshalb gut als Stadthund für Anfänger. Auslauf wünscht er sich ausreichend und regelmäßige Fellpflege ebenso.

Bullartige Terrier

Zu den bullartigen Terriern zählen beispielsweise der American Staffordshire und der Bull Terrier. Hunde dieser Sektion sind aufgrund ihres möglichen Gefährdungspotenzials in einigen Ländern von Zucht und Import ausgeschlossen. Die Haltung einer solchen Rasse erfordert häufig spezielle Genehmigungen und unterliegt Auflagen wie zum Beispiel dem Tragen eines Maulkorbes außerhalb des eigenen Grundstücks.

English Bull Terrier
Miniatur-Bullterrier

Die kleinere, kompakte Ausgabe des Standard-Bullterriers kommt außer in Blau und Leberfarben in allen Farbnuancen vor. Er ist leichter zu führen als sein „großer Bruder", weswegen er auch noch nicht dessen Restriktionen unterliegt. Als Familienhund ist er meist freundlich, sogar regelrecht verschmust. Ein bestimmter, konsequenter Umgang mit ihm darf jedoch nicht vernachlässigt werden.

English Bull Terrier

Eine der drei anerkannten bullartigen Terrierrassen ist der English Bullterrier, den es in den Größen Standard (bis ca. 56 cm) und Miniatur (max. 35,5 cm) gibt. In vielen Ländern ist seine Zucht und Haltung verboten. Der kräftige Hund braucht eine erfahrene Hand, um sein ausgeprägtes Dominanzverhalten zu kontrollieren.

Staffordshire Bull Terrier

Auch der „Staff" wird in vielen Gegenden zu den gefährlichen Hunderassen gezählt. Ursprünglich wurden sie in England im Hundekampf und im damaligen Volkssport Rattentöten eingesetzt. Seit diese in der Heimat verboten sind, werden Aggressivität und Schärfe bei der Zucht zugunsten von für Begleithunde geeigneten Eigenschaften zurückgestellt. In Erziehung und Haltung muss seinem Ursprung durch erfahrene Führung Rechnung getragen werden.

American Staffordshire Terrier
Missverstanden

Bei adäquater fachkundiger Erziehung ist der American Staff, entgegen gängigen Vorurteilen, Menschen gegenüber freundlich und aufgeschlossen, sogar verschmust. Leider wird sein Wunsch, dem Menschen zu gefallen, oft für unlautere kriminelle Zwecke ausgenutzt und der unbefangene Hund zur Waffe gegen Mensch und Artgenossen ausgebildet.

American Staffordshire Terrier

Hinsichtlich Haltungserlaubnis gilt der American Staffordshire Terrier in einigen Bundesländern ebenfalls als problematisch. Ebenso wie sein englischer Artgenosse wurde auch er aus altenglischen Bulldoggen und verschiedenen Terriern gezüchtet. Er unterscheidet sich von diesen durch mehr Größe und Gewicht. Menschen gegenüber ist er meist freundlich. Reizen sollte man diese Tiere jedoch nicht.

Zwergterrier

Zur Sektion der Zwergterrier zählen nur drei Rassen. Ihre lediglich etwa 20 bis maximal 30 cm Widerrist-höhe haben diesen Tieren, zu denen auch der beliebte Yorkshire Terrier gehört, ihren Namen verliehen und zu einer eigenen Sektion innerhalb der Terriergruppe verholfen. Der kleinste Yorkshire Terrier soll bei 6,3 cm Größe gerade mal 113 g gewogen haben. Solche extremen Miniaturzüchtungen gehen meist zulasten von Gesundheit und Lebenserwartung.

Australian Silky Terrier

Man sieht es dem kleinen niedlichen Australian Silky nicht an, aber auch er zählt zur Gruppe der Terrier und ist in der Lage, kleine Nagetiere zu jagen und zu töten. Der blau- und lohfarbene Kleinhund kommt aus Australien und ist bei ausreichender Bewegung und Beschäftigung auch in der Wohnung zu halten. Sein gewünschter Familien-anschluss kann sich an einem leicht-führigen, unkomplizierten Begleiter erfreuen.

English Toy Terrier

Der schwarz- und lohfarbene English Toy Terrier ist von kleinem Wuchs und zählt wie der Australian Silky und der Yorkshire Terrier zu den Zwergterriern. Sein Zweit-name ist Black and Tan Toy Terrier. Er stellt einen attraktiven, intelligenten Gefährten selbst für die Großstadt dar, insbesondere bei ausreichender Beschäftigung mit ihm. Aus seiner Heimat England ist er bislang kaum herausgekommen.

Yorkshire Terrier

Der Zwergterrier stammt, wie der Name schon sagt, aus Yorkshire in Großbritannien. Obwohl nur um die 3 kg leicht, ist der Yorkie ein robuster und lebhafter kleiner Hund. Früher war er noch nicht so klein und leicht, die Zuchtbemühungen gingen im Laufe der Zeit so weit, dass der kleinste eingetragene Yorkie über lediglich 113 g bei 6,3 cm Widerristhöhe verfügte. Heute ist seine Größe nicht festgeschrieben, liegt aber in der Regel bei 2 bis 2,8 kg, die man aus gesundheitlichen Gründen auch nicht unterschreiten sollte.

Yorkshire Terrier
Der Anschein trügt

Auf diesem Bild kommen besonders die dreieckigen, aufgerichteten Ohren des Yorkshire Terriers zur Geltung. Sein Fell ist stahlblau mit hellen lohfarbenen Stellen an Kopf, Beinen und Brust. Das seidig glänzende, glatte Fell verführt dazu, in ihm einen reinen Schoßhund zu sehen. Dabei ist er ein klassischer Vertreter der Terrier: Temperamentvoll und eigenwillig, würde er auch die Jagd nach Mäusen nicht verweigern. Durch die Haltung in Stadtwohnungen wird er diesbezüglich jedoch selten auf die Probe gestellt.

TECKEL

Dachshunde

Die Sektion der Teckel ist mit nur einer eingetragenen Rasse eine der kleinsten. Unter diese deutsche Rasse werden jedoch mehrere Phänotypen des Dackels zusammengefasst. Man unterscheidet zwischen verschiedenen Größen und Fellstrukturen. Das maximale Gewicht eines Dachshundes darf 9 kg nicht überschreiten. Charakteristisch ist die lang gestreckte, niedrige und kompakte Gestalt des Dackels.

Dachshund

Der Dachshund, auch als Teckel oder Dackel bekannt, läuft uns in drei Größen über den Weg. Mit etwa 3 kg und ca. 30 cm Brustumfang der kleinste ist der Kaninchen-Dachshund. Vier Kilogramm bringt der größere Zwerg-Dachshund auf die Waage, und der größte ist mit 7 bis 9 kg bei über 35 cm Brustumfang der hier als rauhaarige Variante zu sehende sogenannte Normalschlag, der keinen Namenszusatz trägt.

Dachshund
Große Verwandtschaft

Insgesamt zählen die Teckel zu den vielseitigsten Jagdgebrauchshunderassen. Ob über oder unter der Erde, auf der Schweißfährte, bei der Wasserarbeit – im Stöbern oder spurlauten Jagen ist er sehr erfolgreich. Aufgrund der Einkreuzungen von Terrier- und Schnauzerrassen ist der Rauhaardackel der am häufigsten zur Jagd eingesetzte Dackel. Bei Lang- und dem hier gezeigten Kurzhaardackel finden sich Spaniels, Wachtelhunde, Collies und Irish Setter im Stammbaum.

Dachshund
Geborener Jäger

In allen Farben außer Weiß präsentieren sich die drei Varietäten wie auch der hier gezeigte langhaarige Dachshund. Seine kurzen Beine prädestinieren ihn zum Stöbern in dichtem Unterholz und zum Jagen unter der Erde in Fuchs- und Kaninchenbauten. Sie sind von Menschen aufgrund der mangelnden Schnelligkeit leicht zu verfolgen, sodass sie auch gern von Jägern eingesetzt wurden, um verwundetes Wild aufzustöbern.

Zwerg-Dachshund

Die meisten Vertreter dieser Rasse sind von freundlichem Wesen mit ausgeglichenem Temperament. Ausdauer ist für seine ursprüngliche Verwendung ebenso elementar wie eine gute Portion Eigenwille und Starrsinn, denn unter der Erde muss er selbstständig entscheiden, wie er handelt. Nicht selten wird ihm diese Eigenschaft als Sturheit oder Ungehorsam ausgelegt. Damit tut man dem cleveren Jagdhund unrecht, zumal bei konsequenter liebevoller Erziehung ein gehorsamer Mitbewohner heranwachsen kann.

Zwerg-Dachshund
Vereinstier

Der älteste Zuchtverein für diese Rasse ist der Deutsche Teckelklub von 1888 e. V., rassenübergreifend ist er der zweitälteste Hundezuchtverein deutschlandweit. Zuchtschauen, Ausstellungen und Gebrauchshundprüfungen sind ebenso Bestandteil des Vereinsalltags wie viel Spiel und Spaß zwischen Mensch und Dackel. Bundesweit gibt es viele weitere Dackelklubs, die den quirligen kleinen Kerl zu ihrem Mittelpunkt erkoren haben.

Zwerg-Dachshund
Der Deutschen zweitliebstes Tier

Als Familienhunde belegen die Dackel hierzulande heute nach dem Deutschen Schäferhund Platz zwei der Beliebtheitsskala. Sie sind weder aggressiv noch ängstlich, pflegeleicht und langlebig. Jedoch neigen sie aufgrund ihres lang gestreckten Rückens häufig zu Bandscheibenproblemen, denen man durch adäquate Haltung und Ernährung (Übergewicht vermeiden!) vorbeugen kann.

Kaninchen-Dachshund

Auch beim kleinsten Vertreter dieser Rasse, dem Kaninchen-Dachshund, darf man eine konsequente Erziehung nicht vernachlässigen, will man einen zuverlässigen und gehorsamen Gefährten an seiner Seite. Beim Gassigehen darf man den angeborenen Jagdtrieb nicht unterschätzen. Aufgrund seines Schutztriebes verteidigt er zudem Haus und Herrchen nachhaltig gegen Eindringlinge.

SPITZE UND HUNDE VOM URTYP

Nordische Schlittenhunde

Die Nordischen Schlittenhunde sind extrem kälteunempfindliche und ausdauernde Tiere. Bekanntester Vertreter ist der Husky. Ihre Aufgabe ist das Ziehen von Schlitten mit und ohne Lasten. Je nach Ladung können sie in Gespanne von zwei bis zwölf Tieren zusammen angeschirrt werden. Auf Langstreckenrennen kann ein solches Gespann den Schlitten innerhalb von 24 Stunden über 200 km weit bewegen. In kürzeren Rennen erreichen diese Kraftpakete durchschnittlich 32 bis 40 km/h.

Grönlandhund

Er zählt zu den ältesten Hunderassen der Welt. Der Grönlandhund wird von Eskimostämmen als Transport- und Jagdhund eingesetzt. Seine Größe ist nicht klar begrenzt – ab 55 cm Widerristhöhe bei Hündinnen und ab 60 cm bei Rüden ist alles erlaubt, was Leistungsfähigkeit und harmonischen Gesamteindruck des Schlittenhundes nicht beeinträchtigt.

Grönlandhund
Leben in eisigen Temperaturen

Der kräftige Polarspitz aus Grönland ist das Leben bei eisigen Temperaturen und ständig im Freien gewöhnt. Selbst unter diesen Bedingungen zeigt er Ausdauer und Zähigkeit. Sein ausgeprägter Jagdinstinkt richtet sich insbesondere auf Seehunde und Eisbären. Ansonsten ist er ein freundlicher Hund, der sehr viel Energie und Mut besitzt.

Samojede

Charakteristisch ist seine Mimik, die auch als „Lächeln" des Samojeden bezeichnet wird. Zustande kommt sie durch die signifikante Kombination von Augenform und -stellung in Kombination mit den sanft nach oben geschwungenen Lefzenwinkeln. Der Samojede ist ein freundlicher und munterer Hund, der sich schon aufgrund seiner Geselligkeit nicht als Wachhund eignet.

Samojede
Eleganter Spitz

Der Samojede stammt aus Nordrussland, wo er, je nach Region, als Jagd- und Schlittenhund beziehungsweise als Rentierhüter eingesetzt wurde. Vom äußeren Erscheinungsbild her ist er ein mittelgroßer, eleganter Spitz, der in verschiedenen Weißschattierungen vorkommt. Sein Wesen vereint Ausdauer, Geschmeidigkeit und Würde. Sein Jagdinstinkt ist nur schwach ausgeprägt.

Alaskan Malamute

Zur Gruppe der nordischen Schlittenhunde gehört auch der Alaskan Malamute, der seinen Ursprung in den USA hat. Er ist einer der ältesten Schlittenhunde der Arktis. Seine Umwelt stellt hohe Anforderungen an seine Widerstandsfähigkeit. Sein Fell muss Kälte und Wasser über längere Zeiträume hinweg zuverlässig abweisen. Dies ist durch dichte Unterwolle, die ölig und wollig ist, und durch dickes und raues Deckhaar gegeben.

Alaskan Malamute
Lastenträger in arktischen Regionen

Auch die Pfoten des Schlittenhundes sind den Gegebenheiten angepasst. Sie haben einen gut gepolsterten Ballen mit eng beieinanderliegenden Zehen, zwischen denen schützendes Haar wächst, damit er nicht im Schnee einsinkt. Bis zu 38 kg wiegt der etwa 63 cm große Hund. Er wurde als Lastenträger in unwirtlichen arktischen Regionen über längere Distanzen eingesetzt.

Siberian Husky

Der Sibirische Husky ist einer der bekanntesten Schlittenhunde und wird auch bei uns relativ häufig als Familienhund gehalten. Dabei ist der an arktische Temperaturen gewöhnte Arbeiter, der zugleich über einen ausgeprägten Jagdtrieb und einen unbändigen Hang zur Unabhängigkeit verfügt, dafür gänzlich ungeeignet und unterfordert. Er wird bis zu 60 cm groß und kommt in verschiedenen Farbvarianten vor.

Siberian Husky
Schnell, ausdauernd und kraftvoll

Da hierzulande Schlittenhundsport nur selten möglich ist, muss man dem freundlichen und sanftmütigen Tier sportliche Alternativen bieten. Ohne eine solche regelmäßige Beschäftigung, in der er seine Schnelligkeit, Kraft und Ausdauer ausleben kann, ist dieser Hund nicht artgerecht gehalten. Sein Jagdtrieb kann ohne konsequente Erziehung beim leinenlosen Spaziergang zum Problem werden.

Nordische Jagdhunde

Diese Rassen sind Spezialisten im Stellen von Wild, das sie selbstständig in den oft schneebedeckten Weiten aufstöbern. Aussehen ist kein Zuchtkriterium, allein Zähigkeit und Ausdauer sind die überlebensnotwendigen Charaktereigenschaften.

Schwarzer Norwegischer Elchhund

Der schwarze Norwegische Elchhund ist ein Jäger, der in seiner Heimat Skandinavien zur Elchjagd eingesetzt wird. Er ist von furchtlosem, energischem und mutigem Wesen, äußerlich hat er die typischen Merkmale eines Spitzes. Sein Fell ist glänzend schwarz und kann an Brust und Pfoten wenig Weiß aufweisen.

Grauer Norwegischer Elchhund

Seinen Namen verdankt der Graue Norwegische Elchhund seiner Fellfarbe, die in verschiedenen Graunuancen vorkommt. Das Haar ist mittellang und von dicker, grober Struktur mit weicher Unterwolle. Die Idealgröße des Jagdhundes sind 52 cm. Mit seinem quadratischen kompakten Körperbau ist er ein typischer Spitz. Auch er trägt seine Rute fest eingerollt über dem Rücken.

Norwegischer Lundehund

Mittlerweile ist er arbeitslos, da seine traditionelle Beute, die Papageitaucher, nicht mehr gejagt werden. Der Norwegische Lundehund ist anatomisch an die schwierige Jagd an den Steilküsten der norwegischen Fjorde angepasst: Unter anderem hat er als einzige Hunderasse sowohl an den Vorder- als auch an den Hinterläufen mindestens sechs Zehen, die ihm mehr Halt und Griffigkeit verleihen.

Russisch-Europäischer Lajka

Es existieren derzeit drei anerkannte und unabhängige Lajka-Rassen, die alle aus Russland stammen. Man hat sie in die ostsibirische, die russisch-europäische und die westsibirische Rasse unterteilt. Der Russisch-Europäische Lajka wird bis zu 58 cm groß, es gibt ihn in einigen Farbvarianten. Außerhalb seiner Heimat Russland ist er kaum verbreitet.

Ostsibirischer Lajka

Sein Name Lajka leitet sich vom russischen „Lajati" ab, das soviel wie „Bellen" bedeutet. Bei der Jagd setzt er seine Bellfreudigkeit beim Stellen des Wildes auch tatkräftig ein, bei der Fährtenarbeit bleibt das sonst lebhafte Tier stumm. Seine hauptsächlichen Beutetiere sind Bären, Rotwild, Schwarz- und Federwild. In seiner russischen Heimat wird die beliebte Rasse häufig gezüchtet.

Westsibirischer Lajka

Der Westsibirische Lajka ist die einzige der drei Rassen, die auch bei uns vereinzelt anzutreffen ist. Es gibt ihn in Schwarz, Rot, Grau, Weiß und Pfeffersalz, uni und gescheckt. Einen ehemaligen Jagdhund in der Familie zu integrieren ist wenig Erfolg versprechend. Mit kompetenter Erziehung vom Welpenalter an sind diese Hunde jedoch ausgeglichene und freundliche Begleiter.

Norrbottenspitz

Der Norrbottenspitz stammt aus Schweden, wo er als unerschrockener und draufgängerischer Jagdhund bekannt ist. Farblich unterliegt er keinen Einschränkungen, in der Größe ist er laut Rassestandard auf 45 cm Widerristhöhe festgelegt. Seine Aufgabe war die Vogeljagd, er zeigte die Tiere bellend an, sodass der Jäger zum Schuss kam. Mittlerweile ist er ein beliebter, freundlicher und aktiver Familienhund.

Schwedischer Elchhund

Der Schwedische Elchhund, auch Jämthund genannt, zählt zu den norwegischen Jagdhunden. Vom Wesen her ist er mutig, energisch und zugleich beherrscht – Eigenschaften, die für die Jagd auf Großwild wie Elch, Bär und Luchs ebenso unverzichtbar sind wie Kraft und Ausdauer. Zwischen 57 und 65 cm erreichen die Rüden, Hündinnen sind 5 cm kleiner.

Karelischer Bärenhund

Der Karelische Bärenhund stammt aus Finnland, er wurde primär für die Jagd auf Elche und Bären eingesetzt. Mit seinen 57 cm hat er eine robuste, kräftige Gestalt. Seine Sinne, inklusive seiner ausgeprägten Orientierungsfähigkeit, sind hervorragend ausgebildet. Ziel der 1936 begonnenen Zucht sollte ein widerstandsfähiger, beim Stellen des Wildes Laut gebender Hund sein.

Finnen-Spitz

Seine Aufgabe war primär die Vogeljagd in Wäldern, er kann aber auch kleines Raubwild, Wasserwild und Elche stellen. Aus welchen Rassen er einst entstanden ist, lässt sich nicht mit Sicherheit sagen, jedoch werden Hunde seines Typs seit Jahrhunderten in Finnland zur Jagd eingesetzt.

Finnen-Spitz
Nationalhund Finnlands

1979 wurde der Finnen-Spitz zum „Finnischen Nationalhund" erhoben. Sein Fell ist rötlichbraun oder gelblichrot mit hellerer Schattierung. Rüden erreichen bei einem Gewicht von 12 bis 13 kg zirka 50 cm, Hündinnen sind etwas kleiner und leichter. Sein Wesen ist lebhaft, kraftvoll, mutig und entschlossen.

Nordische Wach- und Hütehunde

Die Anlagen dieser Hunde sind ähnlich denen der anderen nordischen Rassen: Leistungsfähigkeit, Ausdauer und ein robustes Wesen sind Voraussetzung, um den kargen und klimatisch anspruchsvollen Alltag bewältigen zu können. Sie bewachen selbstständig Herden, Haus und Hof. Ihr Jagdtrieb ist nicht besonders ausgeprägt, dafür ihre Verteidigungsbereitschaft umso mehr.

Norwegischer Buhund

Er zeigt die charakteristischen Merkmale eines Spitzes: Quadratisch im Körperbau, spitz aufgerichtete Ohren und eine fest auf dem Rücken eingerollte Rute. Der Norwegische Buhund erreicht zwischen 41 und 47 cm und sollte dabei maximal 18 kg auf die Waage bringen. Sein dickes, hartes Haar kann weizenfarben oder schwarz sein. Dunkel gefärbte Spitzen sind möglich.

Islandhund

Der Islandhund ist die einzige Hunderasse dieser Insel. Als Wach- und Hütehund von Viehherden hat er sich den widrigen und extremen Lebensumständen dort angepasst. Er ist so beliebt, dass trotz relativ weniger Exemplare sein Aussterben nicht zu befürchten ist. Ob Lang- oder Kurzhaar – er ist ein fröhlicher, neugieriger und verspielter Hund, der einen nur schwach ausgebildeten Jagdinstinkt besitzt.

Schwedischer Lapphund

Der Schwedische Lapphund zählt zu den mittelgroßen nordischen Spitzrassen, die von den skandinavischen Ureinwohnern mit dem Hüten der Rentierherden betraut wurden. Seiner Arbeitsfreude sollte man durch adäquate Beschäftigung, z. B. Agility oder Obedience, Rechnung tragen. Artgerecht gehalten, hat man mit diesem lebhaften und liebevollen Spitz einen vielseitigen und leicht erziehbaren Gefährten.

Schwedischer Vallhund

Kräftig und gedrungen wirkt der Schwedische Vallhund, der auch unter der Bezeichnungen Westgotenspitz und Västgöta-spets geführt wird. Der Spitz lässt sich leicht erziehen und eignet sich daher gut als Familienerweiterung. Seine Ansprüche an die Umgebung sind ausreichende Bewegung, Aufmerksamkeit und Zuneigung. Ansonsten ist der in Schweden sehr beliebte Hund intelligent, robust und pflegeleicht.

Finnischer Lapphund

Seine eigentliche Verwendung, das Hüten und Bewachen der Rentiere, durfte dieser finnische Hund mittlerweile gegen einen Platz am warmen Ofen tauschen. Er hat sich, dank seines friedfertigen und ruhigen Wesens, als Haushund etabliert. Die bis zu 49 cm große Rasse ist farblich keinen Vorgaben verpflichtet, ihr Haarkleid ist lang und dicht.

Finnischer Lapplandhirtenhund

Lappländischer Rentierhund oder Finnischer Lapplandhirten-hund nennt sich dieser Wach- und Hütehund. Er erreicht mit seinen 43 bis 54 cm eine mittlere Größe. Sein Haar besteht aus dichter, feiner Unterwolle und mittellangem bis langem, leicht aufgerichtetem Deckhaar. Damit ist er ideal angepasst an die arktischen Temperaturen Skandinaviens im Winter.

Europäische Spitze

Das dichte, lange Fell ist eine Gemeinsamkeit aller Europäischen Spitze, die sich primär in der Größe unterscheiden. Der Großspitz ist allerdings extrem gefährdet, da sich sein Bestand alle zwei Jahre um durchschnittlich zehn Prozent verringert.

Deutscher Spitz

Der Deutsche Spitz wird in verschiedene Typen unterteilt. Allen gemeinsam ist ihr Ahn, der steinzeitliche Torfhund „Canis familiaris palustris Rüthimeyer". Er gilt als älteste Hunderasse Mitteleuropas, archäologische Funde deuten darauf hin, dass es ihn bereits um 4000 v. Chr. gab. Neben dem Volpino Italiano ist der Deutsche Spitz der einzige als Rasse anerkannte Hund in der Gruppe der Europäischen Spitze.

Deutscher Spitz
Großspitz

Nur wenige Zentimeter kleiner als der Keeshond, aufgrund seiner Andersfarbigkeit jedoch eine eigene Varietät innerhalb dieser Gruppe, ist der Großspitz. Sein Fell ist schwarz, braun und weiß. Sein Gewicht wird beim Rassestandard nicht festgelegt, es soll lediglich seiner Größe entsprechen.

Deutscher Spitz
Wolfsspitz

Der Wolfsspitz gilt als älteste Varietät innerhalb dieser Rasse. Im übrigen Europa wird er auch Keeshond genannt. Mit seinem ausschließlich Grau gewolkten Fell erscheint er Silbergrau mit schwarzen Haarspitzen, wobei Fang und Ohren dunkel gefärbt sind. Darüber hinaus hat er eine deutliche Zeichnung um die Augen. Der Keeshond erreicht zwischen 43 und 55 cm Körpergröße.

Deutscher Spitz
Mittelspitz

Der Mittelspitz ist in seinem äußeren Erscheinungsbild vielseitiger als sein großer Kollege. Er kann von Schwarz über Braun, von Orange bis Grau gewolkt oder andersfarbig sowohl in uni als auch gescheckt gefärbt sein. Auch er hat den typischen fuchsähnlichen Kopf mit den spitzen engstehenden kleinen Ohren auf. Für die Zucht zugelassen sind Hunde, die 30 bis 38 cm Widerristhöhe erreichen. Groß- und Mittelspitze sind prädestiniert für den Hundesport.

Deutscher Spitz
Kleinspitz

Klein- und Zwergspitze haben aufgrund ihrer Größe ein geringeres Bewegungsbedürfnis, benötigen weniger an Futter und können sich auch gut in Etagenwohnungen einleben. Kleinspitze erreichen zwischen 24 und 28 cm Körpergröße. Aufgrund ihrer Bellfreudigkeit sind auch Kleinspitze gute Wachhunde.

Deutscher Spitz
Zwergspitz

Der Zwergspitz, auch Pomeranian genannt, wird 18 bis 22 cm groß und hat farblich keine Einschränkungen durch Zuchtstandards. Auch bei ihm zeigt sich das für Spitze signifikante Haarkleid, dessen reichliche Unterwolle es abstehen lässt. Regelmäßiges Bürsten sollte man einplanen, damit das Fell nicht verfilzt.

Volpino Italiano

Der Italienische Volpino war in der Vergangenheit sowohl beim Adel als auch beim einfachen Volk in Italien sehr beliebt. Schutzinstinkt und Wachsamkeit sind dem lebhaften und sehr anhänglichen Hund angeboren. Mit seinen maximal 30 cm ist er ein eher kleiner, kompakter Vertreter der Spitze, dessen Körper von langem abstehenden Haar bedeckt ist.

Asiatische Spitze

Die Vorgänger der Asiatischen Spitze waren bereits vor 5000 Jahren treue Begleiter des Menschen. Offizielle Zuchtverbände haben sich der Erhaltung und Gesundheit dieser Rassen verschrieben. Leider führt zunehmende Beliebtheit bei allen Rassen zu unseriösen Massenzüchtungen, die gesundheitliche Probleme zugunsten Gewinnmaximierung billigend in Kauf nehmen. Der bekannteste Vertreter dieser Gruppe ist der beliebte Eurasier.

Chow-Chow
Blauschwarze Zunge

Er ist eine stolze Erscheinung, wenn er mit seinen muskulösen 56 cm Körpergröße vor einem steht. Bekommt man seine Zunge zu sehen, darf man nicht erschrecken. Ihre blauschwarze Färbung, inklusive Gaumen, Lefzen und Zahnfleisch, ist ein charakteristisches Merkmal. Außer ihm findet man diese Eigenart nur noch beim Shar Pei.

Chow-Chow

Der Chow-Chow wird hauptsächlich als Wach- und Begleithund eingesetzt. Dies ist schon im Namen verankert: Chao-Chao heißt soviel wie „alles sehen, sehr wachsam, sehr klug, sehr geschickt". Diese Eigenschaften vereint der ruhige, jedoch auch eigenwillige Hund tatsächlich. Zudem ist er treu und schließt sich eng an seine Menschen an.

Eurasier

Die Kreuzung von Chow-Chow und Wolfsspitz ergab den sogenannten Wolf-Chow. Erst nachdem 1973 der Samojede zugekreuzt wurde, entstand der heutige Eurasier. Er erreicht 60 cm Widerristhöhe und als Rüde bis zu 32 kg Gewicht. Sein Fell hat dichte Unterwolle und ist, außer in Weiß- und Lebertönen, in allen Farbkombinationen zugelassen.

Eurasier
Selbstbewusst und ruhig

Sein Wesen ist durchaus familientauglich, wenngleich er Fremden gegenüber sehr zurückhaltend ist. Dies macht den Umgang für Besuch und beim Gassigehen schwierig. Er ist zudem selbstbewusst, ruhig und mit hoher Reizschwelle. Jagdtrieb braucht man bei ihm nicht zu fürchten, auch lautes Bellen ist die Ausnahme, wenn er in engem familiären Kontakt bei liebevoller und konsequenter Erziehung aufwachsen darf.

Koreanischer Jindo

Ebenfalls ein Asiat ist der Koreanische Jindo, der nach der gleichnamigen Insel im Südwesten Koreas benannt ist. Er wurde primär zur Jagd eingesetzt, bei größerer Beute auch in der Meute. Er informierte bellend den Jäger, wenn das Tier gestellt war. Seine feine Nase soll bis zu 30 000 Gerüche unterscheiden können.

American Akita

1956 wurde der Amerikanische Club für Akitas gegründet, und bereits 1972 wurde die Rasse vom Amerikanischen Kennel-Club zugelassen und ins Zuchtbuch eingetragen. Der Amerikanische Akita ist ein großer Hund mit kräftigem Knochenbau. Dabei ist er vom Wesen freundlich, aufmerksam, folgsam und mutig. Sein Fell kann verschiedenste Farbprägungen haben, es verfügt über dichte weiche Unterwolle und harsches, leicht abstehendes Deckhaar.

Akita

Der Akita war ursprünglich von kleinem bis mittelgroßem Wuchs. Ab 1868 wurden die Tiere mit Tosa und Mastiffs gekreuzt, was zu einer deutlichen Steigerung der Größe führte. Ursprünglich wurden sie zu Hundekämpfen eingesetzt, die 1908 verboten wurden. Ein weiterer Einschnitt traf die Rasse in Japan mit dem Zweiten Weltkrieg, in dem alle Hunde, bis auf den kriegstauglichen Deutschen Schäferhund, für Militärkleidung verwendet wurden. Nach dem Krieg wurde mit Restexemplaren eine erneute Reinzucht aufgebaut.

Akita
Jagd-, Wach- und Rettungshund

Der treue und aufnahmefähige Vierbeiner kann zum Jagd-, Wach- und auch Rettungshund ausgebildet werden. Allerdings ist er in der Erziehung recht schwierig und kein Hund für Anfänger. Hinzu kommt, dass er während des Fellwechsels enorm viele Haare verliert, ein Umstand, der für die Wohnungshaltung lästig ist

Hokkaido

Die Ureinwohner Hokkaidos haben den robusten mittelgroßen Hund zur Bärenjagd gezüchtet. Seine weiche und dichte Unterwolle wird von hartem Deckhaar umschlossen, das den widerstandsfähigen Jäger selbst klirrende Kälte und Schneefall geduldig ertragen lässt. Der Hokkaido besitzt kein einfaches Wesen: Große Schärfe, Verteidigungsbereitschaft und Aggressivität gegenüber Fremdem machen ihn zu keinem Anfängerhund. Es besteht Ausfuhrverbot, seit er 1937 zum Naturdenkmal erkoren wurde.

Kai

Ein charakteristisches Merkmal des Kai ist sein rotschwarz gestromtes Haarkleid. Der temperamentvolle und sehr aufgeweckte Hund erreicht bis zu 56 cm Widerristhöhe, wobei, wie bei den meisten Rassen, auch hier die Rüden etwas größer werden. Die Ernennung zum „Japanischen Naturdenkmal" 1934 impliziert ein offizielles Ausfuhrverbot der Tiere. Außerhalb Japans dürfte er kaum zu finden sein.

Kishu

Sein Name verweist auf seine Herkunft in den Bergregionen des Bezirkes Kishu in Japan. Laut aktuellem Rassestandard darf die Fellfarbe der als reinrassig anerkannten Tiere lediglich Weiß, Rot oder Sesam zeigen. Seit 1934 gilt auch diese Rasse in Japan als „Denkmal der Natur", was die Ausfuhrbestimmungen der Tiere beschränkt. Der mittelgroße Hund wurde ursprünglich in der Jagd auf Wildschweine und Hirsche eingesetzt.

Japan-Spitz

Ein reinrassiger Japan-Spitz darf laut Rassestandard keinen Lärm machen. Er ist ein kluger und fröhlicher Hund, ausschließlich in reinem Weiß mit gerade abstehendem dichten Deckhaar. Trotz seine geringen Größe hat er eine außergewöhnliche Ausdauer und Konstitution. Er ist ein unkomplizierter Hund, anhänglich und verträglich Mensch und Tier gegenüber.

Shiba

Der Shiba hat seinen Ursprung in Japan. Ob in den Bergen oder am Meer – er wurde dort für die Jagd auf kleines Wild und Vögel eigesetzt. Seine Reinrassigkeit wurde seit 1868 durch die Einfuhr von ausländischen Rassen, wie Englischen Settern und Pointern, bedroht. Um eine der ältesten Hunderassen der Welt zu erhalten, wurde 1934 der Rassestandard aufgestellt, und 1937 wurde der Shiba ebenfalls zum „Naturdenkmal" erklärt.

Shiba
Temperamentbündel

Er hat hartes, gerades Haar in den Farben Rot, Schwarz, Sesam und Kombinationen daraus. Mit seinen bis zu 40 cm Körpergröße zählt er zu den kleineren Hunden, was in seinem Namen – „shiba" bedeutet ursprünglich „klein" – angedeutet ist. Er hat ein temperamentvolles, eigenständiges Wesen, was bei der Haltung berücksichtigt werden muss.

Shikoku

Der Shikoku ist ein mittelgroßer, wohlproportionierter Hund mit gut entwickelter Muskulatur. Der aus Japan stammende spitzartige Hund wurde ursprünglich als Jagdhund gehalten, heute dagegen primär als Familienhund. Je nach Herkunftsregion gibt es drei Varietäten: Awa, Hongawa und Hata.

Urtyp

Dies sind überwiegend ursprüngliche Tiere mit spitzer Schnauze, Stehohren, quadratischem Körperbau und Ringelrute. Bei minimaler menschlicher Fürsorge mussten diese Hunde selbstständig und leistungsfähig sein. Ob Eskimo oder Jäger in entlegenen und unwirtlichen Regionen – auf diese Begleiter musste Verlass sein.

Pharaonenhund

Der Pharaonenhund ist seit 1974 Nationalhund von Malta. Dort soll, im Gegensatz zu früheren Meinungen, er stamme aus Ägypten, auch seine Heimat liegen. Er wird auch Kelb tal-Fenek genannt, was, entsprechend seiner hauptsächlichen Verwendung, so viel wie Kaninchenhund bedeutet. Er erreicht eine Körpergröße von 63 cm und bringt dabei bis zu 20 kg auf die Waage.

Kanaan-Hund

Erst um 1930 wurde der Kanaan-Hund aus alten Pariahunden gezüchtet. Seine Herkunft ist Israel, wo er hauptsächlich als reaktionsstarker Schutz- und Wachhund eingesetzt wurde. Er zeigt eine gesunde Zurückhaltung gegenüber Mensch und Tier, ist aber seinen Bezugspersonen treu ergeben. Mit 60 cm Größe ist seine Körperform kräftig und quadratisch.

Pharaonenhund
Leidenschaftlicher Jäger

Sein Haar ist kurz und glänzend, fein bis harsch. Er kommt in den Farben Rost- bis Dunkelrostbraun vor, klar definierte weiße Markierungen sind zulässig. Der leidenschaftliche und bemerkenswert ausdauernde Jäger benötigt unbedingt adäquate Beschäftigung, wenn er sein Temperament nicht in der Jagd austoben kann. Wer einen ruhigen Hausgenossen sucht, liegt mit dieser Rasse falsch: Seinen Gefühlsäußerungen verleiht der Pharaonenhund mit kräftigem Bellen Ausdruck.

Mexikanischer Nackthund

Der Mexikanische Nackthund ist auch unter seiner schwer
aussprechbaren Rassebezeichnung Xoloitzquintle bekannt.
Sein auffälligstes Merkmal ist seine Haarlosigkeit, weshalb der
exotische Hund auch für Allergiker geeignet ist. Sein freundliches und anhängliches Wesen machen ihn zu einem beliebten
Familienhund. Der Halter hat die Wahl zwischen drei Größen-
varietäten.

Peruanischer Nackthund

Früher hieß er Inca Orchid oder Moonflower Dog, sein heutiger Name „Perro sin Pelo del Perú" bedeutet schlicht „Hund ohne
Fell aus Peru". Auffälligstes Merkmal ist das völlige Fehlen von Körperbehaarung, selten sind vereinzelte Haarreste zu finden.
Den Peruanischen Nackthund kennt man in drei Größen mit einem Gewicht von 4 bis 25 kg und einer Höhe von 25 bis 65 cm.

Basenji

Seinen Ursprung hat der Basenji im alten Ägypten, wo er in Pyramiden aus der Zeit um 2700 v. Chr. als Beschützer der Toten und Grabbeigabe gefunden wurde. Er war und ist der Begleiter der Pygmäen Zentralafrikas, gemeinsam treiben sie Wild in Fangnetze. Erlaubte Fellfarben sind Rot-Weiß, Schwarz-Weiß und Schwarz-Weiß-Rot.

Basenji
Eigensinnig

Wie bei vielen Hunden des Urtyps steckt auch seine Domestikation noch in den Kinderschuhen. Für Halter dieser Rasse bedeutet dies, mit viel Geduld und Respekt an die Ausbildung heranzutreten. Ihren ausgeprägten Eigensinn, die Selbstständigkeit und das Fehlen von Unterwürfigkeit muss man akzeptieren, absoluten Gehorsam kann man nicht erwarten. Unter diesen Voraussetzungen ist er ein angenehmer und ruhiger Haushund.

Urtyp zur jagdlichen Verwendung

Für diese Rassen gilt ähnliches wie für die vorstehenden. Ob Podencos aus dem Mittelmeerraum oder Ridgebacks aus Thailand, sie alle haben einen schlanken Körperbau und meist fledermausähnliche Stehohren. Ein wenig erinnern sie an die großgewachsenen Windhunde.

Kanarischer Podenco

Der Kanarische Podenco ist als Jäger der Kanarischen Inseln insbesondere auf Teneriffa und Gran Canaria anzutreffen. Er ist ein enorm ausdauerndes Tier, dessen widerstandsfähiger Körper an die unwirtliche Geografie ebenso gut angepasst ist wie an die Hitze. Überwiegend Kaninchen landen im Fang des schlanken, mittelgroßen Hundes, dessen Fellfarbe in verschiedenen Rottönen variieren kann.

Ibiza-Podenco

In seiner Heimat, den Balearen, ist er als „Ca Eivissec" bekannt. Auch auf dem spanischen Festland ist er verbreitet, dort kennt man ihn unter mehreren Namen. Ob Balearen-Hund, Charnegui, Charnegue, Mallorqui oder Xarnelo – es handelt sich immer um den bis zu 72 cm großen Ibiza-Podenco, dessen Existenz bis 3400 v. Chr. belegt ist.

Ibiza-Podenco
Ausdauernder Jagdhund

Es gibt ihn als Glatt-, Rau- oder Langhaarvariante und in den Farben Weiß und Rot. Der Podenco ist ein Jagdhund, der überwiegend in der Meute hinter Kaninchen herjagt. Eine Haltung bei uns erfordert zwingend ein artgerechtes Alternativprogramm und viel Geduld, denn die Tiere müssen sich auf einen völlig neuen Lebensraum einstellen.

Portugiesischer Podengo

Zum Rassestandard des Portugiesischen Podengo gehören Hunde unterschiedlichster Erscheinung. Denn den beliebten Haushund findet man in drei verschiedenen Größen: als Grande mit bis zu 70 cm Größe, als Medio von maximal 55 cm Wuchshöhe und als handlichen Pequeño, der lediglich 30 cm erreicht. Das Ausmaß an Bewegung sollte jeweils der Größe angepasst werden.

Sizilianische Bracke

Der Cirneco dell´Etna ist etwas kleiner als der Pharaonenhund und der Ibiza-Podenco. In Vielem ist er diesen jedoch sehr ähnlich. Auch er ist ein Hund, dessen Existenz durch Münzfunde um den Ätna bis viele Hundert Jahre v. Chr. belegt ist. Der temperamentvolle Jäger kann sehr zärtlich und liebevoll sein. Nur eines ist er nicht: Alleinunterhalter. Für Bewegung und Beschäftigung muss in ausreichendem Maße gesorgt werden.

Thailand-Ridgeback

Der Thailand-Ridgeback ist mit seinen bis zu 61 cm Widerristhöhe ein mittelgroßer Hund mit kurzem glatten Haar. Ob Rot, Schwarz, Blau oder hell falbfarben – immer sollte er einfarbig sein. Seinen Namen verdankt diese thailändische Rasse, wie alle Ridgebacks, dem Haarkamm („ridge"), dessen Haare in entgegengesetzter Wuchsrichtung auf dem Rücken wachsen und sich deutlich vom übrigen Fell absetzen.

Taiwan-Hund

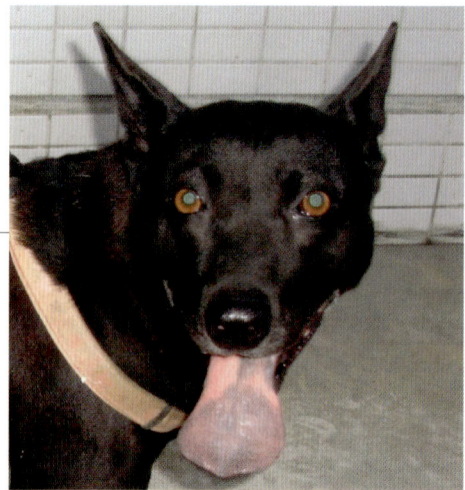

Der muskulöse, fast quadratisch wirkende Taiwanhund mit seinem typischen dreieckigen Kopf und seinen mandelförmigen Augen besitzt kurzes, hartes, fest anliegendes Fell, das in verschiedenster Farbgebung vorkommt. Er stammt von den südasiatischen Jagdhunden, den sogenannten Pariahunden, ab. Ursprünglich diente das furchtlose und seinem Herrn treu ergebene Tier der Urbevölkerung Taiwans als Begleiter auf der Jagd. Heute ist er ein beliebter Wach- und Begleithund.

LAUF- UND SCHWEISSHUNDE

Laufhunde

Die größte Gruppe stellen mit 64 Hunderassen die Laufhunde: Bluthund, Beagle, verschiedene Bracken sind gezielt für das Hetzen von Beute gezüchtet worden, dies ist die älteste Form der Jagd. Sie können einzeln oder in der Meute jagen, wobei einer Meute in der Regel ein sogenannter Leithund vorsteht, der die Spur ausarbeitet und die Gruppe führt.

Bluthund

Der Bluthund stammt aus Belgien und ist ein großgewachsener Laufhund, der sich sowohl als Meutehund auf Hochwild, als Fährtenhund und sogar als Familienhund eignet. Aufgrund seiner hervorragenden Nase wird er von der Polizei als Spürhund auf der Suche nach vermissten Personen eingesetzt. Seine Ausdauer prädestiniert ihn für weite Distanzen.

Bluthund
Mächtiger Laufhund

Mit seinen bis zu 68 cm ist er ein massiver Jagd- und Laufhund, der sogar als der mächtigste aller Laufhunde gilt. Trotz seiner imposanten Erscheinung ist er ein sanfter, freundlicher und umgänglicher Gefährte, der sich mit Mensch und Tier gut versteht.

Poitevin

Der Poitevin stammt aus Frankreich, wo er als Laufhund Verwendung findet. Sein Fell ist kurz, glänzend und dreifarbig in Schwarz, Weiß und Loh. Bei der Kreuzung von französischen Laufhunden mit Foxhounds wurde bereits 1692 diese ausdauernde und mutige Rasse geschaffen. Seine Größe und athletische Statur sind bei diesem Meutejäger ebenso ausgebildet wie seine hervorragenden jagdlichen Eigenschaften.

Billy

Er ist gut gebaut, muskulös und mit seinen bis zu 70 cm Widerristhöhe von ziemlich großem Wuchs. Er kann sowohl uni weiß und mit andersfarbigen Platten als auch milchkaffeefarben sein, dabei ist das Fell immer kurz, glatt und pflegeleicht. Der Billy stammt aus Frankreich und wird dort beim Aufspüren von Reh und Wildschwein eingesetzt. In Deutschland ist er so gut wie unbekannt.

Französischer Dreifarbiger Laufhund

Der Französische Dreifarbige Laufhund trägt bereits einige Merkmale seiner Rasse, nämlich Herkunft, Fellfarbe und Verwendung, im Namen. Er ist ein Meutelaufhund zur Hochwildjagd, mit Klasse und Eleganz, dabei kräftig gebaut und mit ausgeprägten Muskeln. Die Dreifarbigkeit des kurzen Fells setzt sich aus Weiß, Schwarz und Loh zusammen.

Französischer Weiß-Schwarzer Laufhund

Geringfügige Größenunterschiede, aber primär die Fellfärbung sind Unterscheidungsmerkmale der drei ansonsten sehr ähnlichen französischen Laufhundrassen. Dieser besitzt ein weiß-schwarzes Fell mit blass lohfarbenen Abzeichen. Ein ausgeprägtes Sozialverhalten Artgenossen gegenüber ist für die in der Meute jagenden Hunde besonders wichtig.

Französischer Weiß-Orangefarbener Laufhund

Der dritte im Bunde der französischen Laufhunde ist der Français blanc et orange, was bereits seine Fellfarbe, nämlich Weiß-Orange, verrät. Er hat sich als Letzter dieser drei Rassen entwickelt und ist bis heute verhältnismäßig selten. Nur wenn man ihn in einer Meute hält und regelmäßig auf natürliche oder künstliche Fährten ansetzt, kann man diesen Tieren gerecht werden, als Begleithunde eignen sie sich nicht.

Großer Anglo-Französischer Dreifarbiger Laufhund

Kreuzungen verschiedener französischer Laufhunde mit dem englischen Foxhound Ende des 19. Jahrhunderts haben zur Entstehung der drei Rassetypen des Grand anglo-français geführt. Alle drei erreichen ähnliche Widerristhöhen von 62 bis 72 cm. Der Trikolore dieser drei Typen ist, wie sein Name schon ankündigt, dreifarbig in Schwarz, Weiß und Loh.

Großer Anglo-Französischer Dreifarbiger Laufhund
Aktiv und gesellig

Der Meutejäger wird primär auf Rehe, Rothirsche und Wildschweine angesetzt. Selten taucht er auch als Begleithund auf, obwohl er sich Menschen gegenüber freundlich zeigt. Ideal ist diese Verwendung für den geselligen, aktiven Hund jedoch nicht. Jagdlicher Einsatz, ausdauernde Bewegungsangebote und seine Artgenossen würden diesem Laufhund, der von den drei Variationen am häufigsten auftritt, fehlen.

Großer Anglo-Französischer Weiß-Schwarzer Laufhund

Kurzes, mehr oder weniger kräftiges Fell in Schwarz-Weiß ist das Unterscheidungsmerkmal zu den anderen beiden Grand anglo-français-Rassen. Es ist anzunehmen, dass in seinem Blut viel Erbgut vom Bleu de Gascogne und vom Gascon Saintongeois fließt. Er kommt wesentlich seltener vor als sein dreifarbiger Artgenosse und wird nur in der Jagd eingesetzt.

Großer Blauer Gascogne Laufhund

Der Große Blaue Gascogne Laufhund wird sowohl für die Flintenjagd als auch für die Hetzjagd auf Hochwild und Hasen eingesetzt. Ob in der Meute oder als einzelner Spürhund – dieser Hund hat mit seiner sehr feinen Nase eine außerordentlich gründliche Art zu jagen. Dieser Franzose ist mit seinen bis zu 72 cm eine imposante Erscheinung.

Großer Anglo-Französischer Weiß-Orangefarbener Laufhund

Bei seiner Entstehung spielt der Billy eine nicht unwesentliche Rolle. Der weiß-orangefarbene Grand anglo-français lebt und jagt wie seine Artgenossen am liebsten in der Meute, die jedoch nicht aus artgleichen Tieren bestehen muss. Dieser starke und kräftig gebaute Typ ist die seltenste der drei Rassen. Sein Fell kann ebenfalls von weiß-zitroniger Farbgebung sein.

Großer Gascon Saintongeois

Weiß mit schwarzen Flecken und braunen Abzeichen über den Augen zeichnen diesen französischen Laufhund aus. In seinem Rassestandard werden zwei Größen eingeordnet: Der kleinere Petit Gascon Saintongeois und der über zehn Zentimeter größere Grand Gascon Saintongeois. Beide sind gut auszubilden, anhänglich und von freundlichem Wesen.

Großer Griffon Vendéen

Der Grand Griffon Vendéen hat viele Fellfarben: In Beige, Graubraun, Weiß-Orange, Weiß-Grau, Weiß und Graubraun, sogar dreifarbig kann sich das längere, manchmal buschige Haar mit der dichten Unterwolle präsentieren. Auch vom Wesen her ist er ein Vielseiter: Er eignet sich als mutiger Jagdhund ebenso wie als temperamentvoller Familienbegleiter.

English Foxhound

Dieser Laufhund stammt aus Großbritannien und tritt in verschiedenster Färbung auf, meist ist er dabei zweifarbig. Eine Einzelhaltung, gar in einer Stadtwohnung, ist überhaupt nicht nach dem Geschmack des Artgenossen liebenden, leidenschaftlichen Jägers. Auch der enorme Auslauf, den er benötigt, um seine Kraft und Energie zu bändigen, spricht gegen ihn als Familienhund.

Otterhound

Der Otterhund ist vom Wesen freundlich und ausgeglichen, jedoch nur, wenn er regelmäßig entsprechend gefordert wird. Der große, starke Laufhund hat eine Ausdauer, die es ihm ermöglicht, den ganzen Tag im Wasser oder an Land zu jagen. Er erreicht etwa 69 cm Widerristhöhe und hat ein langes, dichtes und raues Fell in vielen für Laufhunde typischen Farben.

Otterhound
Ausgeprägter Spürsinn

Sein Ursprung liegt am Anfang des 11. Jahrhunderts, als seine Vorgänger in England Otter im Wasser und an Land verfolgten und zur Strecke brachten. Otterhunde verfügen über einen extrem leistungsstarken Spürsinn, der es ihnen erlaubt, selbst Fährten zu erschnüffeln, die 36 Stunden alt sind. In seiner heutigen Erscheinung ist er seit Ende des 19. Jahrhunderts bekannt.

American Foxhound

Wie schon sein Name ausweist, hat er seinen Ursprung als Fuchsjäger in den USA. Der American Foxhound hat ein dichtes, harsches Jagdhundhaar von mittlerer Länge, das in allen Farben variieren darf. Mit seinen bis zu 66 cm Widerristgröße bei 34 kg Körpergewicht zählt auch er zu den größeren Laufhunden. Da in Europa der Englische Foxhound beliebter ist, ist er bei uns kaum bis gar nicht anzutreffen.

Schwarz-Lohfarbener Waschbärenhund

Der Black and Tan Coonhound wird primär als Jagdhund eingesetzt. Seine Konstitution und sein Mut prädestinieren ihn zur Jagd auf Waschbär, Hirsch, Bär, Berglöwe und Großwild. Sein Sozialverhalten gegenüber Artgenossen ist ausgeprägt, zudem ist er von freundlichem und ausgeglichenem Wesen. Als aggressiv würden ihn nur seine Beutetiere beschreiben, gegenüber Mensch und Hund verhält er sich aufgeschlossen.

■ Rauhaariger Bosnischer Laufhund

Der Barak ist auch unter dem Namen Stichelhaariger Bosnischer Laufhund bekannt, was bereits die Herkunft des vermutlich ältesten Balkanhundes verrät. Er ist ein lebhafter, temperamentvoller und in der Jagd mutiger und ausdauernder Hund. Er zeichnet sich durch Robustheit und Anspruchslosigkeit aus, Merkmale, die ihm leider nicht geholfen haben, sich in den Wirren des Bürgerkriegs zu behaupten. Er ist sehr selten geworden.

Kurzhaarige ■ Istrische Bracke

Hase und Fuchs werden sie kaum schätzen, die Kurzhaarige Istrische Bracke aus Kroatien. Der Laufhund verfügt über eine große Ausdauer und ist ein passionierter Jäger, der auch ohne Sichtkontakt zur Beute auf der Schweißfährte erfolgreich ist. Zwischen 44 und 46 cm kann seine Größe bei etwa 18 kg Körpergewicht schwanken. Sein Fell ist kurz, dünn, glänzend und von weißer Grundfarbe.

■ Rauhaarige Istrische Bracke

Ähnlich wie sein minimal kleinerer, kurzhaariger Artgenosse ist auch die Rauhaarige Istrische Bracke ein hervorragender Laufhund, der für die Jagd auf Hase und Fuchs angesetzt wird. Das Fell beider Istrischer Bracken ist weiß mit gelb-orangefarbenen Abzeichen, es unterscheidet sich lediglich in der Struktur. Während des Ersten Weltkrieges wäre diese Rasse fast ausgestorben.

Posavatz-Laufhund

Er ist ein kräftiger Hund von mittleren Proportionen mit rotem, rötlichem oder weizenfarbigem Haarkleid. Aufgrund der ausgedehnten Weiten seines ursprünglichen Jagdgebietes in Kroatien hat er eine herausragende Konstitution entwickelt. Der leidenschaftliche Jäger ist gehorsam und anhänglich bei mittlerem Temperament. Seit 1955 ist diese Laufhundrasse anerkannt.

Spanischer Laufhund

Hakenschlagende Hasen sind für den Spanischen Laufhund ebenso wenig ein Problem wie Nieder- und Hochwildjagd auf Wildschwein, Reh, Fuchs, Wolf oder Bär. Anhänglich und ruhig im Alltag, ist er mutig und tapfer im jägerischen Arbeitseinsatz. Zwischen 48 und 57 cm Körpergröße erreicht diese Rasse, wobei die Hündinnen deutlich kleiner und feingliedriger sind als die Rüden.

Anglo-Français de Petite Vénerie

Der Mittelgroße Anglo-Französische Laufhund kann verschiedene Färbungen haben: dreifarbig in Weiß, Schwarz und Loh oder zweifarbig in Weiß und Orange. Unabhängig von der Farbgebung ist das Haar kurz, dicht und glatt. Er ist ein Meutejäger, der sich in jedem Gelände von der Ebene über das Feuchtgebiet bis ins Gebirge zurechtfindet und seine Beute ausdauernd in der Gruppe verfolgt. Selbst in seiner Heimat Frankreich ist er eher selten.

Ariégeois

Der Ariégeois hat seinen Ursprung in Frankreich. Dort wird der fleißige, mittelgroße Hund für die Jagd auf Hase, Reh und Wildschwein eingesetzt. Sowohl einzeln als auch in der Meute zeigt er hervorragende Leistungen. Seine Unterordnungsbereitschaft erleichtert die Erziehung, sein fröhliches und verträgliches Wesen beleben den alltäglichen Umgang.

Beagle-Harrier

An dieser Rasse sind sowohl Beagle als auch Harrier beteiligt. Der Beagle hat ihm Jagdleidenschaft und Wendigkeit, der Harrier Widerstandskraft und Spürsinn vererbt. Sein Äußeres besticht durch sein dreifarbiges Fell. Selbst in seiner französischen Heimat ist der am liebsten in der Meute lebende Hund selten.

Artois-Hund

Spitzengeschwindigkeiten erreicht er nicht, dafür aber eine enorme Ausdauer und Fleiß, insbesondere bei der Hasenjagd. Früher wurde der mittelgroße Laufhund Chien Picard genannt. Er wird als ausgeglichen und anhänglich, zugleich kräftig und widerstandsfähig beschrieben. Seit den 1970er-Jahren gilt sein Bestand wieder als gesichert.

Porcelaine

Bis zu 58 cm Widerristhöhe kann der französische Porcelaine erreichen. Dabei hat er eine weiße Fellfarbe, die lediglich orangefarbene Flecken oder Tüpfelungen, aber niemals einen Mantel bilden darf. Hasen und Rehe stöbert er zielstrebig auf und zeigt sie bellend an. Der ausdauernde und leichtführige Jagdgebrauchshund eignet sich gut für die Einbindung in eine größere Meute. Angenehm sind ihm trockene und wärmere Temperaturen, Nässe und Kälte verträgt er nicht so gut.

Kleiner Blauer Gascogne-Laufhund

Der Petit Bleu de Gascogne ist ein mittelgroßer, wohlproportionierter Hund, der seine Heimat in Frankreich hat. Sein Ahn ist der Grand Bleu, den man in einer kompakteren, schnelleren Rasse, geeignet für die Hasenjagd, weiterzüchten wollte. Klein ist der Petit Bleu mit seinen bis zu 58 cm Widerristhöhe nicht wirklich, die Hasenjagd erledigt er jedoch mit Bravour.

Kleiner Blauer Gascogne-Laufhund
Regelmäßige Jagdeinsätze

Er ist ein fleißiger, ausdauernder Jäger, der sich auch einer Meute gut anschließt und primär im Südwesten Frankreichs zu finden ist. Der Petit Bleu wird als sensibel, leichtführig und anpassungsfähig beschrieben. Dies lässt vermuten, dass er sich auch als Haushund eignet, jedoch sollte er regelmäßige Jagdeinsätze und ausreichend Platz und Auslauf angeboten bekommen.

Kleiner Gascon Saintongeois

Der freundliche Gascon Saintongeois ist ein Kreuzungs-
produkt aus zwei französischen Laufhundrassen. In seiner
Rassebeschreibung ist er mit zwei Größenvarianten aufgeführt. Der mit 50 bis 58 cm Widerristhöhe kleinere Typ wird
mit dem Zusatz Petit versehen, der größere Bruder nennt
sich dank seiner bis zu 72 cm Körpergröße Grand Gascon
Saintongeois. Beide sind leichtführig und freundlich und
eignen sich für Jagd und Familie gleichermaßen.

Briquet Griffon Vendéen

Auch aus Frankreich stammt der Briquet Griffon Vendéen,
der noch die Bezeichnung „Briquet" im Namen führt, was
soviel wie „Hund mittlerer Größe" bedeutet. Als eine der
wenigen Laufhundrassen kann er durchaus sinnvoll auch als
Familienbegleiter gehalten werden. Wichtig ist dann, dem
ausgeprägten Bewegungsbedürfnis adäquat nachzukommen.

Blauer Gascogne Griffon

Der Blaue Griffon de Gascogne trägt
seinen Namen aufgrund seines Fells,
das durch eine Mischung von weißen
und schwarzen Haaren blau anmutet.
Schwarze Platten und rote Abzeichen
sind erwünscht. Diese vielseitige, alte
Laufhundrasse aus den Pyrenäen ist
eine Kreuzung aus dem mittelgroßen
Bleu de Gascogne und einem Griffon.

Blauer Gascogne Griffon
Ein passionierter Jäger

Ursprünglich setzte er Hasen nach, aber auch auf der Wildschweinfährte hat sich der passionierte Jäger aufgrund seiner sehr feinen Nase und seiner Gründlichkeit bewährt. Seine rustikale Erscheinung muss man mögen, sein Wesen überzeugt sofort: freundlich, ruhig, anschmiegsam, unternehmungslustig und leichtführig. Als einer der wenigen seiner Gruppe ist er auch in Deutschland vermehrt zu finden.

Griffon Fauve de Bretagne

Beliebt ist er als starkknochiger, muskulöser Hund, der aufgrund seiner Statur enorm widerstandsfähig hinsichtlich Witterung ist. Besonders in anspruchsvollem Gelände kommt er dank seiner Fähigkeiten zum Einsatz. Waren es früher noch Wölfe, denen er in der Meute nachstellte, jagt er dank seiner guten Nase heute primär als Einzelkämpfer Füchsen hinterher.

Griffon Fauve de Bretagne
Fell als Witterungsschutz

Sein harsches, kurzes Fell schützt ihn ideal auch bei schlechtem Wetter. Es darf in verschiedenen falbfarbenen Nuancen auftreten. Ein kleiner weißer Brustfleck und vereinzelte schwarze Stichhaare werden von den Rasserichtern toleriert. Seine Körpergröße ist auf 56 cm begrenzt. Als Familienhund eignet sich dieser Franzose nur, wenn er adäquat und regelmäßig gefordert wird.

Laufhunde

Griffon Nivernais

Ein wenig struppig und zerzaust mutet der mittelgroße Griffon Nivernais an. Er verdankt dies seinem borstigen und ungeordneten Fell, das einen kleinen Bart am Kinn bildet, weshalb er auch den Spitznamen „Krausebart" trägt. Dabei ist er ein mutiger, beherzter Treiber, der unabhängig, aber erziehbar ist. Seine Robustheit scheut größere Hitze.

Harrier

Der Harrier aus Großbritannien ist ein ausdauernder und leichter Hund, der als weniger kräftig und edler als der Foxhound gilt Das Haar des leicht sturen Laufhundes ist glatt anliegend und nicht zu kurz in verschiedenen Farbtönungen, jeweils auf weißer Grundfarbe. Der bis zu 55 cm große Hund ist ein ausdauerndes Energiebündel, das gründliche Erziehung und jede Menge Bewegung fordert.

Griechischer Laufhund

Der Griechische Laufhund ist mit seinen maximal 55 cm ein mittelgroßer Hund, der aufgrund seiner Proportionen stark und kraftstrotzend erscheint. Er ist als einzige griechische Hunderasse offiziell anerkannt. Der kurzhaarige, schwarz-lohfarbene Hund besitzt ein lebhaftes, freundliches Wesen, das ihn zu einem angenehmen Gefährten in einem Jägerhaushalt macht.

Kurzhaariger Italienischer Laufhund

Der Segugio Italiano kommt in zwei Ausführungen vor, die jeweils einen eigenen Rassestandard innehaben. Die kurzhaarige Variante ist mit 48 bis 58 cm Widerristhöhe nur geringfügig kleiner als die rauhaarige Version. Haarstruktur und Größe bleiben die einzigen Unterscheidungsmerkmale des Italienischen Laufhundes. Diese Rasse kann bis in die Antike zurückverfolgt werden.

Rauhaariger Italienischer Laufhund

Ob kurz- oder rauhaarig, gilt er als beliebteste italienische Hunderasse. Er wird zur Jagd auf Hase und Wildschwein angesetzt, wozu ihn sein muskulöser, ausdauernder Körper prädestiniert. Selbst schwieriges Gelände bereitet ihm keine Probleme. Im Vergleich zu seinem kurzhaarigen Pendant ist er eher zurückhaltend, folgsamer und ruhiger. Beide Arten sind wachsam und freundlich.

Dreifarbiger Serbischer Laufhund

1961 wurde der Dreifarbige Serbische Laufhund als eigenständige Rasse anerkannt, nachdem lange diskutiert worden war, ob er nicht lediglich eine Varietät des Serbischen Laufhundes sei. Er ist ein mittelgroßer Hund mit kräftigem Körperbau, der Beharrlichkeit und ein lebhaftes energisches Temperament besitzt. Freundlich, ergeben und zuverlässig, ist er ein typischer Laufhund des Balkans.

Serbischer Laufhund

Entsprechend seiner Verbreitung über den gesamten Balkan wurde er ursprünglich als Balkanischer Laufhund bezeichnet. Da er jedoch am häufigsten im serbischen Raum vorkommt, wurde die Rassebezeichnung 1996 in den heutigen Namen geändert. Der mittelgroße Hund ist, ebenso wie sein dreifarbiger Artgenosse, energisch, temperamentvoll und lebhaft. Im Gegensatz zu diesem ist sein Fell jedoch in einem einzigen Rotton gehalten, ein schwarzer Sattel ist zulässig.

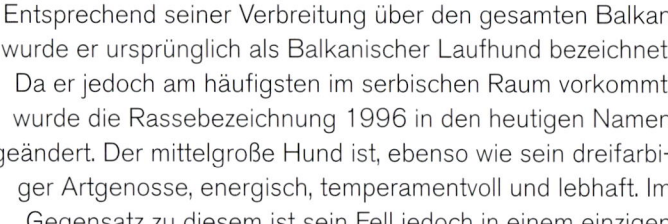

Montenegrinischer Gebirgslaufhund

Der mittelgroße, kräftige und flinke Laufhund hat seinen Ursprung in der Republik Montenegro. Er wird als sehr ausgeglichen, führig, zuverlässig und anhänglich gegenüber seinem Herrn beschrieben. Sein dichtes raues Fell ist glänzend und glatt in der Grundfarbe Schwarz. Er erreicht eine Widerristhöhe von maximal 54 cm, Hündinnen sind auch hier etwas kleiner.

Transsylvanischer Laufhund

Auch diese Bracke zählt zu den Jagdgebrauchshunden und ist unter ihren beiden Namen Transsylvanischer Laufhund oder Ungarische Bracke bekannt. Sie ist bei der Jagd von Wildschwein, Hirsch und Luchs so selbstständig, dass sie auch in weiter Entfernung zu der sie führenden Person zuverlässig verfolgt. Diese uralte ungarische Rasse ist wetterunabhängig, ruhig, ausgeglichen und temperamentvoll.

Dunker

Sein Name verrät es schon: Der Norwegische Laufhund, auch Dunkerbracke genannt, stammt aus dem hohen Norden, wo er auch überwiegend seinen Lebensraum hat. Der Familienbegleiter und Jagdgefährte erreicht eine Größe zwischen 48 und 57 cm bei einem Gewicht von 17 bis 23 kg. Er ist gutmütig, ruhig und leichtführig sowie optisch äußerst ansehnlich.

Haldenstöver

Ein weiterer Norweger ist die Haldenbracke, die etwas größer und schwerer als der Norwegische Laufhund wird. Erst seit den 1950er-Jahren wird diese relativ neue Rasse aus einheimischen Laufhunden und englischen Foxhounds gezüchtet. Gut möglich also, dass auch Dunker- und Hygenbracke genetisch verwandt sind. Der weiße Hund mit schwarzen Platten und lohfarbenen Abzeichen ist noch recht selten und über den Norden hinaus nicht verbreitet.

▮ Hygenhund

Ein weiterer Laufhund aus Norwegen ist der Hygenhund, auch Hygenbracke genannt, der um 1830 vom gleichnamigen Züchter veredelt wurde. Seine Lieblingsbeschäftigung ist die Hasenjagd, für die er aufgrund seines mittelgroßen, kompakten Körperbaus ideal geeignet ist. Der hauptsächlich in seiner Heimat bekannte Hund eignet sich wegen seiner Lauf- und Jagdfreude kaum als reiner Familienhund.

▮ Steirische Rauhaarbracke

Peintinger Bracke ist der Zweitname dieser Rasse, die sich in Rot oder Fahlgelb, wahlweise auch mit weißem Bruststern präsentiert. Sie erreicht eine Widerristhöhe zwischen 45 und 53 cm und hat ein raues, hart-grobes und glanzloses Fell. Mit diesem Haarkleid ist sie an die widrigen klimatischen Bedingungen der Alpenregion ihrer österreichischen Heimat ideal angepasst.

Brandlbracke ▮

Die Österreichische Glatthaarige Bracke, auch Brandlbracke genannt, ist ein leichter, sprungstarker Gebirgshund, der in hohem Maße selbstständig und widerstandsfähig ist. Eine Haltung außerhalb des jagdlichen Umfeldes ist für den wildscharfen Hund nicht artgerecht. Als vielseitiger, spurlauter Jagdhund ist der überwiegend schwarzhaarige Hund sehr beliebt. An seine Jägerfamilie schließt er sich eng an.

Tiroler Bracke

Die Tiroler Bracke stammt aus Österreich und hat ihre Vorfahren, wie alle Bracken, in der Keltenbracke. Bereits Kaiser Maximilian I. hat um 1500 eine solche Bracke in Tirol mit auf die Jagd genommen. Schon 1908 wurde die Rasse anerkannt. Die Tiroler Bracke ist ein wesensfester Jagdhund, der sich mit viel Leidenschaft auf die Fährte von Hase und Fuchs setzt. Damit ist sie ein idealer Jagdhund für Wald- und Bergjäger.

Tiroler Bracke
Fell als Schutz vor Verletzungen

Mit ihren bis zu 50 cm zählt sie zu den mittelgroßen Hunden. Es werden zwei Farbschläge unterschieden: einerseits der rote, andererseits der schwarzrote Schlag, auch Dreifarbigkeit ist möglich. Ihr glatt- oder rauhaariges Fell ist grob und dicht mit Unterwolle und schützt vor Witterungseinflüssen ebenso wie vor kleineren Verletzungen.

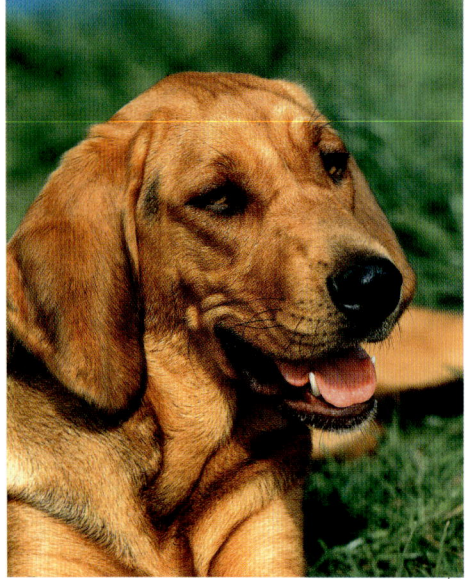

Polnische Bracke

Die Polnische Bracke zählt mit ihren 55 bis 65 cm Widerristhöhe zu den mittelgroßen bis großen Hunderassen. Ihre Fellfarbe ist Rotbraun mit schwarzem oder dunkelgrauem Mantel und Abzeichen über den Augen. Diese Laufhundrasse hat einen weniger stark ausgeprägten Bewegungsdrang, als es für die Gruppe typisch ist, auch ihre Jagdleidenschaft ist in Familienhaltung beherrschbar.

Polnischer Laufhund

Der Polnische Laufhund besitzt raues, kurz anliegendes Fell, das in vielfältiger Farbgebung auftreten kann. Der ausgeglichene, ausdauernde, mutige und intelligente Hund ist leicht erziehbar. Sein Verhalten ist nicht aggressiv, aber dennoch misstrauisch gegenüber Fremden. Die Rasse wird vor allem bei der Wildschwein- und Rotwildjagd eingesetzt, eignet sich aber auch ausgezeichnet als Schutzhund und ist ebenso ein beliebter Begleithund.

Schweizer Laufhund

Unter dem Rassestandard der Schweizer Laufhunde, auch Chien Courant Suisse genannt, werden vier Typen aufgeführt. Sie alle haben eine einheitliche Körpergröße von 49 bis 59 cm, Hündinnen sind minimal kleiner. Sie zählen zum Schlag der Bracken und jagen spurlaut und selbstständig Hase, Reh, Fuchs und gelegentlich Wildschwein.

Schweizer Laufhund
Jura Laufhund

Der Bruno du Jura ist lohfarben mit schwarzem Mantel. Das kurze, glatte und dichte Fell benötigt keine besondere Pflege, das übliche Ausbürsten während des Fellwechsels genügt völlig. Ursprünglich gab es für jede der damals noch fünf Varietäten einen eigenen Rassestandard, 1933 wurden die vier verbleibenden zusammengeführt.

Schweizer Laufhund
Berner Laufhund

Der Berner Laufhund zeigt sich mit weißem Fell, das schwarze Flecken oder Sattel aufweist. Blasse bis kräftigere Abzeichen über den Augen, an den Backen und auf der Innenseite des Behanges sind häufig. Seine Haut ist fein, gut anliegend und der Fellfarbe angepasst: schwarz unter dem schwarzen Fell und weiß-schwarz marmoriert unter dem weißen Fell.

Schweizer Laufhund
Luzerner Laufhund

Als Einziger der Schweizer Laufhunde hat der Luzerner ein blau anmutendes Fell, das stark gesprenkelt mit schwarzen Flecken oder schwarzem Sattel ist. Diese Hunderasse hat schmale, eingedrehte und gefaltet herabhängende Ohren, die einer regelmäßigen Kontrolle und vorsichtigen Reinigung bedürfen, um Ohrentzündungen vorzubeugen. Die Augen sind in ihren Brauntönen jeweils auf die Fellfarbe abgestimmt.

Schweizer Laufhund
Schwyzer Laufhund

Der letztgenannte dieser Rasse ist der Schwyzer Laufhund, der sich weiß mit orangefarbenen Flecken oder orangefarbenem Sattel präsentiert. Auch er ist ein leidenschaftlicher Jäger, der außerhalb seiner Passion kaum sinnvoll gehalten werden kann. Auch daran liegt es, dass er mittlerweile recht selten ist. Besteht die Möglichkeit einer jagdnahen Haltung, baut er engen Kontakt zur Familie auf.

Slowakischer Laufhund

Langes, Laut gebendes Verfolgen einer Spur ist für den ausdauernden, temperamentvollen Laufhund aus der Slowakei kein Problem. Er ist schwarz mit Abzeichen in Schattierungen von Mahagoni bis Braun. Seine jagdlichen Eigenschaften sind Ausdauer, Schnelligkeit und Wildschärfe.

Slowakischer Laufhund
Schwarzwildbracke

Auch in ihm hat der Halter keinen leicht führbaren Gefährten. Konsequenz und Einfühlungsvermögen sind notwendig, um ihn optimal auszubilden. Er ist auch unter den Namen Schwarzwildbracke oder Slowakische Bracke bekannt. Mit 50 cm Widerristhöhe als maximal zugelassener Körpergröße erreicht er ein Gewicht von 15 bis 20 kg.

Finnischer Laufhund

Bereits 1932 wurde ein erster Standard für diesen vielseitigen, finnischen Fährtenhund erstellt. Sein Widerrist darf
61 cm nicht überschreiten, somit ist er von mittelgroßem
Wuchs und kräftig gebaut. Der dreifarbige Laufhund gilt
als ruhig und freundlich, niemals aggressiv und voller Taten-
drang. Sein Fell ist mittellang, gerade und pflegeleicht.

Hamiltonbracke

Der Hamilton-Laufhund hat seine Heimat in Schweden, wo er
auch unter dem Namen Hamiltonstövare bekannt ist. Früher
wurde er schlicht Schwedischer Laufhund genannt. 1921 ist
er zugunsten des Rassebegründers Graf A. P. Hamilton in
seinen heutigen Namen umgetauft worden. Er ist ein freundlicher, ausgeglichener Jagdhund mit dreifarbigem Haarkleid.

Schillerbracke

Ebenfalls aus Schweden stammt der Schillerstövare, der 1952 als Rasse anerkannt wurde. Ausreichend
Bewegung vorausgesetzt, eignet sich dieser Hund auch als Familienbegleiter, da er von freundlichem,
lebhaftem und aufgeschlossenem Wesen ist. Außer auf Ausstellungen hat man außerhalb seiner Heimat
kaum Gelegenheit, den robusten, zweifarbigen Hund anzutreffen.

◼ Småland-Laufhund

Diese schwedische Rasse ist prädestiniert für die Jagd auf Hase und Fuchs. Der Smålandstövare jagt nicht wie viele seiner Artgenossen in der Meute, sondern verfolgt eine Spur eigenständig. Der Laufhund kann durchaus freundlich und anhänglich sein, ist jedoch ein temperamentvoller und leidenschaftlicher Jäger mit einem entsprechend großen Bewegungsdrang.

◼ Deutsche Bracke

Zahlreiche Brackenrassen waren früher in Deutschland bekannt, im Jahr 1900 wurden sie zu einem Einheitstyp, der Deutschen Bracke, zusammengeführt. Auch heute noch sind sie jagdlich im Einsatz, da sie über einen ausgeprägten Jagdinstinkt, eine gute Orientierung und ein feines Gespür verfügen. Sie gibt es in Rot bis Gelb mit schwarzem Sattel oder Mantel und den typischen weißen Brackenabzeichen.

Westfälische Dachsbracke ◼

Die Westfälische Dachsbracke ist die niederläufige Version der Deutschen Bracke. Wichtige Unterscheidungsmerkmale liegen vor allem im äußeren Erscheinungsbild: Kürzere Läufe und ein kompakterer, kräftigerer Körperbau ist ihr eigen. Die kürzeren Beine bringen Einbußen in der Schnelligkeit, die Jagdbilanz fällt jedoch trotzdem deutlich zuungunsten von Hase, Fuchs und Kaninchen aus.

Basset Artésien Normand

Ob dreifarbig in Schwarz-Braun-Weiß oder zweifarbig in Weiß-Orange – der Basset Artésian Normand ist ein Laufhund von 30 bis 36 cm Höhe bei einem Körpergewicht von 15 bis 20 kg. Im Verhältnis zu seiner Größe ist er lang und kompakt mit rundlichen, sehr muskulösen Oberschenkeln hinten. Seine Behaarung ist kurz und dicht auf der geschmeidigen Haut aufliegend.

Basset Artésien Normand
Fröhlicher Franzose

Der kurzläufige Basset kann sowohl allein als auch in der Meute jagen und hat mit seinen kurzen Läufen den Vorteil, zielsicher auch dichtes Gestrüpp und Unterholz durchforsten zu können. Der fröhliche und gutmütige Franzose benötigt viel Auslauf und Beschäftigung, um fehlende jägerische Betätigung auszugleichen.

Blauer Basset der Gascogne

Wie bei vielen langohrigen Hunden, so sollte auch beim Basset Bleu de Gascogne regelmäßig eine Ohrenkontrolle stattfinden, um Verletzungen und Entzündungen frühzeitig behandeln zu können. Optisch fällt er ansonsten durch seinen korpulenten Körperbau und das blaue, mit schwarzen Platten versetzte Fell auf. Zwischen 34 und 38 cm bringt er bei einem Gewicht von 15 bis 18 kg auf die Waage.

Blauer Basset der Gascogne
Anschmiegsamer Begleiter

Hinter seinem leicht melancholischen Gesichtsausdruck verbirgt sich ein eigentlich fröhlicher und anschmiegsamer Hund, der sich gut an ein Familienleben gewöhnen lässt. Natürlich darf auch bei diesem kleineren Laufhund ausreichende Bewegung nicht zu kurz kommen, denn er hat ein ausgeprägtes Bedürfnis, sich auszutoben. Der Jagdtrieb des leichtführigen Hundes sollte bei Waldspaziergängen nicht unterschätzt werden.

Basset Fauve de Bretagne

Die Kaninchenjagd ist das Steckenpferd dieses sehr beliebten Laufhundes aus Frankreich. Er ist mit seinen maximal 38 cm Widerristhöhe ein kleiner, kompakter Hund, der trotz seiner geringen Körpergröße recht schnell ist. Der Basset Fauve de Bretagne ist im Wesen anpassungsfähig, zutraulich und liebevoll sowie ein hervorragender, zäher Jäger, der mit Hartnäckigkeit seine Beute verfolgt.

Grand Basset Griffon Vendéen

Sein Körperbau ist leicht länglich, die Läufe sind gerade mit starkem Unterarm. Seine Bewegung vermittelt Ausdauer und Leichtigkeit. Der Grand Basset Griffon Vendéen ist ein mutiger und schneller Jagdhund, der als schnellster der Bassets gilt. Seine Dickköpfigkeit ist eine Herausforderung für den Halter, die jedoch durch konsequente Erziehung durchaus beherrschbar wird.

Petit Basset Griffon Vendéen

Lange Zeit wurden der große und der kleinere Basset Griffon Vendéen im selben Rassestandard geführt. Mittlerweile sind sie je eine eigene Rasse, der Petit wurde 1950 anerkannt. Auch dieser Hund ist ein Hasenjagdexperte, der jedoch auch auf andere Wildarten angesetzt wird. Ideal führt er seine Arbeit in der Nähe des Jägers aus.

Petit Basset Griffon Vendéen
Lebhaft und stur

Bei den kurzen Beinen auf ein geringes Maß an Auslauf zu schließen ist grundfalsch: Diese Rasse braucht adäquate Bewegung in Form von Wanderungen oder Hundesport. Gut erzogen, gibt der Petit Basset Griffon Vendéen einen freundlichen, lebhaften Familienhund ab, der einer gewissen Sturheit nicht entbehrt. Das mittellange Haar ist drahtig und rau und muss regelmäßig ausgekämmt werden.

Basset Hound

Der Basset Hound ist ein zuverlässiger, niederläufiger Hund. Er tritt primär dreifarbig in Schwarz-Weiß-Braun oder zweifarbig in Lemon und Weiß auf, weitere Laufhundfarben sind jedoch genauso zulässig. Diese Rasse ist mit hervorragenden jagdlichen Eigenschaften ausgestattet, kann aber zugleich ein liebevoller, manchmal leicht sturköpfiger Hausgenosse sein.

Beagle

Der Beagle ist ein beliebter Familienbegleiter. Insgesamt sind seine Haltungsbedingungen als problemloser einzustufen als bei manch anderem Laufhund. Ausreichend Bewegung und Beschäftigung findet er beispielsweise im Hundesport. Er zeigt sich ausgeglichen, verspielt und kann manchmal sein Herrchen durch leichte Sturheit herausfordern. Sein Jagdtrieb sollte bei Spaziergängen berücksichtigt werden.

Beagle
Handliche Größe

Der aus Großbritannien stammende Hund zählt zu einem der ältesten Brackenschläge. Wildschärfe hat er kaum, da er primär für die Hasenjagd eingesetzt wurde. Der mit anderen Hunden sehr verträgliche Beagle erreicht eine handliche Größe von 33 bis 40 cm. Sein Fell ist kurz, dicht und wetterbeständig in den verschiedensten Laufhundfarben.

Schweizerischer Niederlaufhund

Ebenso wie sein hochläufiger Artgenosse, der Schweizer Laufhund, ist auch diese Rasse in einzelne Varietäten unterteilt. Es sind dieselben wie auch beim großen Bruder, was an der farblich ähnlichen Fellgestaltung liegen mag. Diese Hunderasse entstand Ende des 19. Jahrhunderts, weil eine behördliche Verordnung die Jagd mit spurlauten Hunden über 36 cm Widerristhöhe verboten hatte.

Schweizerischer Niederlaufhund
Luzerner Niederlaufhund

Die vier Varietäten dieser Rasse seien hier noch einmal genannt: Luzerner Niederlaufhund, Berner Niederlaufhund, Jura Niederlaufhund und Schwyzer Niederlaufhund. Sie unterscheiden sich primär in ihrer Fellfärbung, zudem gibt es Glatt- und Rauhaarvarianten. Beide Fellstrukturen liegen glatt und ohne Faltenbildung auf der straffen Haut an. Beim einzigen Rauhaar, dem Berner, tritt ein leichter Bart auf.

Schweizerischer Niederlaufhund
Berner Niederlaufhund

Infolge der behördlichen Verordnung kreuzte man Laufhund mit Dachsbracke, und der Schweizerische Niederlaufhund war geboren. Seit 1905 treffen sich Freunde dieser Rasse im Schweizerischen Niederlaufhunde-Klub, der ursprünglich Schweizerischer Dachsbracken-Club hieß. Während schon die hochläufigen Schweizer Laufhunde selten anzutreffen sind, kann man bei dieser Rasse nur von einem minimalen Vorkommen, und zwar primär in der Schweiz, sprechen.

Schweizerischer Niederlaufhund
Jura Niederlaufhund

Ein Grund für das seltene Vorkommen ist sicherlich seine ausgeprägte Jagdleidenschaft, die eine reine Familienhaltung ausschließt. Zwar wäre er von der Größe mit seinen 33 bis 43 cm Widerristhöhe durchaus für eine Wohnungshaltung geeignet, auch sein freundliches Wesen würde dafür sprechen. Jedoch lässt sich sein Jagdtrieb nicht mit Hundesport und Gassi gehen wegerziehen.

Schweizerischer Niederlaufhund
Schwyzer Niederlaufhund

Die Schweizer Niederlaufhunde haben einen raumgreifenden Trab oder Galopp. Im Rassestandard ist genau festgelegt, in welcher Ausprägung die einzelnen äußerlichen und charakterlichen Merkmale auftreten dürfen. Ob falsche Pfotenstellung, zu viele Farbfehler, ein falsches Tragen der Rute oder ein unsicheres Wesen – jede einzelne Abweichung wird als Fehler betrachtet, die in Summe dann zum Ausschluss des vorgeführten Tieres aus dem Rassestandard führt.

Drever

Die Schwedische Dachsbracke wird auch als Drever bezeichnet. Diese kurzbeinige Rasse ist in allen Farben, mit und ohne weiße Abzeichen, zugelassen, wobei das Fell immer harsch, gerade und dicht an den Körper anliegend sein sollte. Als reinen Begleithund kann man den Drever kaum artgerecht halten. Er ist ein leistungsfähiger Jagdgebrauchshund für die Hirschjagd.

Schweißhunde

Zu den Schweißhunden gehören lediglich drei Rassen. „Schweißen" bedeutet in der Jägersprache bluten. Schweißhunde sind Spezialisten, die für schwierige Nachsuchen von angeschossenem Jagdwild eingesetzt werden. Nur bei regelmäßigem Training und guter Ausbildung können sie Höchstleistungen erbringen.

Bayerischer Gebirgs-schweißhund

Seine äußerlichen Erscheinungsmerkmale sind 44 bis 52 cm Körpergröße und kurzes und glatt anliegendes Fell. Er besticht durch seinen unerschrockenen und selbstsicheren Charakter, der im Haus anhänglich werden kann. Allerdings ist er als jagdferner Familienhund nicht geeignet, an der Seite von Jägern und Förstern läuft er zur Hochform auf.

Hannoverscher Schweißhund

Der Hannoversche Schweißhund ist leistungsstark, mittelgroß und kraftvoll. Bei einer Größe von 48 bis 55 cm Widerristhöhe liegt sein Körpergewicht zwischen 25 und 40 kg, wobei auch bei dieser Rasse Hündinnen sowohl kleiner als auch leichter sind. Er hat ein hell- bis dunkelhirschrotes, mehr oder weniger stark gestromtes Fell. Er ist ein direkter Nachfahre der mittelalterlichen Rasse der Leithunde.

Bayerischer Gebirgsschweißhund
Fährtensicherheit

Wie alle Schweißhunde stammt auch er von den Urjagdhunden ab, den sogenannten Bracken. Damit sind ihm Eigenschaften wie ausgeprägter Spürsinn und Fährtensicherheit, Fährtenwille und lockerer Fährtenlaut eigen. Der Vorgänger des Bayerischen Gebirgsschweißhundes ist der Hannoversche Schweißhund, der jedoch für die Arbeit im bergigen, unwegsamen Gelände zu schwerfällig und zu unbeweglich war.

Alpenländische Dachsbracke

Die Alpenländische Dachsbracke hat ihren Ursprung in Österreich. Sie ist ein niederläufiger, kräftiger Jagdhund. Ihr Körperbau ist robust, mit ausgeprägter Muskulatur und geraden, kräftigen Vorderläufen. Ihr Haarkleid ist dicht, in dunklem Hirschrot mit oder ohne schwarzen Stichhaaren.

Verwandte Rassen

Zu den mit den Lauf- und Schweißhunden verwandten Rassen gehören die äußerst beliebten und bekannten Dalmatiner und der Rhodesian Ridgeback. Letzterer ist auf der Schweißfährte ebenso gut wie im Einsatz als Wächter und Beschützer im Familieneinsatz. Der Dalmatiner ist zwar insbesondere als niedlicher Held aus Kinofilmen bekannt, er ist aber nicht umsonst den Lauf- und Schweißhunden zuzuordnen: Ein reiner Familienschoßhund ist er sicherlich nicht.

▬ Dalmatiner

Er fällt sofort durch sein weißes Fell mit schwarz- oder leberfarbenen Tupfen auf. Zudem ist er ein relativ großer Hund. Er ist ein ausdauernder, schneller Läufer, der regelmäßig viel Bewegung braucht. Für bequeme Menschen ist diese Rasse, die durch die Medien bekannt und geschätzt wird, kaum geeignet.

Dalmatiner
Freundlich und temperamentvoll

Seine Herkunft ist unklar, Vermutungen reichen bis zu den altägyptischen Pharaonengräbern zurück, in denen sie abgebildet sein sollen. Damit wäre der Dalmatiner eine jahrtausendealte Rasse. Bellfreudig ist er nur, wenn Besucher sich seinem Territorium nähern, ansonsten ist er ein freundlicher, temperamentvoller Hund, der kaum intensive äußere Pflege benötigt.

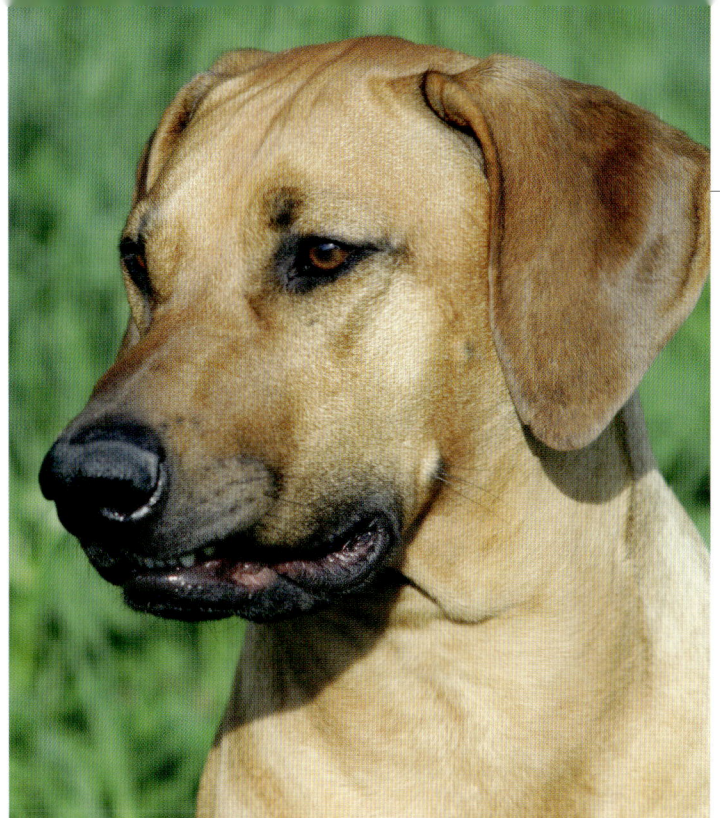

Rhodesian Ridgeback

Der Rhodesian Ridgeback ist mit seinen bis zu 69 cm Widerristhöhe ein hochgewachsener Hund, der 32 bis 36 kg auf die Waage bringt. Das Fell dieser Rasse ist kurz, dicht und glatt und sollte in den Farben Hellweizenfarben bis Rotweizenfarben glänzen. Geringe weiße Behaarung und ein dunkler Fang sind laut Rassestandard zulässig.

Rhodesian Ridgeback
Beliebter Familienbegleiter

Der Rhodesian Ridgeback ist ein würdevoller, intelligenter Hund, der Fremden gegenüber deutlich zurückhaltend, jedoch nicht scheu oder aggressiv gegenübertritt. Er verfügt über einen muskulösen, ausgewogenen und beweglichen Körperbau, der ihn früher sogar zur Jagd von Löwen befähigte. Bei uns ist er ein äußerst beliebter Familienbegleiter, der gerne sportlich beschäftigt wird.

Rhodesian Ridgeback
Markenzeichen Rückenkamm

Er ist die einzige anerkannte Hunderasse aus Südafrika, wobei er ursprünglich aus Südrhodesien stammt. Der Haarwuchs mitten auf dem Rücken verläuft kammartig gegen den Strich, was zu seinem Namen – „ridge" bedeutet „Kamm" – geführt hat. Dieser Rückenkamm gilt als Kennzeichen der Rasse. Er sollte klar abgegrenzt und symmetrisch sein, zu den Hüfthöckern hin schmaler werdend.

VORSTEHHUNDE

Kontinentale Vorstehhunde

Die Sektion der Kontinentalen Vorstehhunde umfasst 31 Mitglieder, von denen die Münsterländer und der Pudelpointer zu den bekanntesten zählen dürften. Der Vorstehhund ist ein Jagdhund, der Wild aufspürt und dies dem Jäger durch das sogenannte Vorstehen anzeigt. Dabei verharrt er, wie eingefroren, in einer bestimmten Pose, hebt die Pfote oder zeigt auf ähnliche Weise die Beute an. Selbst Wild zu erlegen ist nicht Aufgabe von klassischen Vorstehhunden.

▬ Altdänischer Vorstehhund

Der Altdänische Vorstehhund stammt vermutlich von spanischen Jagdhunden ab. Über seine Heimat Dänemark hinaus ist er kaum bekannt. Häufig findet man den bis 58 cm großen Hund, der knapp vor dem Aussterben bewahrt wurde, als Jagd- und Sporthund.

Altdänischer Vorstehhund
Liebenswürdiger Arbeiter

Der Altdänische Vorstehhund präsentiert sich mit braunweißem, kurzem und glatten Fell bei rund 30 kg Körpergewicht. Sein hervorragend ausgeprägter Spürsinn prädestiniert ihn zum Arbeitseinsatz als Fährten- und Suchhund. Für einen Jagdhund ist er aufgrund seines schweren Körperbaus recht langsam. Auch als Familienhund ist der gelehrige, ruhige Hund gern gesehen. Er ist freundlich und sogar an ein städtisches Dasein zu gewöhnen.

Deutsch Kurzhaar

Der Deutsch Kurzhaar ist ein vielseitig einsetzbarer Jagdgebrauchshund aus unseren Breiten. Er erreicht bis zu 66 cm Widerristhöhe und präsentiert sich mit dichtem kurzen Fell in den Farben Braun, Schwarz, Weiß mit braunen oder Schwarz mit braun- bzw. schwarz-schimmelfarbenen Abzeichen. Das Fell ist gut für den naturnahen Einsatz geeignet, da es isoliert und das Festsetzen von Schmutz reduziert.

Deutsch Kurzhaar
Guter Jagdkamerad

Unter den deutschen Jagdhundrassen ist der Deutsch Kurzhaar eine der international am weitesten verbreitet. Sinnvoll und artgerecht ist er nur für Jäger und Revierhüter zu halten, dann gliedert er sich auch gut in ein Familienleben ein. Er wird als ausgeglichen und zuverlässig beschrieben. Nicht übersehen werden darf jedoch, dass er ein raubwild-scharfer Alleskönner ist, der in erfahrene Hände gehört.

Deutsch Drahthaar

Auch der Deutsch Drahthaar zählt zur Gruppe der Vorstehhunde, ein äußerst beliebter Vertreter seiner Art ist er obendrein. Das ihm seinen Namen gebende drahtige Haar ist 2 bis 4 cm lang, eng anliegend und dicht. Die Struktur einerseits und die undurchlässige, wasserabweisende Unterwolle schützen den bis 68 cm großen Hund gut vor Nässe, Kälte und Schmutz.

Deutsch Drahthaar
Kein Familienhund

Der meist in brauner, schwarzer oder heller Schimmeloptik auftretende Jagdbegleiter wäre bezüglich der einfachen Fellpflege zwar für Anfänger geeignet. Mit seinem Temperament ist er aber ausschließlich für Jäger und ähnliche Berufsgruppen zu empfehlen, die ihn seiner Bestimmung gemäß einsetzen und ihn adäquat anführen können. Er wird als „harter Jagdhund" beschrieben, der weder schussempfindlich noch scheu oder aggressiv auftritt.

Pudelpointer

Der Zufallswelpe „Juno" soll der Auslöser für die systematische Verpaarung von Pudel und Pointer gewesen sein. Die entstandene rauhaarige Vorstehhundrasse ist ein Jagdgebrauchshund, der wie viele andere seiner Art eine Arbeitsprüfung zu Land und im Wasser bestehen muss, um anerkannt zu werden. Dieser seltene Hund sollte nur von Jägern gehalten werden.

Pudelpointer
Ruhiger Riese

Der Pudelpointer ist mit seinen bis zu 65 cm Widerristhöhe bei bis 30 kg Körpergewicht ein großer und kräftiger Vertreter der Vierbeiner. Standesgemäß hat er einen ausgeprägten Jagdtrieb, keine Wildscheu und ist nicht schussempfindlich. Bei artgemäßer Verwendung zeigt er ein beherrschtes, ruhiges und ausgeglichenes Wesen.

Deutsch Stichelhaar

Der Deutsch Stichelhaar ist die älteste Rasse der rauhaarigen deutschen Vorstehhunde. Schon 1892 gründeten Anhänger dieser robusten Hunde mit „Club Stichelhaar" den ersten Verein, heute heißt er „Verein Deutsch Stichelhaar". Der Jagdgebrauchshund ist leichtführig, ausgeglichen, mutig und beherrscht. Der Nachkomme des stichelhaarigen Hühnerhundes erreicht bis zu 70 cm Schulterhöhe und tritt in Braun und Braun-Weiß geschimmelt auf.

Weimaraner

Der Weimaraner zählt bei Weitem nicht zu den gefährlichen Hunderassen, jedoch benötigt man aufgrund seiner Größe und Kraft in einigen Bundesländern eine Genehmigung zum Halten des Tieres. Zwar ist der vielseitige Vorstehhund als leichtführig bekannt, dies bezieht sich jedoch auf adäquate Verwendung, die kaum außerhalb eines Jagdrevieres zu bewerkstelligen ist.

Perdiguero von Burgos

Wild und Federvieh jeder Art jagt der Perdiguero von Burgos zielsicher und mutig. Sein Blick strahlt Ruhe und Gelassenheit aus, sein sanftmütiges Wesen unterstreicht dies. Der aus Spanien stammende Vorstehhund ist weiß-leberfarben und erreicht eine Schulterhöhe von bis zu 67 cm. Seine physischen Anlagen sind ausdauernd und an Klima und Geografie Spaniens angepasst.

Weimaraner
Dominantes Verhalten

Der silber-, reh- oder mausgraue Jagdgebrauchshund sucht einen Jäger mit Familienanschluss. Sehr viel Bewegung und sinnvolle Beschäftigung braucht der zuverlässige Vorsteher zwingend zu seinem Glück. Ob Lang- oder Kurzhaar – eine sachkundige und konsequente Führung muss den souveränen Hund leiten. Der Weimaraner wird zu den ältesten deutschen Vorstehhundrassen gezählt.

Ariège-Vorstehhund

Zu den kurzhaarigen französischen Vorstehhunden zählt der Braque de l´Ariège. Fast wäre er ausgestorben, doch seit 1990 wird er wieder neu gezüchtet. Mit bis zu 67 cm Schulterhöhe erreicht er eine für Hunde dieser Art typische Größe. Sein starker Körperbau und seine kräftige Erscheinung sind kennzeichnend für diesen Hund. Laut Rassestandard darf der intelligente Stöberer blass orange-falb oder braun-weiß gescheckt oder getüpfelt sein.

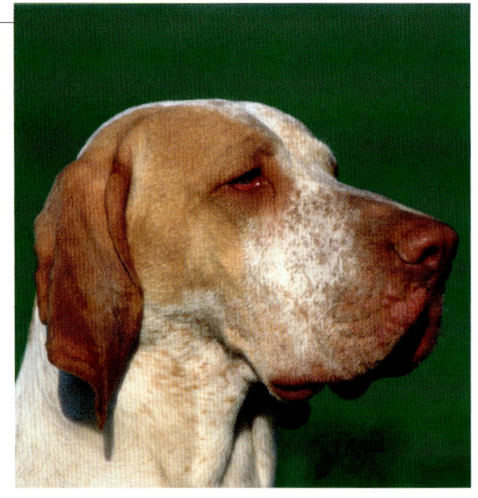

Bourbonnais-Vorstehhund

Auch er hatte im Zuge der Französischen Revolution, bei der viele Jagdhunde zusammen mit ihren adligen Herrchen getötet wurden, mit einem drastischen Bestandsrückgang zu kämpfen. Zu strenge Zuchtvorgaben haben um 1930 zusätzlich den Fortbestand bedroht. Der Braque de Bourbonnais hat einen kräftigen kompakten Körperbau mit weißem Fell, das mit braunen oder falbfarbenen Sprenkeln fein überzogen ist.

Auvergne-Vorstehhund

Der Braque d´Auvergne ist eine sehr alte französische Hunderasse. Sein kurzes und glänzendes Haar ist meist schwarz mit weißer Scheckung. Dank seiner schnellen und ausdauernden Physis hat er auch in unwirtlichem Gelände keine Probleme. Der bis zu 63 cm große Hund kann im Familienalltag zum Kampfschmuser werden, dessen hervorragende Nase ihm jedes Leckerli schon von Weitem verrät.

Französischer Vorstehhund, Typ Gascogne

Der Französische Vorstehhund präsentiert sich in zwei Typen, mit jeweils eigenem Rassestatus. Die beiden, Typ Gascogne und Typ Pyrenäen, unterscheiden sich am auffälligsten in ihrer Größe. Mit bis zu 69 cm Widerristhöhe bei bis zu 32 kg ist der Typ Gascogne größer und kräftiger. Sein Fell ist in unterschiedlicher Ausprägung weiß mit kastanienbraunen Elementen.

Französischer Vorstehhund, Typ Pyrenäen

Die kleinere Ausgabe des Braque Francais, der Pyrenäentyp, ist noch seltener anzutreffen als der Typ Gascogne. Hauptsächlich sind beide Varianten in Frankreich zu finden, bevorzugt an der Seite ihrer jagenden Bezugspersonen. Ob zu Lande oder im Wasser, ist dem anpassungsfähigen und ausdauernden Hund dabei gleichgültig. Ausgezeichneter Spürsinn und leichte Führbarkeit sind Merkmale beider Typen.

St. Germain-Vorstehhund

Der Braque Saint Germain erreicht eine Schulterhöhe von bis zu 62 cm. Sein kurzes Fell ist mattweiß mit orange- oder falbfarbener Zeichnung. So leidenschaftlich er einerseits Fasane, Rebhühner und Schnepfen jagt, so liebevoll geht er andererseits mit seiner Familie um. Seiner Sensibilität entsprechend muss dieser Jagdhund mit Einfühlungsvermögen ausgebildet und geführt werden.

Italienischer Vorstehhund

Der Bracco Italiano ist ein Vorstehhund, der seinen Ursprung in Italien hat. Zur Zeit der Renaissance war er dort beliebter Modehund. Ursprünglich wurde der italienische Vorstehhund zur Vogeljagd eingesetzt, jedoch musste auch er im Zuge der Einführung von Schusswaffen „umdenken". Er verfügt über ausgezeichnete Anlagen, die sich in Widerstandsfähigkeit, Lernfähigkeit und Zuverlässigkeit zeigen. Er gilt als gesellig, fügsam und geduldig.

Drahthaar-Vizsla

Den Ungarischen Vorstehhund, auch Magyar Vizsla genannt, gibt es in zwei Erscheinungsformen mit jeweils eigenem Rassestandard. Es handelt sich dabei um den hier zu sehenden drahthaarigen Typ einerseits und die kurzhaarige Ausführung andererseits. Der Drahthaarige Ungarische Vorstehhund erreicht eine Widerristhöhe von 60 cm und hat ein semmelblondes, kräftiges Fell mit dichter, wasserabweisender Unterwolle.

Kurzhaar-Vizsla

Auch der Kurzhaarige Ungarische Vorstehhund ist vielfältig in Wald, Feld und Wasser einsetzbar. Ausgezeichneter Spürsinn, Robustheit bezüglich Witterung und Gelände sowie seine hohe Wasseraffinität machen ihn zum idealen Begleiter des Jägers. Der gelbliche Jagdgebrauchshund findet sich durch seine Anpassungsfähigkeit auch in der Wohnung schnell zurecht.

Kurzhaar-Vizsla
Treue Seele

Der kurzhaarige Typ wird wenige Zentimeter größer als sein drahthaariger Kollege. Signifikant für ihn ist ein leichtfüßiger raumgreifender Trab, der auf der Spur in ausdauernden Galopp übergeht. Wenn er kein Jagdrevier sein Eigen nennen kann, setzt er seine Qualitäten gern im Hundesport ein. Er ist gelehrig und leichtführig, verträgt Härte und mangelnde Liebe seitens seiner Führungsperson jedoch kaum.

Portugiesischer Vorstehhund

Sein Name, Perdigueiro Português, gibt bereits einen deutlichen Hinweis auf die ursprüngliche Verwendung des kontinentalen Vorstehhundes. „Perdiz" heißt nämlich Rebhuhn, und auch heute noch wird der falbfarbene und kastanienbraune Portugiese gern zur Jagd eingesetzt. Er gilt als freundlich, zurückhaltend und leichtführig. Auch als Familienhund fühlt er sich bei ausreichender Forderung wohl.

Kleiner Münsterländer

Der Kleine Münsterländer ist ein mittelgroßer Vorstehhund von kräftigem und zugleich harmonischem Körperbau. Sein Haar ist meist braun-weiß oder braun-schimmelfarben von dichtem, maximal geringfügig gewelltem Wuchs. Die Fellstruktur ist darauf ausgelegt, auch bei widrigen Wetter- und Geländebedingungen wasserundurchlässig zu bleiben. Auch vor Verletzungen kann das wie ein Schutzschild anliegende Fell bewahren.

Kleiner Münsterländer
Abwechslung nötig

Insbesondere im Jagdbetrieb ist der Kleine Münsterländer ein äußerst zuverlässiger Gebrauchshund. Er ist einer der wenigen Vorstehhunde, der artgerecht auch ohne Jagdrevier gehalten werden können. Der temperamentvolle und intelligente Hund braucht allerdings viel Beschäftigung und körperliche Betätigung.

Großer Münsterländer

Mit dem Kleinen Münsterländer hat dieser namentlich ähnlich anmutende Vorstehhund keine verwandtschaftlichen Beziehungen. Er erreicht eine Schulterhöhe von 65 cm bei etwa 30 kg Körpergewicht. Sein Haarwuchs ist lang und dicht mit deutlicher Befederung an der Rückseite der Vorder- und Hinterläufe. Das Fell ist weiß mit schwarzen Platten oder Tupfen oder schwarz-schimmelfarben.

Großer Münsterländer
Sympathischer Vierbeiner

Der Große Münsterländer vermittelt einen lebhaften und aufgeschlossenen Eindruck, ist dabei zugleich leicht führbar und zuverlässig – Merkmale, die insbesondere bei seiner ursprünglichen Verwendung, dem jagdlichen Einsatz, nicht zu unterschätzen sind. Mittlerweile findet man ihn auch als treuen Familienbegleiter, der jedoch nicht als Schoßhund verkannt werden darf. Ohne anspruchsvolle und bewegungsintensive Beschäftigung verkümmert der vielseitige Hund.

Deutsch Langhaar

Der Deutsche Langhaarige Vorstehhund erreicht eine Größe von 70 cm bei etwa 30 kg Körpergewicht. Sein längeres Fell dient als Schutz vor Kälte und Nässe im Arbeitseinsatz. Schon aufgrund der Zuchtselektion, die den Schwerpunkt auf Gebrauchsfähigkeit setzt, ist dieser Hund primär im jagdlichen Umfeld zu finden. Als reiner Familienbegleiter ohne Aufgabe wäre der kräftige Riese auch unterfordert.

Blauer Picardie-Spaniel

Bis zu 60 cm Körpergröße erreicht der Blaue Picardie-Spaniel aus Frankreich. Dabei hat er ein grauschwarz getüpfeltes Fell, dessen Blauschimmer er seinen Namen verdankt. Sein Haar ist glatt, leicht gewellt und weist Fransen an Rute und Läufen auf. Der Picardie ist ein unerschütterlicher Jäger, der seinen Feierabend gern in harmonischer Familienidylle verbringt.

Bretonischer Spaniel

Der Bretonische Spaniel stammt, wie sein Name bereits sagt, aus Frankreich, genauer aus dem Herzen der Bretagne. Es wird angenommen, dass er einer der ältesten Vertreter der spanielartigen Vorstehhunde ist. Als sicher gilt, dass er die am häufigsten vorkommende Rasse der Vorsteher in Frankreich ist. Der erste Rassestandard geht auf das Jahr 1908 zurück und wurde im „Klub für den Epagneul breton mit natürlicher, kurzer Rute" verabschiedet.

Bretonischer Spaniel
Idealer Jagdhund

Mit seinen maximal 50 cm Körpergröße ist er der kleinste unter den Vorstehhunden. Man nimmt an, dass er von mittelalterlichen „Vogelhunden" abstammt. Noch heute wird er gern in der Falknerei, aber auch zur Jagd eingesetzt. Seine besten Leistungen zeigt er beim Suchen geschossener Tiere und bei der Wasserarbeit. Ideal ist die Haltung in einem Jagdhaushalt.

Bretonischer Spaniel
Ausreichend Bewegung

Der kleine Bretone zeigt ein ausgeglichenes, sanftes Wesen ohne ausgeprägte Raubwildschärfe. Seine Jagdleidenschaft ist ungebrochen, weswegen eine reine Begleithundhaltung im engen Stadthaushalt gänzlich ungeeignet erscheint. Mit ausreichender Bewegung im ländlichen Raum ist er dank seiner Anpassungsfähigkeit schnell in ein Familienleben zu integrieren.

Französischer Spaniel

Der Französische Spaniel erscheint weißhaarig mit braunen Platten. Als Jagdhund des Adels wurde sein Bestand im Zuge der Französischen Revolution bedroht und wäre fast ausgestorben. Seit Mitte des 19. Jahrhunderts gilt er wieder als gesichert. Erst 1985 soll der erste Epagneul Francais nach Deutschland gekommen sein. Mit dieser Hündin begann dort die Zucht einer der ältesten französischen Vorstehhundrassen.

Pont-Audemer-Spaniel

Mit grau durchsetztem, kastanienbraunem Fell, das gekräuselt und leicht filzig den stämmigen Körper bedeckt, präsentiert sich der Epagneul de Pont-Audemer. In der Normandie wird der spursichere Hund überwiegend in Wasser, Sumpf und Wald eingesetzt. Die beiden Weltkriege haben seinen Bestand sehr bedroht, seit 1949 ist die Zucht allerdings wieder gesichert. Bei uns ist er relativ selten.

Picardie-Spaniel

Er hat seinen Ursprung in der Picardie in Nordfrankreich. Der Epagneul Picard ist ein stämmiger, 60 cm großer Hund mit kräftigen Gliedmaßen. Sein Haarkleid erscheint grob, fein am Kopf und am Körper leicht gewellt. Es ist grau getüpfelt mit größeren braunen Partien, auch lohfarbene Abzeichen an Kopf und Pfoten sind laut Rassestandard zulässig.

Drent'scher Hühnerhund

Der Drent'sche Hühnerhund ist verwandt mit dem Kleinen Münsterländer und dem Epagneul Francais. In den Niederlanden, wo er seinen Ursprung hat, ist er seit 1948 anerkannt. Er sollte im Idealmaß zwischen 55 und 63 cm Größe erreichen. Das Fell des freundlichen, sensiblen Hundes ist dicht und glatt, stellenweise auch etwas länger. Farblich erscheint er weiß mit braunen Flecken, Tüpfelung ist erlaubt.

Friesischer Vorstehhund

Zusammen mit dem Wetterhoun zählt der Stabyhoun, auch Friesischer Vorstehhund genannt, zu den friesischen Hunderassen. Für seine Anerkennung als eigene Rasse musste er nicht lange kämpfen: Nachdem er sich 1942 bei einer Ausstellung präsentiert hatte, wurde er im selben Jahr als Rasse zugelassen. Er wird gut 50 cm groß und ist farblich in Schwarz, Braun oder Orange mit weißen Abzeichen gehalten.

Korthals ▬

„Grifo" bezieht sich im Spanischen auf jemanden mit zerzaustem Haar – diesem Umstand wird seine Namensgebung zugeschrieben. Der Griffon d´arrêt à poil dur Korthals oder kurz Korthals ist ein bis 60 cm großer Hund, der zu den rauhaarigen Jagdhunderassen gehört. Das harsche Fell schützt ideal vor Kälte und Nässe, hält jedoch auch Verletzungen durch Dornen und Geäst vom Körper fern.

Korthals
Sanftmütig und ruhig

Er wird als sanftmütig und stolz beschrieben, ist dabei ein ausgezeichneter Jäger. In der Regel ist der Korthals ein ruhiger Begleiter und bietet sich deshalb auch als Familienhund an. Dies wird unterstützt durch seine Leichtführigkeit, die es auch hundeunerfahrenen Menschen ermöglicht, ihn zu halten. Sein Territorium sowie seine Bezugspersonen bewacht er umsichtig.

▬ Spinone Italiano

Der Spinone Italiano ist ein italienischer rauhaariger Vorstehhund. Seine Geduld und Friedfertigkeit sieht man ihm an Blick und Kopfhaltung an. Der Hund mit dem hellen Fell bei bis zu 70 cm Größe eignet sich als Apportierhund, wird aber zunehmend als zuverlässiger Begleit- und Therapiehund eingesetzt. Er ist kräftig und robust, seine Sensibilität darf dabei nicht unterschätzt werden.

▮ Böhmisch Rauhbart

Der Böhmische Rauhbart, auch Ceský Fousek genannt, ist ein mittelgroßer Vorstehhund, der im Korthals-Griffon, dem Deutsch Stichelhaar und Deutsch Drahthaar seinen Ursprung hat. Sein rauhaariges Fell ist dunkelbraun, mit und ohne Abzeichen, oder braunschimmel. Charakteristisch ist das bartähnliche längere Haar am Unterkiefer und an den Lefzen.

▮ Slowakischer Rauhbart

Aus der Kreuzung von Böhmisch Rauhbart und Deutsch Drahthaar, eventuell auch Weimaranern, entstand nach dem Zweiten Weltkrieg der Slowakische Rauhbart, der 1983 als eigenständige Rasse anerkannt wurde. Er erreicht eine Widerristhöhe von 68 cm und präsentiert sich mit kurzem, gräulichem Haar. Dem typischen Bart unterhalb des Fangs und der Haarstruktur verdankt er seinen Namen.

Britische und Irische Vorstehhunde

In ihrem Wesen unterscheiden sich die Britischen und Irischen Vorstehhunde kaum von den Kontinentalen. Zu dieser Gruppe zählen der Englische Setter, der Englische Pointer, Gordon Setter, Irischer Roter und Rot-Weißer Setter. In England waren Jagdveranstaltungen eine Zeit lang Volkssport. Pointer und Setter waren darauf trainiert, das Gelände so schnell wie möglich auf Beute abzusuchen, denn Schnelligkeit bedeutete für den Sportschützen viele Treffer durch Abschüsse.

■ English Pointer

Der Englische Pointer zählt dank seines Ursprungs in Großbritannien zur britischen und irischen Sektion. Er präsentiert sich mit feinem kurzen Fell, das zitronenfarben-weiß, orange-weiß, leberbraun-weiß oder schwarz-weiß gehalten ist. Seiner Kraft und Energie muss unbedingt in ausreichendem Maß Rechnung getragen werden. Bei adäquater Haltung ist er auch ein angenehmer Hausgenosse.

■ English Setter

Der Englische Setter ist ein Vorstehhund aus Großbritannien. Er erreicht eine Größe von bis zu 68 cm Widerristhöhe. Seine Ahnen sind Pointer und verschiedene Spanielrassen, die ihm unter anderem eine ausgeprägte Jagdleidenschaft vererbt haben. Zugleich ist er sehr aktiv und temperamentvoll mit elegantem Bewegungsablauf. Sein freundliches Wesen macht ihn zu einem beliebten Begleiter.

English Setter
Typische Position

Sein Name leitet sich ab vom englischen „to set", was gleichbedeutend mit „setzen" ist. Er kommt daher, dass er beim Anzeigen vom Beuteobjekt sein Gesäß so weit senkt, dass er mehr vorsitzt als vorsteht. Er taucht in vielen Farbgebungen auf, meist ist Weiß mit im Spiel. Wie bei den meisten ursprünglich jagdlich geführten Hunden ist auch beim Setter eine nachhaltige Erziehung sinnvoll.

Irischer Roter Setter
Extrem intelligent

Der arbeitsfreudige Setter ist von großer Intelligenz, gepaart mit enormer Ausdauer. Auch er kennt beim Wildanzeigen die typische Setter-Position. Der freundliche Ire ist der bei uns am meisten bekannte Setter. In seiner Anforderung an Haltung und Bewegung unterscheidet er sich nicht vom durchschnittlichen Setter: Viel Bewegung und adäquate Beschäftigung sind wichtig.

◼ Gordon Setter

Der Gordon Setter hat tiefschwarzes, glänzendes Fell mit kastanienrotem Brand. Er ist ein eleganter Hund mit harmonischen Proportionen. Sein Wesen wird als intelligent, leistungsfähig, mutig und ausgeglichen beschrieben. Darüber hinaus ist der große und kräftige Setter von ausgeprägter Jagdpassion. Dieser und seinem Temperament muss mit kompetenter Erziehung und bewegungsintensiver Beschäftigung begegnet werden.

◼ Irischer Roter Setter

Seinen Namen verdankt der Irish Red Setter seinem Äußeren: Er darf laut Rassestatut ausschließlich in Kastanienbraun und mit lediglich kleinen weißen Abzeichen zugelassen werden. In seiner Heimat Irland wurde er schon im 18. Jahrhundert als Jagdhund gehalten. Bereits 1882 erfuhr er dank eines eigenen Clubs zunehmende Popularität. Prüfungen und Ausstellungen zeigten den neuen Rassestandard.

◼ Irischer Rot-Weißer Setter

Dem Irischen Roten Setter sehr ähnlich, jedoch die weitaus ältere Rasse ist der Irish Red and White Setter. Seine Ursprünge liegen bereits im 17. Jahrhundert. Zeitweise wurde sein rothaariger Konkurrent so beliebt, dass man glaubte, der Rot-Weiße Setter sei ausgestorben. Dank intensiver züchterischer Bemühungen Anfang des letzten Jahrhunderts kann diese ausgeglichene und leichtführige Rasse seit 1944 wieder als stabile Population betrachtet werden.

APPORTIER-, STÖBER-
UND WASSERHUNDE

Apportierhunde

Zur Gruppe der Apportierhunde gehören sechs Retrieverrassen („retrieve" = suchen und wiederbringen), deren Aufgaben das Auffinden und der Transport zum Jäger sind. Aus diesem Grund sind diese Rassen von allen Jagdhundrassen diejenigen, die sich am besten in einen harmonischen Familienalltag eingliedern lassen. Allerdings benötigen die intelligenten Hunde mit ihrem ausgeprägten „will to please" regelmäßige adäquate Aufgaben, die Hundesport oder Dummyapportierübungen beinhalten sollten.

Nova Scotia Retriever

Der Nova Scotia Duck Tolling Retriever ist mit 45 bis 51 cm Schulterhöhe der kleinste aus der Retrievergruppe. Der aus Kanada stammende Hund taucht in vielen Schattierungen von Rot oder Orange mit weißen Abzeichen an Kopf, Brust, Pfoten und Rute auf. Bei ausreichender Bewegung ist er ein unproblematischer Hund, der lebhaft, verspielt und leicht erziehbar ist.

Nova Scotia Retriever
Praktischer Einsatz

Den Arbeitseifer des Nova Scotia Retrievers haben sich Jäger zunutze gemacht: Sie motivieren den Hund am Seeufer zum Spielen. Die neugierigen Enten kommen näher heran, der Jäger tritt aus seinem Versteck, scheucht sie auf und schießt sie. Der unerschrockene und robuste Lockhund springt ins Wasser und apportiert die geschossenen Enten. Zum selbstständigen Wildern neigt diese Rasse jedoch nicht.

Curly Coated Retriever

Von seinen Retrieverkollegen hebt sich der Curly Coated durch größere Selbstständigkeit ab. Zudem ist der Retriever sehr vielseitig einsetzbar: Ob zum Jagdgebrauch, als Wachhund oder im Turnierhundesport verfolgt dieser mutige und verlässliche Hund jede Aufgabe ausdauernd. Sein selbstbewusstes und unabhängiges Wesen macht eine konsequente Erziehung notwendig.

Curly Coated Retriever
Isolierende Haarpracht

Unverkennbar bei diesem aus Großbritannien stammenden Hund ist sein Haarkleid: Eng auf der Haut liegt eine dichte Masse von kleinen, festen Locken an. Unterfell und kahle Stellen kennt der gesunde Curly nicht. Sein Fell ist damit stark wasserabweisend und eignet sich gut auch für längere Aufenthalte im Nass. Die Farben sind schwarz oder leberbraun.

Flat Coated Retriever

Mit seinen 56 bis 61 cm Widerristhöhe zählt er zu den mittelgroßen Hunderassen: Vor rund 100 Jahren sollen die Flat Coated Retriever in ihrer Heimat Großbritannien die beliebteste Retrieverrasse gewesen sein, heute sieht man sie nur noch selten. Physisch wirkt der Flat harmonisch und ausgeglichen, er verkörpert Kraft, ohne gedrungen oder schwerfällig zu wirken.

Flat Coated Retriever
Temperamentsbündel

Der schwarze oder leberbraune Hund ist selbstsicher und freundlich, jedoch auch sehr temperamentvoll. Nur bei ausreichender Bewegung hat der Flat Freude an einem Familienleben. Seinem manchmal überschäumenden Temperament muss man daher mit adäquater Beschäftigung und einfühlsamer Erziehung begegnen. Das lange, seidige Fell ist wider Erwarten recht anspruchslos in der Pflege, gelegentliches Bürsten reicht aus.

Labrador Retriever

Der Labrador ist seit Jahren ein beliebter Familienhund. Mit seinen bis zu 57 cm Widerristhöhe ist er von großem Wuchs, dazu passend sein Gewicht, das mit bis zu 34 kg im Normbereich liegt. Sein Fell ist kurz und dicht in den Farben Schwarz, Gelb, Leber- oder Schokoladenbraun. Ein kleiner weißer Brustfleck ist nach Rassestandard zulässig. Seine Unterwolle ist wasserabstoßend, ideal für den Wasser liebenden Hund.

Labrador Retriever
Leckermäulchen

Seine häufigste Verwendung findet der Labrador als Blindenhund. Aber er kann noch mehr: Ob als Therapie- oder Rettungshund, ob Fährtenarbeit oder Wassersport – der liebenswerte „Labi" ist vielfältig begabt. Bewegung ist für den leidenschaftlichen Esser neben strikter Futterkontrolle auch zwingend notwendig, um ihn vor Verfettung zu bewahren. Wie bei vielen Moderassen ist es auch beim Labrador wichtig, unseriöse Züchter zu meiden.

Labrador Retriever
Bester Freund

Bei Spaziergängen in der Nähe von Gewässern braucht man sich nicht zu wundern, wenn der Hund bei Wind und Wetter das Toben im kühlen Nass sucht. Als freundlicher, aufmerksamer Gefährte ist der Labrador ein idealer Familienbegleiter, der keine unbegründete Aggression oder Ängstlichkeit zeigt. Seine Lernbereitschaft sollte im Rahmen konsequenter Erziehung genutzt werden, auch um sein aktives Temperament zu kontrollieren.

 ## Golden Retriever

Auch er zählt zu den beliebtesten Hunderassen: der sympathische Golden Retriever. Sein Name orientiert sich an seinem Erscheinungsbild – es gibt ihn ausschließlich in hellen Schattierungen von Creme bis Gold. Lediglich vereinzelte Stichhaare, und dies auch nur an der Brust, sind als Rassemerkmal zulässig.

Golden Retriever
Gelungene Kreuzung

Der Golden Retriever erreicht eine Widerristhöhe von bis zu 61 cm und zählt damit zu den großen Hunderassen. Der attraktive Hund zeigt einen kraftvollen und wohlproportionierten Körper, im Idealfall bringt er 27 bis 36 kg auf die Waage. In Großbritannien liegt seine Heimat; Lord Tweedmouth (1820–1984) begründete Ende des 19. Jahrhunderts mit einem gelben Labrador Retriever, einem Irish Setter und dem heute ausgestorbenen Tweed Water Spaniel diese Rasse.

Golden Retriever
Gefällig

Der freundliche Hund ist lebhaft, aufmerksam und von lernfreudiger Intelligenz. Dies macht die Erziehung, die jedoch liebevolle Fürsorge nicht vermissen darf, auch für hundeunerfahrenere Menschen möglich. Er hat einen ausgeprägten Wunsch, es allen recht zu machen, und ist als Familienhund gut geeignet. Allerdings sollte ausreichende Beschäftigung bei guter körperlicher Auslastung nicht fehlen.

Chesapeake Bay Retriever

Der Chesapeake Bay Retriever kommt aus den USA. Er ist auch unter schwierigen Bedingungen, wie etwa beim Einsatz in eiskaltem Wasser, ein Ausdauerexperte mit hervorragender Nase. Möglich ist dies dank seines fettigen, harten Deckhaares und eines wolligen Unterfells. Die Struktur des Fells stößt – ähnlich wie Entengefieder – Wasser ab und trocknet sehr schnell.

Chesapeake Bay Retriever
Wasserliebend und arbeitsam

Das kurze, leicht gewellte Fell kann in allen Brauntönen auftauchen. Der Chesapeake Bay Retriever wirkt kraftvoll mit seinen bis zu 66 cm Schulterhöhe bei über 30 kg Gewicht. Wichtig für ein zufriedenes Hundeleben ist, dass er seinen Bewegungsdrang in sinnvollen Beschäftigungen und ausdauernden Läufen austoben kann. Genauso nötig hat der lebhafte Hund Familienanschluss und eine erfahrene Führung.

Stöberhunde

Stöberhunde sind Jagdhunde, die selbstständig in Niederholz, Dickicht und Gelände Wild aufspüren und eigenständig dem Jäger zutreiben. Ihre Kernkompetenz ist das vom Hundeführer unabhängige, gründliche Durchstöbern von undurchsichtigem und für den Jäger schwer erschließbarem Gelände. Schweißarbeit und Apportieren sind je nach Ausbildung genauso gut möglich. Zu den neun in dieser Sektion vereinten Rassen zählen beispielsweise die beliebten Cocker Spaniel sowie der Deutsche Wachtelhund.

■ Deutscher Wachtelhund

Schon seit Jahrhunderten sind stöbernde Jagdhunde von ähnlichem Aussehen bekannt, sodass der Wachtelhund zu den ältesten Jagdhundrassen zählt. Mit seinen 45 bis 54 cm Schulterhöhe ist er mittelgroß. Der zum Jagen muskulöse Körperbau wird von längerem, meist welligem, entweder einfarbig braunem oder rotem oder braun- bzw. rot-schimmelfarbenem Fell bedeckt. Er ist lebhaft und anpassungsfähig.

Clumber Spaniel ■

Der aus Großbritannien stammende Clumber Spaniel ist in seiner Größe nicht festgelegt. Signifikant jedoch ist sein schwerer Körperbau, der bei der Züchtung bewusst gewollt war: So sollte er besser dichteres Unterholz durchforsten, Gründlichkeit statt Schnelligkeit war dabei gefragt. Heute ist er meist als freundlicher, hochintelligenter und zurückhaltender Familienhund „im Einsatz".

English Cocker Spaniel

Der Englische Cocker Spaniel zählt mit zu den ältesten bekannten Hunderassen. Der Hund ist mit seinen maximal 41 cm Schulterhöhe für einen Spaniel recht klein. Dies führte in seinem ursprünglichen Einsatzgebiet – Stöbern und Jagen – zu einem ausgeprägten Bellverhalten. Schließlich konnte er die Beute aufgrund seiner geringen Körpergröße oft nicht selbst apportieren und musste auf seinen Standort aufmerksam machen.

Field Spaniel

Von mittlerem Wuchs, führt der Field Spaniel neben seinem weiter verbreiteteren Kollegen, dem Cocker Spaniel, ein Schattendasein. Er entstand Ende des 19. Jahrhunderts aus einer Kreuzung des Cocker mit dem Sussex Spaniel. Sein seidig glänzendes Fell in den Farben Schwarz, Leber und Schimmel ist glatt und lang. Als reiner Stadthund würde sich der aktive und ausdauernde Hund nicht wohlfühlen. Seine Zukunft liegt in der Jagdbegleitung oder als Landfamilienhund.

English Cocker Spaniel
Jäger aus Passion

Heute ist der English Cocker oft bei Zoll und Grenzschutz als Suchhund im Einsatz. Bei Privathaltung ist bei dem fröhlichen Familienhund auf Gehorsam Wert zu legen. Bei Spaziergängen darf man niemals vergessen, dass er eine ausgeprägte Jagdleidenschaft besitzt. Liebevolle Bezugspersonen, sinnvolle und bewegungsreiche Beschäftigung sowie eine ausgiebige Fellpflege runden sein Wohlgefühl ab.

English Springer Spaniel

Auch dieser Springer Spaniel stammt aus Großbritannien. Er ist mit seinen 51 cm Größe der körperliche König der Spaniels und gilt als älteste Jagdhundrasse. Da er ein eher ruhiger, kaum zum Bellen neigender Vertreter der Spaniels ist, ist sein jagdliches Betätigungsfeld idealerweise in Sichtweite zum Jäger. Prädestiniert ist er somit für die Fasanen- und Kaninchenjagd.

Sussex Spaniel

Von seinen Spanielkollegen unterscheidet den Sussex hauptsächlich der signifikant rollende Gang. Zudem ist er nicht sehr schnell, eine Eigenschaft, die für das Stöbern in dichtem Unterholz in unmittelbarer Nähe zum Jagdführer durchaus gewollt war. Der aus Großbritannien stammende goldleberfarbene Stöberer erreicht 23 kg Körpergewicht, verteilt auf eine Höhe von bis zu 41 cm.

English Springer Spaniel
Lebhaft und unkompliziert

Der English Springer ist bei uns nicht weitverbreitet, wird jedoch auch heute noch gern in der Jagd eingesetzt. Aber auch als Familienmitglied hat er sich längst bewährt: Zurückzuführen ist dies neben seiner Leichtführigkeit auf sein freundliches und unkompliziertes Wesen. Da er zugleich sehr lebhaft ist und seine Instinkte nicht verleugnen kann, sollte er mit viel Auslauf und artgerechter Kurzweil beschäftigt werden.

■ Welsh Springer Spaniel

Reinrassig sieht man ihn ausschließlich mit weißem Fell, das rote Abzeichen aufweist. Der Welsh Spaniel hat eine für Jäger ideale Merkmalskombination aus Ausdauer, Leistungsfähigkeit, Wasser- und Jagdfreude. Für das Stöbern und Apportieren ist der mittelgroße Hund prädestiniert. Aber auch im Hundesport kann er seine Anlagen ausleben. Wird der Hund als Familienbegleiter gehalten, sollte seinem Temperament mit viel Bewegung begegnet werden.

■ Kleiner Holländischer Wasserwild-Hund

Der Kleine Holländische Wasserwild-Hund stammt aus den Niederlanden, wo er nach wie vor seiner Bestimmung, dem Anlocken von Enten, nachgeht. Er erreicht eine Widerristhöhe von 40 cm. Sein pflegeleichtes Fell ist mittellang, glatt oder leicht gewellt mit orange-roten Flecken auf weißem Grund. Schwarz-weiße oder dreifarbige Tiere sind vom Rassestandard ausgeschlossen.

Kleiner Holländischer Wasserwild-Hund
Auf Entenjagd

Der auch Kooikerhondje genannte, fröhliche und robuste Hund ist auch für Familien ohne viel Hundeerfahrung geeignet. Ob in der Stadt, auf dem Land oder im Wasser – er ist sehr anpassungsfähig und seinen Bezugspersonen eng verbunden. Benannt ist er nach der Falle, „Kooi", mit der die Enten in den Kanälen Hollands gefangen wurden: Der Kooikerhondje sollte flüchtendes Federvieh zurück zu den Koois treiben.

■ American Cocker Spaniel

Er ist das kleinste Mitglied der Gruppe der Hunde für Jagd- und Fischereiliebhaber. Seine bis zu 39 cm Widerristhöhe ist von längerem Haar in vielen Farbkombinationen bedeckt. Das Fell benötigt intensive Pflege. Der American Cocker ist schnell, ausdauernd und von fröhlich-ausgeglichenem Wesen. Diese Unkompliziertheit macht ihn zu einem idealen Familienhund.

Wasserhunde

Auch die sieben Wasserhundrassen zählen zu den Gebrauchshunden im Jagdumfeld. Eine der ältesten Rassen ist der Portugiesische Wasserhund, auf den viele der anderen Rassen zurückgehen. Den Hunden ist gemein, dass sie ausgezeichnete und begeisterte Schwimmer sind. Ihr Fell ist dem häufigen und längeren Aufenthalt im kühlen Nass angepasst. Da sie gewohnt sind, selbstständig und ausdauernd auch aus eisigem Wasser zu apportieren, sind diese Tiere selten leichtführig und benötigen viel Bewegung und intellektuelle Auslastung.

Französischer Wasserhund

Der Barbet erinnert mit seinem dichten, wolligen und strähnigen Fell und seiner Statur äußerlich an Teddybären, insbesondere, wenn er einfarbig auftritt. Enten und sonstiges Wasserwild sind seine Leidenschaft. Selbst bei eiskaltem Wasser stöbert er seine Beute auf und apportiert sie. Der aus Frankreich stammende Hund ist freundlich und sensibel und dank seiner Leichtführigkeit auch als Familiengefährte denkbar.

Spanischer Wasserhund

Der ein- oder zweifarbige Spanische Wasserhund, auch Türkenhund genannt, erreicht eine Widerristhöhe von 50 cm. Er darf dabei bis zu 22 kg auf die Waage bringen. Ob Hüte-, Jagd- oder Fischerhund – dieser Vielseiter ist sich für nichts zu schade. Sein gelocktes, wolliges Fell kann lang oder kurz sein, immer jedoch ist es ideal isolierend gegen Kälte und Nässe.

Irish Water Spaniel

Die Historie des Irischen Wasserhundes basiert auf Aufzeichnungen, die in Persien ihren Ursprung haben. Er kann bis zu
59 cm Widerristhöhe erreichen, sein in dichten, festen Ringel-
löckchen ausgeprägtes Fell ist von dunkelbraun-roter Leber-
farbe. Dank der ausgeprägten Fettung hat der Irish Water
Spaniel bei ausgiebiger Arbeit im Wasser keine Probleme. Da
er selbst entscheidet, wann Gehorsam sinnvoll ist, benötigt er
einen erfahrenen, konsequenten Besitzer.

Wasserhund der Romagna

Ebenfalls ein Wasserexperte ist der Wasserhund der
Romagna, der, wie der Name vermuten lässt, seinen
Ursprung in Italien hat. In den Lagunen um Ravenna war er
früher auf Wasservogeljagd unterwegs. Mit zunehmender
Stilllegung der Sümpfe wurde er für die Trüffelsuche ausgebildet. Er erreicht mit bis zu 48 cm eine mittlere Schulterhöhe bei einem Gewicht von bis zu 16 kg.

Friesischer Wasserhund

Der Wetterhoun oder auch Friesischer
Wasserhund wird mit bis zu 59 cm
Schulterhöhe recht groß. Er ist kräftig
und quadratisch gebaut, dabei jedoch
weder plump noch schwerfällig. Sein
dichtes lockiges Fell taucht einfarbig
in Schwarz oder Braun mit und ohne
weiße Abzeichen auf. Außerhalb seiner
Heimat Niederlande ist der robuste
Hund kaum bekannt.

Portugiesischer Wasserhund

Sein Revier ist das Wasser: Der Portugiesische Wasserhund wurde dazu ausgebildet, über und unter Wasser Fischernetze zu suchen und den Fischern zu apportieren. Auch als tierischer Postbote, der Nachrichten zwischen den Booten überbrachte, war dieser unermüdlich aktive Hund im Einsatz. Dank des technischen Fortschritts ist seine Hilfe an Bord nicht mehr gefragt, umso häufiger findet man ihn heute in Familien.

Portugiesischer Wasserhund
Komfortabel abrasiert

Der Portugiesische Wasserhund ist mit bis zu 57 cm ein großer Hund, der bis zu 25 kg Körpergewicht erreichen kann. Sein signifikantes Erscheinungsbild wird besonders von der typischen Schur bestimmt: Für eine bessere Bewegungsfreiheit im Wasser wurde das gelockte oder gewellte Fell an den Hinterläufen kurz geschoren, zum Schutz gegen das eiskalte Wasser blieben Brust und vordere Körperpartie lang.

American Water Spaniel

Der Amerikanische Wasserspaniel ist ein vielfältig einsetzbarer Jagdhund aus den USA, der sowohl von Land als auch vom Boot aus mit viel Eifer apportiert. Sein Fell ist einheitlich in verschiedenen Brauntönen gefärbt, und er erreicht eine mittlere Größe von bis zu 45 cm bei bis zu 20 kg Körpergewicht. Ausgeprägte Intelligenz und viel Energie runden das Wesen des selbstbewussten Tieres ab.

GESELLSCHAFTS- UND BEGLEITHUNDE

Bichons und verwandte Rassen

Ob Malteser, Havaneser, Bologneser, Gelockter Bichon, Löwchen oder Coton de Tuléar – sie übersteigen alle die 30-Zentimeter-Marke in der Körpergröße nicht. Ihre Historie reicht bis zu den Höfen der ägyptischen Pharaonen zurück. Ihre anhaltende Beliebtheit ist kein Wunder, denn sie sind unkomplizierte, anhängliche und fröhliche Hunde, die auch Hundeanfänger nicht überfordern. Lediglich in der Fellpflege sind sie anspruchsvoll.

Malteser

Der Malteser als bekanntester Bichon hat seinen Namen nicht, wie oft irrtümlich angenommen, weil er von der Insel Malta stammt. In seiner Heimat, dem Mittelmeerraum Nordafrikas, bedeutet „maltais" soviel wie Zuflucht oder Hafen, ein Attribut, das dort in Namen weit verbreitet ist. Und in diesen Küstenregionen tummelten sich die kleinen weißen Hunde früher gern, da sie dort ein Überangebot an Ratten und Mäusen für ihren Speiseplan vorfanden.

Malteser
Tägliche Pflege bitte!

Heute wird der niedliche, lebhafte und gelehrige Hund gern als Schoßhund angeschafft. Dabei ist er ein quirliger unterhaltsamer Zeitgenosse, der seine Menschen gern um sich hat. Einzig seine Pflege stellt eine zeitraubende Herausforderung dar: Die langen seidigen Haare müssen täglich gekämmt und häufig gewaschen werden. Zudem bedürfen Augen und After einer täglichen Reinigung. Ist der Malteser gut umsorgt, erwartet das Herrchen eine langlebige Partnerschaft.

Havaneser

In seinem Entwicklungsland Kuba zierte der kleine freundliche Havaneser sogar eine Briefmarke. In ihrer Heimat ist die Rasse mittlerweile ausgestorben, vor allem in den USA werden lebende Nachkommen vermutet. Der in vielen Farben vorkommende Hund hat ein lebhaftes und kontaktfreudiges Wesen und verträgt sich auch mit Kindern sehr gut. Sein gewelltes bis gelocktes längeres Fell bedarf intensiver und regelmäßiger Pflege.

Gelockter Bichon

Der kleine lebhafte Bichon Frise, früher Teneriffa-Hündchen genannt, verdankt seinen Namen seinem weißen, korkenzieherartig gelockten Haar, das sich locker in 10 cm Länge um seinen Körper schmiegt. Seine Fellpflege stellt eine kleine Herausforderung für den Hundefreund dar, doch die Mühe lohnt sich: Gut frisiert, ist das Fell eindeutig ein Eyecatcher des nur bis 28 cm Widerristhöhe kleinen Hundes.

Gelockter Bichon
Idealer Familienfreund

Die Gelockten Bichons zählen zu den ältesten Hunderassen Europas. Junge Tiere kann man an der häufig noch rosafarbenen Nase erkennen, die erst während des Wachstums schwarz wird. Auch helle Abzeichen sind während dieser Zeit bei dem sonst rein weißen Hund erlaubt. Er passt sich ideal an Wohnung und Familie an, ist selbstbewusst und zugleich gut erziehbar. Spazierengehen muss und möchte er natürlich auch, es müssen jedoch nicht immer Marathontouren sein.

Bologneser

Nur unwesentlich größer als der Gelockte Bichon, unterscheidet sich der Bologneser von diesem vor allem durch sein struppigeres, natürlicheres Aussehen, das einen leicht verwegenen Eindruck erweckt. Er ist ernster und ruhiger als sein gelockter Kollege, jedoch nicht minder unternehmungslustig und gelehrig. Seinem Herrchen und dessen Umfeld passt er sich gut an, ist sogar meist recht anhänglich.

Coton de Tuléar

Der aus Madagaskar stammende, überwiegend weiße Coton de Tuléar ist seit 1970 als Gesellschaftshund offiziell anerkannt. Das feine, leicht gewellte Fell ist von baumwollartiger Struktur und verleiht dem kleinen Kerl einen draufgängerischen Eindruck. Dieser Bichon ist lebhaft, intelligent und ausgeglichen. Anpassungsfähigkeit an Mensch, Tier und Lebensumfeld sind seine Stärken.

Löwchen

Je nachdem, wie er geschoren wurde, mutet der Anblick des kleinen, freundlichen Hundes tatsächlich löwenartig an. Die flatternde Mähne und der stolze Gang sind jedoch Erscheinungsmerkmale, die zu einem idealen Familienhund gehören, der keinerlei Aggression kennt. Er spielt für sein Leben gern, ist lernfähig und anhänglich. Das kräftige Fell bedarf weitaus weniger Pflege als das der anderen Bichonrassen.

Pudel

Die Pudel werden zu den Gesellschafts- und Begleithunden gezählt. Es gibt nur eine einzige Rasse, die jedoch in viele Erscheinungsformen, abhängig von ihrer Körpergröße, unterteilt wird. Das charakteristische Haarkleid der ehemaligen Jagdhunde erinnert an ihren ursprünglichen Einsatz als Apportierer aus dem Wasser. Im Altdeutschen bedeutet „puddeln" soviel wie „im Wasser planschen".

Pudel

Pudel begleiten den Menschen vom Toy über Zwerg-, Klein- und Großpudel in vier anerkannten Größen. Farblich tauchen sie in Weiß, Braun, Schwarz, Grau oder Apricot auf. Das lockige Fell haart nicht, muss aber alle zwei Monate geschoren und täglich gekämmt werden. Von 24 bis über 60 cm Schulterhöhe ist für jeden Freund dieser vielseitigen und anpassungsfähigen Begleithunde der passende dabei. Er bildet in der Gruppe der Begleithunde eine eigene Untergruppe.

Pudel
Großpudel

Er ist der größte dieser Rasse, die, wie bereits Aufzeichnungen aus der Antike belegen, zu den ältesten der Welt gehört. In Deutschland fand er Eingang in die Rassehundezucht um 1900. Mit 45 bis 60 cm Schulterhöhe schindet er besonders bei perfekt frisiertem Fell großen Eindruck. Auf Zuchtschauen darf die charakteristische Schur nicht fehlen, im Alltag obliegt das Aussehen ihres Vierbeiners dem Halter.

Pudel
Kleinpudel

Der Kleinpudel erreicht zwischen 35 und 45 cm Schulterhöhe und ist dank seiner handlichen Größe besser an eine Wohnungs- und Stadthaltung angepasst als sein großer Kollege. Unabhängig vom Wuchs liebt der Pudel ausgiebige Spaziergänge, bei denen er neue Eindrücke sammeln kann. Dass er nicht zum Streunen und Wildern neigt, ist für sein Herrchen eine praktische Eigenschaft.

Pudel
Toypudel

Der unter 28 cm kleine Toypudel ist der kleinste der Pudelfamilie. Aufgrund seiner handlichen, kompakten Größe ist er ein gern gesehener Familienbegleiter und erfreut sich zunehmender Beliebtheit, zumal er, ruhig und leichtführig, selbst für weniger hundeerfahrene Besitzer geeignet ist. Wichtig für alle Pudel, ob groß oder klein, ist ein größenabhängiges Bewegungsangebot.

Pudel
Zwergpudel

Auch der 28 bis 35 cm große Zwergpudel hat seinen Ursprung in Frankreich. Wie seine größeren und kleineren Rassekollegen stammt er von Wasserhunden ab, die Einfluss auf viele Jagd- und Hütehundrassen haben sollen. Der Pudel ist heute ein liebevoller Begleithund, der durch Gelehrigkeit und Treue seine Anhänger erfreut. Seine Lernbereitschaft und Intelligenz finden häufig in kleinen Kunststücken Verwendung.

Kleine belgische Hunderassen

Die Belgier unterscheiden sich in Fellstruktur und -farbe. Der gedrungene Körper zeigt als signifikantes Merkmal eine extrem verkürzte Nase. Alle drei sind fröhliche, unproblematische Gesellschaftshunde.

Belgischer Griffon

Zu den drei kleinen belgischen Hunderassen zählt auch der Belgische Griffon. Der 3,5 bis 6 kg leichte Belgische Griffon unterscheidet sich vom Brüsseler Griffon lediglich in der Farbe: Er taucht in Schwarz oder Schwarz-Loh auf, während Letzterer sich in Rot präsentiert. Signifikant für alle drei Rassen ist der Vorbiss. Bewusst wird gelegentlich die dritte Rasse, der Brabanter Griffon, eingekreuzt, um Haarstruktur und Farben zu erhalten.

Brüsseler Griffon

Die kleinen flinken Belgier (Belgischer und Brüsseler Griffon) wurden früher als Ratten- und Mäusefänger und zur Bewachung von Kutschen gehalten. Sie sind ideale Wohnungshunde, die aufgrund ihres geringen Auslaufanspruchs auch für ältere Menschen ein sinnvoller Gefährte sind. Die anhänglichen Tiere sind aufmerksam und bellen nur verhalten. Die Griffons verstehen sich sowohl mit Artgenossen als auch mit anderen Haustieren gut.

Kleiner Brabanter Griffon

Im Gegensatz zu den beiden rauhaarigen Rassen ist der Brabanter Griffon kurzhaarig in Rot oder Schwarz-Loh. Er stammt von rauhaarigen Hunden ab, in die im 19. Jahrhundert King Charles Spaniels und Möpse eingekreuzt wurden. Eine kurze Nase und kurzes glattes Fell sind Folgen dieser Verbindungen. Nebenwirkungen sind Probleme durch die extreme Kurznasigkeit sowie intensive prophylaktische Pflege der Hautfalte zwischen Stirn und Nase.

Haarlose Hunde

In dieser Sektion steht lediglich der Chinesische Schopfhund. Er gehört ebenfalls in die Gruppe der Gesellschafts- und Begleithunde. Aufgrund der fehlenden Körperbehaarung ist diese Rasse sogar für Tierhaarallergiker geeignet, wobei zu beachten ist, dass nicht die Haare an sich der Auslöser von tränenden Augen, Nies- und Schnupfenanfällen sind. Primär sind es kleine Haar- und Hautschuppen, Speichel und Talg, die, den Haaren anhaftend, den Erreger bilden. Vierzig Prozent aller Allergiker soll von einer solchen Tierhaarallergie betroffen sein.

Chinesischer Schopfhund

Der Chinesische Schopfhund verkörpert in der Gruppe der Gesellschafts- und Begleithunde die haarlosen Hunde. Mit seinen behaarten Pfoten, der Ruten-quaste und den längeren Haaren auf dem Kopf hat er ein unverwechselbares Äußeres. Am wohlsten fühlt sich der ansonsten nackte Hund in wärmeren Breiten wie etwa in Asien, Afrika und Südamerika. In allen Farben erreicht er eine Größe von 23 bis 33 cm Schulter-höhe.

Chinesischer Schopfhund Powder Puff

Von allen haarlosen Rassen existiert auch eine behaarte Variante, hier sind dies die sogenannten Powder Puffs. Dies liegt an der Besonderheit, dass eine ausschließliche Zucht mit nur haarlosen Tieren zu einem frühzeitigen Absterben der Welpen im Mutterleib führt. Die haarlosen Hunde sind pflegeleicht und auch für Tierhaarallergiker geeignet. Vor starker Sonneneinstrahlung und Kälte müssen sie geschützt werden.

Tibetanische Hunderassen

In Tibet gelten Hunde traditionell als vollwertige Familienmitglieder, dadurch konnte sich eine besonders enge Beziehung zwischen Mensch und Tier entwickeln. Die vier heute offiziell als Tibetanische Hunde geführten Rassen zeichnen sich daher zum einen durch besondere Anhänglichkeit aus. Zum anderen sind sie durch das Leben im kargen tibetischen Hochland geprägt und somit von sehr robuster und gesunder Natur.

■ Lhasa Apso

Zu den tibetanischen Hunderassen zählt der Lhaso Apso, ein Hund von kleinem Wuchs. Sein sehr langes, gerades Fell taucht in vielen Farbvarianten auf. Da er aktiv als Schutz vor Kälte und Nässe keine Haare verliert, muss dieser Hund täglich gekämmt werden, um das Fell von abgestorbenen Haaren zu befreien und vor Verfilzen zu schützen. Seine Idealgröße bei 6,5 bis 8,5 kg liegt bei einer Widerristhöhe von 25,5 cm.

Lhasa Apso
Kleine Diva

Er wird als lebhaft und „anmaßend" beschrieben: Dieser durchsetzungsfähige Hund benötigt viel Verständnis. Früher lebte diese Rasse primär in Klöstern in Tibet. Dort glaubte man, dass die Lhaso Apsos Reinkarnationen von Mönchen seien, die in einem früheren Leben gesündigt haben. Aus diesem Grund wurde nicht mit ihnen gehandelt, sie konnten lediglich als Geschenk empfangen werden. Aufgrund seiner ursprünglichen Bestimmung ist er wachsam und Fremden gegenüber zurückhaltend.

■ Shih Tzu

Schon im äußeren Erscheinungsbild erkennt man die Nähe zum Lhaso Apso: Der auch Tibetanischer Löwenhund genannte Shih Tzu ist ebenfalls von kleinem Wuchs mit langem Fell in vielen Farbvarianten. Er ist sehr lebhaft, aufmerksam und intelligent. Eine gewisse Arroganz sieht man ihm an Ausdruck und Körperhaltung bereits an. Die Fellpflege ist sehr aufwendig.

Tibet-Spaniel

Zwischen 4 und 6,8 kg bringt der kleine Tibet-Spaniel in der Regel auf die Waage. Der lebhafte und wachsame Hund taucht in allen Farbvarianten auf. Als kleinste der tibetischen Rassen ist er außerordentlich mutig, robust und wenig krankheitsanfällig. Trotz seiner vielen positiven Eigenschaften wie Wohnungstauglichkeit, Langlebigkeit und eines ausgeglichenen, fröhlichen Wesens ist er bei uns recht selten.

Tibet-Terrier
Keine Langeweile aufkommen lassen!

Das robuste Wesen des Tibet-Terriers zeigt sich auch in seiner mit 14 bis 16 Jahren hohen Lebenserwartung. Sein Fell kann in vielen Farben wachsen, immer jedoch ist es lang und niemals lockig. Da auch er keine Haare verliert, muss er regelmäßig gekämmt werden, um Verfilzungen zu verhindern. Er ist ein guter Familienbegleithund, der allerdings großen Wert auf Bewegung und Abwechslung legt.

Tibet-Terrier

Mit 35 bis 41 cm ist der Tibet-Terrier deutlich größer als die anderen tibetanischen Hunderassen. Ursprünglich wurde er von Nomaden in Bergregionen zum Hüten von frei laufenden Tieren wie etwa Ziegen und zum Apportieren von verlorenen Gegenständen eingesetzt. Der temperamentvolle Begleithund ist zugleich verspielt und anpassungsfähig. Fremden gegenüber verhält er sich reserviert.

Chihuahueño

Mit seinen maximal 23 cm Widerristhöhe ist der Vertreter dieser Sektion die kleinste Hunderasse der Welt. Der Chihuahueño ist der typische Schoß-hund, ein kleiner, anpassungsfähiger Begleiter, den früher die Damen des Hofs als Accessoire mit sich trugen und auf dem Schoß hielten.

Chihuahua

Er gilt als kleinste Hunderasse der Welt und zählt zugleich zu den ältesten. Bis ins 7. Jahrhundert v. Chr. lassen sich die Vorfahren des Chihuahua in Mexiko zurückverfolgen. Seine Körperform ist kompakt; eine anatomische Besonderheit, die es nur bei den Chihuahuas gibt, ist die häufig vorkommende Öffnung im Schädeldach, die sogenannte Schädelfontanelle, die laut Rassestandard zulässig ist.

Chihuahua
Lieber mit langem Fell

Die Kurzhaarvariante ist die ursprüngliche Form des Chihua-huas, erst im 20. Jahrhundert entstand durch gezielte Zucht mit amerikanischen Rassen auch die langhaarige Spielart. Histo-risch bedingt ist der Kurzhaartyp ursprünglicher und etwas schwieriger in der Haltung. Mit dem langhaarigen, kleinen Hund hingegen hat man in der Erziehung aufgrund seines sanften, nachgiebigen Wesens kaum Probleme. Er braucht recht wenig Auslauf und ist als Familienhund gut geeignet.

Chihuahua
Fliegengewicht

Der Chihuahua wird nicht über die Größe, sondern über sein Gewicht definiert: In der Regel bewegt es sich in der Spanne von 1,5 bis 3 kg, aber auch leichtere Hunde sind zulässig. Vom reinrassigen Status ausgeschlossen sind Tiere, die mehr als 3 kg wiegen. Die Haare können lang und kurz in allen Farbvarianten sein. Trotz seiner geringen Größe ist er sehr robust, und mit 17 Jahren kann er ein hohes Lebensal-ter erreichen.

Englische Gesellschaftsspaniel

Die Sektion der Englischen Gesellschaftsspaniel beinhaltet zwei Spaniels, die unternehmungslustig, aktiv und anmutig sind. Spaniels werden je nach Verwendung in unterschiedliche Gruppen eingeteilt. Zahlenmäßig am häufigsten treten sie in als Apportier-, Stöber- und Wasserhunde im jagdlichen Einsatz auf. Bei näherer Betrachtung sind durchaus Ähnlichkeiten mit den Gesellschaftsspaniels zu erkennen.

Cavalier King Charles
Krank durch Überzüchtung

Obwohl er wenig Zeit hatte, seine Beliebtheit aufzubauen – er wurde erst 1944 als eigene Rasse anerkannt –, gehörte der „Cavalier" schon 1970 zu den zehn beliebtesten Hunderassen. Seine Popularität hat jedoch auch Schattenseiten: Um die rassetypischen Merkmale nicht zu verfälschen, wurde teilweise Inzucht betrieben, was eine Neigung zu Herzproblemen zur Folge hat.

Cavalier King Charles

Der Cavalier King Charles Spaniel und der King Charles Spaniel bilden die Untergruppe der englischen Gesellschaftsspaniel, wobei der „Cavalier" direkter Nachfahre des King Charles ist. Wichtige Unterscheidungsmerkmale der beiden Rassen ist eine etwas geringere Größe und kürzere Nase beim King Charles. Der Cavalier präsentiert sich in vielen Farben mit glatt-seidigem Fell.

King Charles Spaniel

Der King Charles ist auch unter dem Namen English Toy Spaniel bekannt. Der sanfte Hund ist nach seinem blaublütigen Verehrer, König Karl II. (1630–1685), benannt. Der King Charles Spaniel zählt mit seinen 25 bis 27 cm Widerristhöhe zu den kleineren Hunden. Weit auseinanderliegende Augen, ein leichter Vorbiss und der stämmige Körperbau mit der charakteristischen Schädelwölbung machen ihn unverwechselbar.

Japanische Spaniels und Pekinesen

Zu dieser Sektion zählt der beliebte und geschätzte Kleinhund Pekingese, bei uns als Pekinese bekannt. Früher war seine Haltung ausschließlich im chinesischen Kaiserpalast gestattet, er galt als Glückshund. Eine Legende besagt, dass Buddha von diesen kleinen Hunden begleitet wurde, die sich beim Anblick von Feinden in Löwen verwandelt haben sollen. Er hat den Ruf eines soliden und mutigen Wachhundes.

Pekinese

Der Pekinese, auch Peking-Palasthund genannt, ist mit 15 bis 23 cm Widerristhöhe ein kleiner Hund. Außer als Albino und leberfarben kommt er in vielen Variationen vor. Nase, Lefzen und Augenränder sind dabei immer schwarz pigmentiert, was ihm ein schwarzes Gesicht verleiht. Wie viele Rassen der Gruppe der Begleithunde hat auch dieser Hund nie eine bestimmte Aufgabe, z. B. als Jagd- oder Hütehund, gehabt.

Pekinese
Eigenwillig

Vielmehr wurde der Pekinese als „Streichelhund" am kaiserlichen Palast gehalten. Er kann einen oft unergründlichen, fast unnahbaren Wesenszug haben. Zuneigung kann man bei ihm nicht durch Leckerli erkaufen. Auch Erziehung ist dank seines stark ausgeprägten Willens schwierig. Geeignet ist diese Rasse für Menschen, die ihren Hund nicht beherrschen möchten, sondern ihn in seinen Eigenheiten akzeptieren. Wenig Auslauf, umso mehr Fellpflege runden seinen Alltag idealerweise ab.

Chin

Ob Japan-Chin, nur Chin oder Japanischer Spaniel genannt – dieser kleine Hund aus China ist meist schwarz-weiß oder rot-weiß mit langem, seidig-weichem Fell. Er ist von gutmütigem, liebenswürdigem Wesen und dabei sehr aufgeweckt. Gemessen an seinem mit 1,8 bis 3,2 kg geringen Körpergewicht, hat er ein erstaunlich tiefes Bellen. Bemerkenswerte Auffälligkeit: Er kann sich, ähnlich den Katzen, das Gesicht mit den Pfoten waschen.

Kontinentale Zwergspaniel

Der kontinentale Zwergspaniel entspricht aufgrund seiner Proportionen dem Kindchenschema, weswegen er unter anderem auch über einen langen Zeitraum zum Modehund avancierte. Die kindlichen Züge in Aussehen und Verhalten rufen ein ausgeprägtes Fürsorgeverhalten hervor, das als Schlüsselreiz den Halter zu einer innigen Bindung aufgrund der angenommenen Abhängigkeit veranlasst.

Zwergspaniel

Der Kontinentale Zwergspaniel taucht in zwei Varianten auf: Papillon und Phaléne. Beide erreichen eine Widerristhöhe von 20 bis 28 cm. Beim Gewicht wird unterschieden zwischen Hunden, die unter 2,5 kg und denjenigen, die 2,5 bis 5 kg wiegen. Sein Gang ist fließend und elegant, was ihm neben seinem Äußeren einen stolzen, anmutigen Anblick verleiht.

Zwergspaniel
Papillon

Unterscheidungsmerkmal zwischen den beiden Varietäten des Kontinentalen Zwergspaniels sind die Ohren. Der Papillon weist stehende Ohren auf, der Phaléne hat Hängeohren. Diese Rasse hat langes, überwiegend weißes Haar, das jedoch Flecken aller Couleur aufweisen darf. Trotz seiner Fülle ist das Fell mit regelmäßigem Kämmen einfach zu pflegen.

Zwergspaniel
Phaléne

Die Hängeohrvariante dieses Spaniels ist zwar der ursprünglichere Typ, jedoch mittlerweile recht selten. Beide Versionen dieses niedlichen kleinen Hundes sind sehr menschenbezogen, verspielt, verschmust und sensibel. Die Lebenserwartung ist mit bis zu 15 Jahren recht hoch – ein Grund mehr, auf gute Erziehung zu achten. Besonders der Bellfreude sollten dabei klare Grenzen gesetzt werden.

Russischer Zwerghund

Schon Anfang des 20. Jahrhunderts erlangte der Russische Zwerghund in seinem Herkunftsland große Beliebtheit. Auch hierzulande sieht man die ebenso zierlichen wie bewegungsfreudigen Energiebündel immer häufiger. Der bis zu 26 cm große und 2,7 kg schwere Gesellschaftshund kommt in einer lang- und einer kurzhaarigen Variante vor und kann verschiedene Fellfarben – von Schwarz über Braun bis hin zu Rot – haben.

Kromfohrländer

Der Kromfohrländer bildet eine der jüngsten aller deutschen Hunderassen. Sein Name hängt mit seiner Herkunft im nordrhein-westfälischen Siegen zusammen: Seine Erstzüchterin, Ilse Schleifenbaum, wohnte in der Gemarkung „Krom Fohr", auf hochdeutsch heißt dies „Krumme Furche". 1945 hatte die Züchterin den Wunsch, aus Griffon Vendéen und Foxterrierhündin eine gesunde neue Rasse zu schaffen. 1955 wurde der Kromfohrländer offiziell anerkannt.

■ Kromfohrländer

Keine Gruppe ist so uneinheitlich in den Erscheinungsformen ihrer Mitglieder wie diejenige der Gesellschafts- und Begleithunde. Neben den vielen kleinen Rassen gibt es auch größere, wie den mittelgroßen Kromfohrländer, der bis 43 cm Widerristhöhe erreicht. Der weiß-lohfarbene Hund, der erst 1955 international als Rasse anerkannt wurde, ist leider vom Aussterben bedroht.

Kromfohrländer
Treuer Vierbeiner

Der als Rau- und Glatthaar auftretende Kromfohrländer hat ein äußerst liebenswürdiges und anpassungsfähiges Wesen. Lernfähigkeit, moderates Temperament und ein nur gering ausgeprägter Jagdtrieb machen ihn zu einem idealen Haushund und Begleiter. Ob als Wachhund, beim Gehorsamstraining oder im Umgang mit Kindern – dieser treue Gefährte überzeugt durch Zuverlässigkeit.

Kleine doggenartige Hunde

Bekanntester Vertreter dieser drei Mitglieder umfassenden Sektion in der inhomogensten der offiziellen Rassegruppen ist der Mops. In Kunst, Literatur und Alltag hat er vielfach als Symbolfigur und Thema Einzug gefunden. Der Komiker Loriot soll über diese Rasse gesagt haben: „Ein Leben ohne Mops ist möglich – aber sinnlos!" Gerade bei den Kleinhunderassen sind züchterische Übertreibungen zu vermeiden.

Französische Bulldogge

Zu den kleinen doggenartigen Hunden zählt auch die Französische Bulldogge, die wie die anderen Doggen wahrscheinlich von Molossoiden abstammt. Verwandt ist sie auch mit der Englischen Bulldogge. Ursprünglich wurde diese Rasse als Lastenträger zur Unterstützung auf Pariser Markthallen eingesetzt. Schnell fand sie jedoch Einzug in Privathäuser und ist heute als Familienhund ein beliebter Gefährte.

Französische Bulldogge
Kleines Muskelpaket

Ein Gewicht von 8 bis 14 kg, auf etwa 30 cm Widerristhöhe verteilt, lassen die Französische Bulldogge kräftig und gedrungen erscheinen. Ein solider und muskulöser Körperbau unterstreicht diesen Eindruck. Der Kopf ist breit mit stark gewölbter Stirn, sein Gesicht charakteristisch mit kurzer stumpfer Nase und großen, nach vorn gerichteten Stehohren, die Rute ist kurz, ohne kupiert zu sein.

Französische Bulldogge
Sympathisch

Die Französische Bulldogge wird als aufgeweckt und umgänglich beschrieben. Ob mit nur einem Herrchen oder in einem kinderreichen Haushalt – diese Rasse kann sich gut an ihre Umgebung anpassen und ist liebevoll im Umgang mit Bezugspersonen. Auslauf benötigt auch dieser Hund regelmäßig, jedoch müssen es keine stundenlangen Gewaltmärsche sein. Zwar ist die Bulldogge auch wachsam und mutig, äußert dies jedoch nicht mit lautem Bellen.

Mops

Der Mops zählt zu den kleineren der doggenartigen Hunde, denn er bringt es nur auf maximal 28 cm Widerristhöhe. Signifikant an seinem Erscheinungsbild sind die Gesichtsfalten, die dem großen Kopf zusammen mit den kugelrunden Augen einen starken Ausdruck verleihen. Sein Körper bringt zwischen 6,5 und 8,5 kg auf die Waage und beeindruckt durch gedrungene Proportionen und einen starken Muskelapparat.

Mops
Nur nicht aufregen

Der Mops ist nicht einfach in der Erziehung, gibt jedoch letzten Endes einen guten Familienhund ab. Ebenso wie seine Fresslust muss auch sein Temperament, besonders bei Hitze, gezügelt werden, damit er sich nicht überanstrengt. Aufgrund seiner kurzen Nase kann dies schnell zu Atembeschwerden führen. Der Mops ist ein ausgeglichener und anhänglicher Begleiter, der viel Zuwendung benötigt.

Boston Terrier

Der Boston Terrier hat seinen Ursprung in den USA, wo er zugleich sehr beliebt und entsprechend verbreitet ist. Sein Wesen ist freundlich und lebhaft bei zugleich großer Intelligenz. Diese Eigenschaften prädestinieren ihn zu einem Leben in der Familie. Bei ausreichender Bewegung und Beschäftigung hat das charmante Tier auch nichts gegen ein Zuhause in einer Etagenwohnung einzuwenden.

Boston Terrier
Rassemerkmale

Das kurze seidige Fell dieser recht jungen Rasse kann braun-schwarz gestromt, schwarz oder schwarz mit rötlichem Schimmer mit weißer Zeichnung auftauchen. Weitere Erkennungsmerkmale sind der Vorbiss, wobei die Zähne vollständig von den Lefzen bedeckt sein müssen, die großen Augen und die spitz zulaufenden, nach vorn gerichteten Stehohren.

WINDHUNDE

Langhaarige oder befederte Windhunde

Windhunde, auch Sicht- oder Blickhunde genannt, jagen ihre Beute auf Sicht. Dabei entwickeln sie erstaunliche Geschwindigkeiten, weshalb sie nach dem Gepard zu den schnellsten Landtieren überhaupt gezählt werden. Ihr äußeres Erscheinungsbild ist hochbeinig und schlank. Zur Sektion der langhaarigen und befederten Hetzhunde, was sie in Bezug auf ihre Jagdmethode sind, zählen neben dem bekannteren Afghanischen Windhund noch zwei weitere Rassen.

Afghanischer Windhund

Mit Saluki und Russischem Jagdhund bildet der Afghanische Windhund die Gruppe der langhaarigen oder befederten Windhunde. Das Merkmal der Befederung impliziert Fransen aus längeren Haaren an Ohren, Rute, Beinen oder Körper. Ein solches Fell, das der Afghane in allen Farben trägt, ist extrem pflegeintensiv, insbesondere wenn es seinen seidigen, eleganten Glanz beibehalten soll.

Afghanischer Windhund
Lange Tradition

Die Gattung der Windhunde, zu der der bis zu 74 cm große Afghane zählt, kennt man in Asien bereits seit mehreren Tausend Jahren. Seine ursprünglichen Einsatzgebiete waren die Jagd auf Steinwild im Gebirge und auf Gazellen in der Steppe. Im Gegensatz zu anderen Jagdhunden, die beispielsweise Fährten erschnüffeln, jagt der klassische Windhund auf Sicht jedes Tier vom Hasen bis zum Leoparden.

Afghanischer Windhund
Unbeugsam

Der edel wirkende Hund hat einen enormen Bewegungsdrang, zu dem ihn seine Schnelligkeit, Kraft und der Jagdtrieb ständig anregen. Aufgrund seines stolzen und unabhängigen Charakters ist er schwer zu erziehen. Fehler im Umgang verzeiht er kaum. Erfahrene Hundefreunde haben bei artgerechter, verständnisvoller Haltung aber einen sanften und freundlichen Gefährten.

Saluki
Immer an der Leine

Wer einen bequemen Schoßhund sucht, ist mit dem Saluki schlecht beraten. Sein selbstständiges, dominantes Wesen lässt sich nur in Maßen und mit viel Sachverstand erziehen. Im Idealfall verhält sich der Orientale seinem Herrchen gegenüber sanftmütig bis anhänglich. Niemals vergessen werden darf sein Jagdtrieb, Freilauf ohne Leine im Gelände ist kaum möglich.

Saluki

Der Saluki zählt mit seinen bis 71 cm zu den großen Hunden. Von Weiß über Braun und Rot zu Schwarz trifft man den persischen Windhund in fast allen Farben an, nur gestromt darf er laut Rassenfestlegung nicht sein. Selten tritt er ohne Befederung als Kurzhaar auf. Sein Fell ist wenig pflegeintensiv, lediglich die Fransen sehen gern regelmäßig eine Bürste. Spazieren gehen mag er am liebsten im Trockenen, da sein Fell kaum Unterwolle besitzt und er schnell durchnässt ist.

Barsoi

In seiner russischen Heimat wurde der bis 85 cm Schulterhöhe große Barsoi früher als Jagdhund primär auf Füchse und Wölfe eingesetzt. Heute steht diese Verwendung nicht mehr im Mittelpunkt, zunehmend legten die Züchter Wert auf familien- und alltagstaugliche Eigenschaften. Trotz für einen Jagdhund verhältnismäßig leichter Erziehung bleibt der starke und schnelle Windhund ein Hetzjäger, der beim Anblick von Beutetieren selbst die beste Erziehung vergisst.

Barsoi
Politisches Zielobjekt

Heute finden wir den Barsoi wieder in vielen Farben, einfarbig und auch gescheckt vor. Da er im 18. Jahrhundert als Prestigeobjekt des Adels galt, hatte er bei der Oktoberrevolution 1917, die sich gegen den Adel richtete, schlechte Karten: Das pöbelnde Volk hat ihn nahezu ausgerottet. Um seinen gepflegten, stolzen Eindruck aufrechtzuerhalten, muss der Besitzer schon einige Zeit in die Fellpflege investieren.

Rauhaarige Windhunde

Zu den Rauhaarigen Windhunden zählen lediglich zwei Rassen. Die größere der beiden ist mit ihren bei Rüden mindestens 79 cm, im Durchschnitt jedoch 81 bis 86 cm, die Irische Rasse. Grundsätzlich ist bei derart großwüchsigen Rassen wie bei vielen extrem großen oder kleinen Hunderassen von einer unterdurchschnittlichen Lebenserwartung, hier im Bereich von 6,5 bis 10 Jahren, auszugehen.

Irischer Wolfshund

Irland ist die Heimat dieses Wolfshunds, einer der beiden einzigen rauhaarigen Windhundrassen. Bis zu 86 cm Widerristhöhe bei mindestens 55 kg Gewicht ergeben einen imposanten, kraftstrotzenden Gesamteindruck. Derart viel Masse muss unbedingt ausreichend bewegt und hochwertig ernährt werden, soll der Hund gesund und ausgeglichen bleiben. Ein Leben an der Seite eines Stubenhockers ist nicht artgerecht.

Irischer Wolfshund
Nicht ganz einfach

Ursprünglich Culan-Hund genannt, ist er mit seinem rauhaarigen Fell ideal an die unbeständigen irischen Wetterverhältnisse angepasst. Er ist weniger fixiert auf die Jagd als seine Windhund-Kollegen, die artgerechte Haltung des sanftmütigen Hundes ist enorm anspruchsvoll. Sein Attribut, eine der größten Hunderassen zu sein, bezahlt der Riese mit einem kurzen Leben, das Erreichen von sieben Lebensjahren ist selten.

Schottischer Hirschhund

Der auch als Deerhound bekannte Hund hat seinen Ursprung im Jagen von Rotwild im schottischen Hochland. Dank seiner beeindruckenden Größe von mindestens 76 cm Widerrist und seines Gewichts von ca. 45 kg ist er dafür auch prädestiniert. Eine reine Wohnungshaltung ist für den raumgreifenden Riesen Quälerei. Ein Garten und organisierte Bewegung wie beim Coursing (Windhundrennen) sind für sein Wohlbefinden zwingend notwendig.

Kurzhaarige Windhunde

Um einen Windhund adäquat auszulasten, sollte man ihm regelmäßig arttypische Bewegung anbieten. Zu diesem Zweck gibt es gezielten Windhundsport, die sogenannten Windhundrennen. Man unterscheidet zwischen Geschwindigkeitsrennen auf einer 480 m langen Rennbahn und dem Coursing, bei dem es auf das Jagdverhalten der teilnehmenden Tiere ankommt.

Spanischer Windhund
Viel Auslauf erwünscht

Der Sichtjäger liebt die Hasenjagd im offenen Gelände, ein Aspekt, der in der privaten Haltung berücksichtigt werden muss. Bei artgerechter Erziehung verhält er sich im Haus ruhig und seinen Bezugspersonen gegenüber anhänglich. Fremde beäugt er zunächst skeptisch, jedoch nicht aggressiv. Seine Bellfreude ist nicht ausgeprägt. Galgos finden sich gern an der Seite von Sportlern oder Reitern wieder.

Spanischer Windhund

Der Galgo Español ist eine von acht kurzhaarigen Windhundrassen. Er zeigt viele Farbvarianten, von Schwarz über Braun, Beige, Zimt, Gelb, Rot und Weiß. Weiße Abzeichen besonders an Schwanzspitze und Pfoten verleihen ihm ein individuelles Aussehen. Zwar gibt es ihn auch mit rauhaarigem Fell, dies ist jedoch heute recht selten. Dunkle, ovale Augen und etwa 30 kg Körpergewicht, verteilt auf einen muskulösen Körper, runden sein Erscheinungsbild ab.

Greyhound

Als prädestinierter Kurzstreckenjäger mit Spitzenleistungen von 70 km/h hat der Greyhound einen ausgeprägten Bewegungsdrang. Wird seiner Kraft und Energie beispielsweise auf der Rennbahn Rechnung getragen, ist er ein liebevoller Familienhund, der innig an seinen Bezugspersonen hängt. In allen Farben bringt der Hund aus Großbritannien es auf eine Widerristhöhe von 76 cm. Sein Hetztrieb darf nicht unterschätzt werden.

Whippet

Er gilt mit seinen bis zu 51 cm Widerristhöhe als der kleinste der Windhunde. Dies, in Kombination mit der leichteren Erziehbarkeit und seiner Anpassungsfähigkeit, macht aus ihm einen idealen Familienbegleiter. Sein kurzes Fell ist pflegeleicht und taucht ohne farbliche Einschränkungen auf. Für den kleinen Windhund stellen die klassischen Rennstrecken eine gesundheitliche Überforderung dar, abgekürzte Parcours oder Alternativangebote sind vorzuziehen.

Whippet
Langes Haar nicht anerkannt

Der Whippet hat eine langhaarige Variante, die jedoch offiziell nicht anerkannt ist. Dieser ist mit wenigen Zentimetern nur unwesentlich größer, ebenfalls in allen Farben präsent und ähnelt dem Whippet, abgesehen vom längeren, dennoch pflegeleichten Fell, auch sonst stark. Ein Grund für die Ablehnung als Rassestandard mag der angenommene Einfluss von Shelties sein.

Italienisches Windspiel

Dank seiner geringen Größe von unter 40 cm und einem Gewicht von maximal 5 kg wirkt das Italienische Windspiel tatsächlich, als würde er keiner stärkeren Brise standhalten können. Dieser Eindruck täuscht allerdings: Er ist mutig und lebhaft und hat mit 15 Jahren eine hohe Lebenserwartung.

Italienisches Windspiel
Ruhig mal ungebunden

Als weiterer Unterschied zu den größeren Tieren der Gruppe kann man den Piccolo Levriero Italiano gern auch mal ohne Leine auf den Spaziergang begleiten. Seine ausgeprägte Bindungsfähigkeit an sein Herrchen ist neben der geringen Größe, die auch Wohnungshaltung sinnvoll macht, ein Pluspunkt des lebhaften Gefährten. Viel Bewegung braucht aber auch er.

Ungarischer Windhund

Kurzhaarig, von bis zu 70 cm Größe, in den Farben Weiß, Braun, Gelb und Schwarz präsentiert sich der Ungarische Windhund. Sein Ursprung liegt in der Kleinwildjagd. Heute sollte der schnelle Läufer seine Kraft und Ausdauer beim Coursing und auf Rennstrecken ausleben dürfen. Zudem ist er wachsam und verteidigungsbereit, selten setzt er dies mit Schnappen oder Beißen nachhaltig um.

Azawakh

Von hell-sandfarben bis dunkel-fauve tritt der orientalische Windhund in Erscheinung. Seine Widerristhöhe erreicht über 71 cm bei 25 kg Körpergewicht. Der Rasse entsprechend ist er äußerst bewegungsfreudig; Windhundrennen tragen dem Rechnung. Artgerecht gehalten, ist er anpassungsfähig und freut sich über Familienanschluss.

Azawakh
Gewohnheitstier

Wie bei vielen selbstständiges Jagen gewohnten Hunden bedarf es für die windhundgerechte Erziehung und Haltung umfangreicher Fachkenntnis. Strenge und Härte führen nicht selten zu dauerhaften Störungen. Sein natürlicher Schutzinstinkt äußert sich in misstrauischer Haltung gegenüber Fremden und allem Unbekannten.

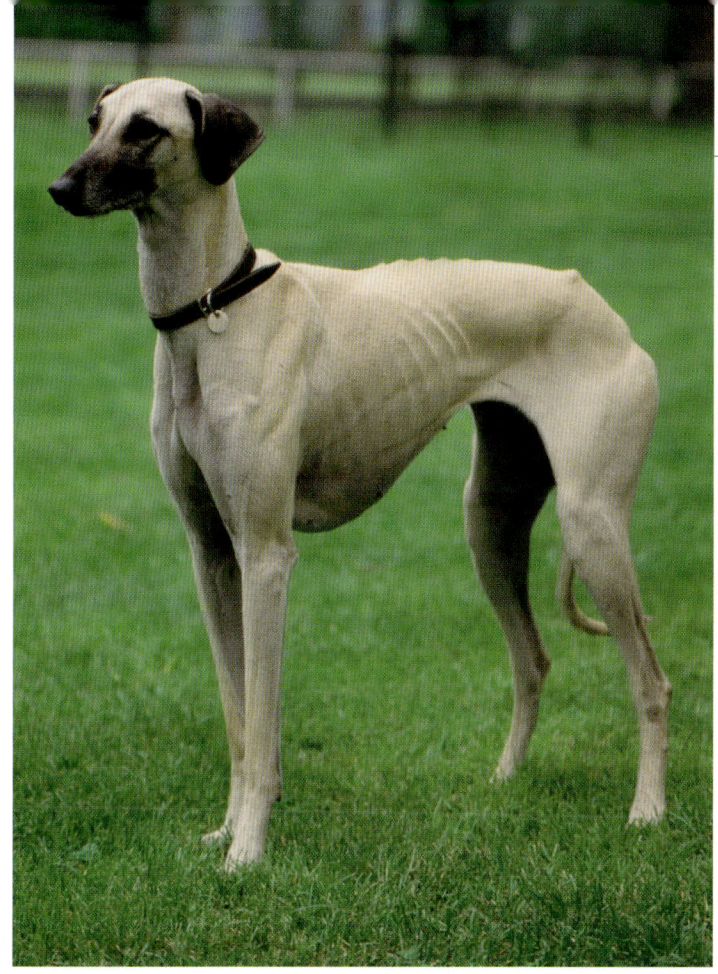

Arabischer Windhund

Der kurzhaarige Sloughi stammt aus Marokko. Er zählt zu den orientalischen Windhunden, wie sein Zweitname Arabischer Windhund ebenfalls vermuten lässt. Der ca. 70 cm große Hund ist ein ausdauernder Langstreckenläufer, in den vier Wänden aber ein anhänglicher, ruhiger Gefährte. Sein Fell ist pflegeleicht; mehr Zeit muss dafür auf Bewegung und Aktivität verwendet werden.

Polnischer Windhund

Der Polnische Windhund wurde 1989 erst spät als eigene Rasse anerkannt. Er ist mit seinen bis zu 80 cm Schulterhöhe einer der größeren Windhunde und dabei in der Regel auch deutlich kräftiger. Sein muskulöser Bewegungsapparat fordert einen ebenso agilen Halter, der in ihm dann einen anhänglichen, leichtführigen und zugleich auch eigenständigen Begleiter hat.

SCHULE FÜRS LEBEN

Welpen

Junge Hunde sind nicht nur niedlich anzuschauen, sie haben es auch meist faustdick hinter den Ohren. Eine früh einsetzende, konsequente Erziehung ist ebenso wichtig wie ein liebevolles Umfeld. Ob an Mamas Seite, inmitten einer ganzen Rasselbande oder als neuer Familienstar – Welpen benötigen volle Aufmerksamkeit. Aber wer kann ihnen diese schon verwehren?

Zahnlose Schönheit

Noch schaut diese kleine Englische Bulldogge zahnlos in die Welt: Alle Hunde werden ohne Zähne geboren und bekommen die ersten Milchzähnchen erst ab einem Alter von drei Wochen. Mit den Eckzähnen geht es los; mit sechs Wochen ist das Milchgebiss vollständig und der Welpe kann mit 28 spitzen Zähnchen die erste feste Nahrung zu sich nehmen. Die festen „Beißer" auf Lebenszeit bekommt der Kleine schließlich mit drei Monaten.

Kuscheln hält warm

Dicht aneinandergedrängt schützen sich die kleinen Foxterrier vor übermäßigem Wärmeverlust. Wird es den Kleinen zu warm, verteilen sie sich in der Wurfkiste. Das kuschelige Schaffell fühlt sich fast so an wie die Mama. So kann der Nachwuchs beruhigt schlafen, während sich die Hündin im Garten eine kurze Auszeit von der stressigen Welpenaufzucht nimmt.

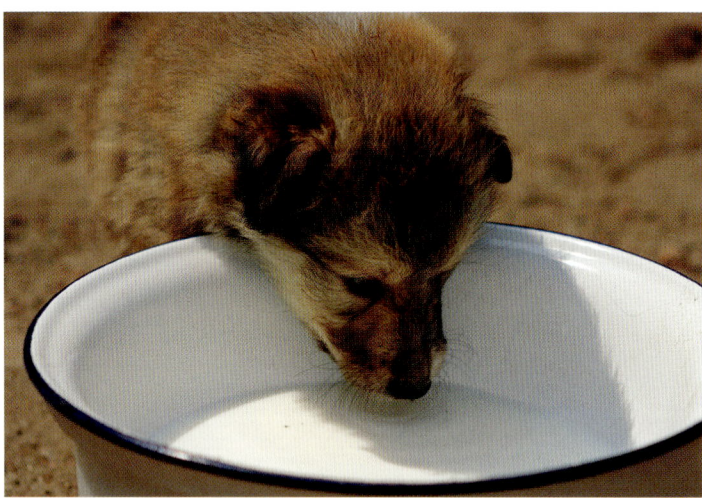

Neugierige Nase

Neugierig erkundet der kleine Collie seine Umwelt: Eine Schüssel Milch hat seine Aufmerksamkeit schnell geweckt. Schon seit seiner dritten Lebenswoche ist sein feiner Geruchssinn voll entwickelt. Da machen Entdeckungstouren besonders viel Spaß, schließlich duftet überall Neues und bisher Unbekanntes. Milch sollte für den kleinen Entdecker jedoch tabu sein, denn sie schadet seiner empfindlichen Verdauung.

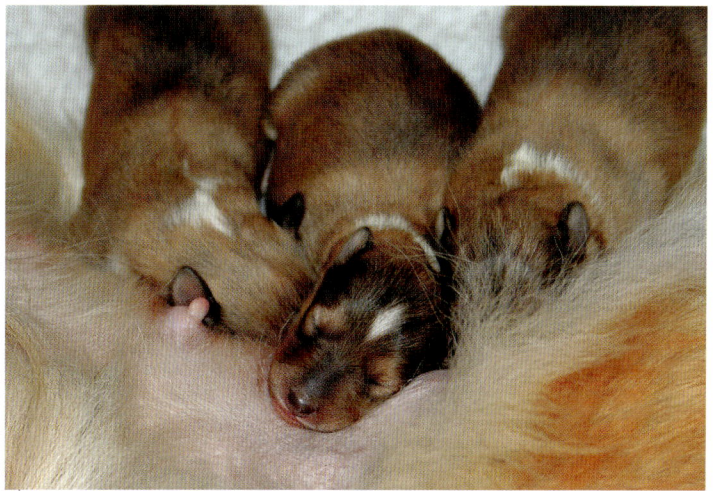

Mama ist die Beste

Schlafen, schlafen, schlafen – und das am besten ganz nah bei Mama: Körperkontakt zwischen dem Muttertier und ihren Welpen ist für die Entwicklung der Jungen von großer Bedeutung. Der enge Kontakt zur Hündin spendet den Neugeborenen nicht nur Wärme, sondern signalisiert den Kleinen noch dazu Sicherheit und Geborgenheit. Daher ist es wichtig, die Hündin und ihren Nachwuchs so wenig wie möglich zu stören.

Gähnen gegen Stress

Schon ganz junge Hunde gähnen, um Stress abzubauen. Wissenschaftlich belegt ist etwa die Tatsache, dass Welpen häufig gähnen, sobald sie hochgehoben werden. Zeitlebens behalten sie dieses Verhalten bei, um sich selbst zu beruhigen – keine Sorge, es wird alles gut. Dieser junge Collie jedoch ist wahrscheinlich einfach nur unheimlich müde.

Jedermanns Freund

Ihr freundliches, geselliges Wesen sieht man diesen drei jungen Golden Retrievern auf den ersten Blick an. Unter Fans der Rasse kursiert das Sprichwort: „Ein Golden Retriever vertreibt keinen Einbrecher; stattdessen freut er sich über den Besuch und hilft ihm, die Wertsachen aus dem Haus zu tragen." Für die Welpen wäre dies sicher ein großer Spaß.

Kleine mit großen Ansprüchen

Auch wenn sie noch sehr klein sind, haben sie ihre Mama schon gut im Griff. Durch Fiepen machen die Welpen auf sich aufmerksam und fordern Kuscheleinheiten und die Möglichkeit, sich an Mamas Milchbar zu bedienen. Wird das erste leise Fiepen nicht gleich erhört, kann der hungrige Nachwuchs auch mal laut werden: Schreien nach Aufmerksamkeit und Futter ist eine angeborene Verhaltensweise.

Im Traum ein großer Held

Verbrecher jagen, Sprengstoff aufspüren und die Polizei bei der täglichen Arbeit unterstützen – wahrscheinlich träumt der kleine Schäferhund schon jetzt von seiner großen Karriere als Gesetzeshüter. Auf der ganzen Welt sind Schäferhunde im Einsatz als Diensthunde bei Polizei, Zoll und Militär. Dieser kleine Held hat jedoch noch viel Zeit zum Üben, um die Aufnahmeprüfungen zu bestehen.

Kleiner Wachmann

Dieser junge Bobtail hat die Gene seiner Ahnen im Blut, die als Treib- und Hütehunde eingesetzt wurden und dabei nicht selten Gebiete von mehreren Hundert Kilometern zu durchqueren hatten. Aufmerksam und wachsam überblickt der Welpe den Garten: Sein Schutzinstinkt ist noch immer sehr ausgeprägt. Bereits in diesem Alter braucht er eine konsequente Erziehung und ganz viel Beschäftigung.

Gesund und lecker

Damit die kleinen Airedaile Terrier groß und stark werden und in weniger als einem Jahr ihre endgültige Größe von etwa 60 cm erreichen, brauchen sie viel Muttermilch. Das Kolostrum, wie die erste Muttermilch in Fachkreisen genannt wird, enthält genau den richtigen Mix an Proteinen, Enzymen, Vitaminen, Mineralien und Antikörpern, um die Säuglinge fit für ihren großen Auftritt in der Welt zu machen.

Ganz die Mama

Noch sieht er aus wie ein Stofftier, und sein ganzer Körper ist gerade mal so groß wie Mamas Kopf. Der kleine Bernhardiner wird in seinen ersten Lebensmonaten reichlich fressen und Kraft tanken müssen, um einmal ein stolzer Koloss von bis zu 90 cm Größe und 85 kg Gewicht zu werden. Trotz der imposanten Erscheinung sind Bernhardiner ruhig und liebevoll – genau wie diese Mutter mit ihrem Jungen.

Babyspeck

Viel Babyspeck tragen die jungen Shar Peis mit sich herum, und so mancher fragt sich, wieso ihr Fell diesen traditionellen chinesischen Hunden nicht so ganz passen mag. Im ausgewachsenen Alter jedoch verschwinden die Falten bis auf einige wenige an Stirn und Widerrist. Der Shar Pei wurde in Asien als vielseitiger Arbeitshund gezüchtet.

Frech und agil

Vier Wochen sind die kleinen Jack Russel Terrier nun alt, und schon jetzt haben sie jede Menge Unsinn im Kopf. Furchtlos gehen sie auf Abenteuerjagd und entdecken jeden Tag ein wenig mehr von ihrer Umwelt. Ihr quirliges Wesen werden sie ihr Leben lang behalte: Jack Russel Terrier sind sehr intelligent und brauchen jede Menge Abwechslung. Nichts für unerfahrene Hundeanfänger!

Mutterliebe

So eine Hundemutter ist ganz schön geduldig: Den ganzen lieben langen Tag lang sorgt sich die Hündin um ihren Nachwuchs, säugt ihn, hält ihn warm und steht dann auch noch für vergnügte Spielstunden zur Verfügung. Erst wenn die Kleinen schlafen, kann sie sich eine kurze Auszeit von ihren Mutterpflichten gönnen. Die Welpen lässt sie jedoch auch während dieser Zeit nicht aus den Augen.

Kuckuckskind

Nanu, hat der Labradorhündin etwa jemand ein fremdes Kind untergejubelt? Nicht unbedingt! Es gibt sowohl blonde als auch schwarze und braune Labradorvarianten. Der Vater muss bei dieser Familie ein schwarzer oder brauner Labrador gewesen sein. Da sich das blonde Fell dominant vererbt, können bei einer Paarung von zwei blonden Labradoren keine Welpen mit schwarzem Fell vorkommen.

Auf Schritt und Tritt

Überall hin folgt der kleine Foxterrier seiner großen Verwandten – die Airedale-Terrier-Hündin weiß schließlich alles, was der Welpe für sein späteres Hundeleben einmal können muss. Heute üben die beiden den richtigen Umgang mit einem Spielzeugball – und da ist der Kleine natürlich mit großem Elan bei der Sache. Sogar den Schritt hat er schon perfekt kopiert.

Mama passt auf!

Noch traut sich der Kleine am Strand nicht so wirklich aus dem Schutz seiner Mutter hervor. Auch, wenn ihn ab und an der Übermut packt und er in der Nähe des Wassers ein paar Möwen verbellt – sobald ihm diese zu nahe kommen, sucht er rasch wieder die Nähe der Hündin. Mit ihr als schützendem Wall lässt es sich dann wieder prima bellen, zur Not kann Mama ja eingreifen.

Lebenswichtiges Band

Die Muttermilch versorgt den Welpen mit lebenswichtigen Vitaminen und Mineralien. Werden Hundekinder zu früh von ihrer Mutter getrennt, kann sich ihr Immunsystem nicht richtig entwickeln. Die Folge ist eine hohe Anfälligkeit für Krankheiten. Nicht selten sterben solche Welpen schon in jungem Alter.

Anstrengend

Diese Hündin säugt ihre Welpen etwa acht Wochen lang und produziert dabei ungefähr das 2,5-Fache ihres Eigengewichts an Milch. Das zehrt ganz schön am Körper. Deshalb ist es für die Hündin besonders wichtig, während der Stillzeit qualitativ hochwertiges Futter zu sich zu nehmen, um gesund zu bleiben und ihr Gewicht zu halten.

Schulstunde

Aufmerksam verfolgen die Welpen jede Bewegung der Mama: Von ihr lernen sie, wie man sich gegenüber Artgenossen verhält. Während einige Hundeweisheiten angeboren sind, müssen andere erst allmählich durch Nachahmen der Mutter und der älteren Geschwister erlernt werden.

Quirlige Bande

Ihr lebhaftes, selbstbewusstes Wesen legen diese Zwergpinscherwelpen schon in den ersten Lebenswochen an den Tag. Bei sonnigem Wetter können die Kleinen ohne Probleme mit der Mama im Gras toben. Da das ausgesprochen kurze Fell der Zwergpinscher jedoch keine Unterwolle hat, müssen die kleinen Hunde im Winter bei Kälte auf lange Ausflüge verzichten.

Junge Hüpfer

Erst seit Mitte der 1970er-Jahre bevölkern Eurasier, wie diese Hündin mit ihren Jungen, unsere Eigenheime. Die Rasse entstand aus einer Kreuzung von Chow-Chow, Wolfsspitz und Samojede – das Ergebnis war ein Allwetterhund mit den besten Eigenschaften: Er ist wachsam, freundlich und anhänglich zugleich. Durch ihre Verwandtschaft zum Chow-Chow haben Eurasier oft eine blaue Zunge.

Zu spät

Oh je, da hat wohl jemand den Anschluss verpasst! Vermutlich hat der Kleine nicht gehört, dass die mütterliche Milchbar eröffnet wurde. Dalmatinerwelpen sind oft taub – ein Umstand, der mit ihrem weißen Fell zu tun hat. Die Lebensqualität des Kleinen mindert die Taubheit jedoch nicht: Er orientiert sich zum großen Teil über seinen feinen Geruchssinn.

Wolf im Welpenfell

Spielerisch wird der kleine Labrador an leichte Apportier-übungen herangeführt. Ein verknoteter Strick eignet sich besonders gut. Am meisten Spaß machen dem Kleinen Zerrspiele mit seinen Geschwistern – und natürlich mit Herrchen und Frauchen. Hier kommt der Wolf in ihm durch: Um die Beute zanken ist ein natürliches Verhalten in freier Wildbahn.

Junges Genie

Bei der ersten Entdeckungstour im heimischen Garten gibt es für diesen Border Collie viel zu bestaunen. Mit seiner angeborenen hohen Intelligenz wird der Kleine hier schon bald tolle Hundetricks erlernen – so wie sein großes Vorbild Rico. Dieser Border-Collie-Rüde, der schon Auftritte bei „Wetten, dass …?" bestritten hat, kann mehr als 250 Spielzeuge auseinanderhalten.

„Zerstörungswut"

Herrchens Schuh war nicht auffindbar, also muss die Schlafdecke für Kauübungen herhalten. Welpen wie dieser junge Golden Retriever haben jede Menge Unsinn im Kopf, darunter leidet auch schon mal die Einrichtung. Daher ist es ratsam, Gegenstände von materiellem und ideellem Wert außer Reichweite des kleinen Hundes aufzubewahren. Stattdessen bekommt der Welpe sein eigenes Spielzeug, das er nach Herzenslust zerkauen kann.

Guck mal, was ich habe!

Stolz präsentiert der junge Labrador seine Beute. Das Aufstöbern und Apportieren von Spielzeug liegt ihm im Blut: Aufgrund seiner Lernfreude wird der Labrador schon seit Jahrhunderten als Jagd- und Arbeitshund eingesetzt. Wenn der Welpe sehr gehorsam und intelligent ist, kann er später sogar einmal als Begleithund arbeiten und Menschen mit Behinderung im Alltag unterstützen.

Kuscheln mit Frauchen

Bald, wenn sie in ihrem neuen Zuhause eintrifft, wird diese kleine Englische Bulldogge ganz viele Kuscheleinheiten brauchen. Über den Verlust von Mutter und Geschwistern muss der Kleine erst einmal hinwegkommen. Streicheleinheiten und Zuwendung lenken ihn vom Heimweh ab und lassen den Welpen rasch Vertrauen zu seinen Menschen und der neuen Umgebung fassen.

Abenteuer Alltag

So ein Abenteuertag im Garten ist ganz schön anstrengend. Nicht nur Rennen und Rumtoben ermüden den Welpen. Auch die vielen neuen Eindrücke muss er erst einmal verarbeiten: neue Gerüche und Geräusche, fremdartige Tiere und verschiedene Untergründe. Die Welt ist groß und aufregend!

Welpentauglich

Mit seinem Ball an der Schnur spielt der junge Beagle am liebsten. Bei der Auswahl des Spielzeugs für seinen neuen vierbeinigen Mitbewohner hat Herrchen ganz genau darauf geachtet, dass es von guter Qualität und absolut welpensicher ist, das heißt, dass der kleine Hund weder etwas abbeißen noch verschlucken kann.

Nichts für Anfänger!

Süß sieht er aus, der kleine Beaglewelpe mit seinem viel zu großen Spielzeug. Doch sein putziges Äußeres sollte nicht darüber hinwegtäuschen, dass Beagle eine sehr erfahrene Hand benötigen. Jahrhundertelang wurden sie als Meutehunde gezüchtet. Beagle sind zwar sehr gutmütig, müssen aber aufgrund des ausgeprägten Jagdtriebs beim Spaziergang sehr genau im Auge behalten werden.

Randale

In den ersten Lebensmonaten unterziehen Welpen ihre Umgebung mit ihren scharfen Zähnchen ständigen Haltbarkeitstests. Auch das Schlafkörbchen bleibt davon nicht verschont. Manche Hunde lieben es noch im fortgeschrittenen Alter, Bastkörbchen genüsslich zu zerbeißen. Wer nicht regelmäßig ein neues kaufen möchte, sollte sich daher frühzeitig nach einer stabileren Alternative umsehen.

Ab in die Wäsche

Wer einen Welpen betreut, hat kaum weniger Arbeit als mit einem menschlichen Kleinkind. Auch was die Wäsche angeht. Spezielles Welpenspielzeug, wie dieser kleine Stoffwürfel, muss öfter mal in die Waschmaschine, um es von Schmutz und Bakterien zu befreien.

Rangordnung

Kleine Rangeleien sind unter Geschwistern an der Tagesordnung – und wenn die nicht da sind, muss auch schon mal Herrchens Hose herhalten. Natürlich ist es ärgerlich, wenn die neue Kleidung den spitzen Zähnchen zum Opfer fällt. Verbieten sollte man dem Welpen das wilde Spiel jedoch nicht rigoros, schließlich ist er ein Kind, das seine Grenzen erst ausloten muss.

Spielerisch Gehorsam lernen

Der tapsige Welpe nimmt sein Lieblingsspielzeug überall hin mit. Schon früh sollte der Kleine jedoch daran gewöhnt werden, dass Herrchen bestimmt, mit was und wann gespielt wird. Das Kommando „Aus!" ist im Alltag mit dem Hund sehr wichtig. Spielt der Kleine dann einmal mit etwas, das er besser nicht zwischen die Zähnchen bekommen sollte, kann der Besitzer sofort eingreifen.

Auf Entdeckungs-tour

Nichts ist vor dem kleinen Terrier sicher: Was sich wohl in diesem Korb verbirgt? Welpen sind von Natur aus neugierig und erkunden ihre Umwelt. Giftige Stoffe und Pflanzen sowie Gefahrenquellen wie Stromkabel sollten daher auf jeden Fall aus seiner Reichweite entfernt werden, um Unfälle zu vermeiden. Nicht nur bei menschlichem Nachwuchs muss die Wohnung babysicher gestaltet werden!

Klein, aber oho!

Ausgelassene Luftsprünge beweisen: Dieser junge Parson Russell Terrier ist putzmunter. Seine erwachsenen Verwandten wurden früher meist zur Fuchsjagd eingesetzt. Furchtlos spürten sie die Füchse in ihrem Bau auf und stellten sie. Mut und quirliges Wesen sind rassetypisch und machen den Terrier zu einem anspruchsvollen Mitbewohner.

Wie ein Großer

Schon dieser kleine Welpe legt das Verhalten seiner erwachsenen Art-genossen an den Tag. Seine Geschwis-ter, aber auch Herrchen und Frauchen fordert er mit einer „Verbeugung" zum Spielen auf. Schließlich macht es viel mehr Spaß, sich um das Spielzeug zu streiten und darum zu raufen, als es einfach nur auf der Wiese liegend durchzukauen. Lange muss er nicht auf einen Spielgefährten warten. Wer kann diesem Anblick schon widerstehen?

Oh oh!

Da hat sich wohl jemand zu viel zugetraut. Das eingekniffene Schwänzchen und der Blick verraten es: Diesem Welpen ist die Situation nicht ganz geheuer. Vielleicht hat ihn ein ungewohntes Geräusch erschreckt. Oder hat er gerade gemerkt, dass seine Mama nicht mehr schützend hinter ihm steht? Welpen müssen ihre Umwelt sehr behutsam kennenlernen, sodass sie ganz langsam Ängste überwinden können und ein selbstbewusster Hund werden.

Räuberbande

Schon früh wollen die drei Weimaranerwelpen gefordert und beschäftigt werden: Von Haus aus ein traditioneller Försterhund, braucht diese Hunderasse sehr viel Bewegung und auch geistige Herausforderungen. Noch reicht das Toben mit den Geschwistern den Kleinen vollkommen aus, bald aber wollen alle drei zum Hundesport, etwa zum Dog Dance oder auf den Agility-Parcours.

Wasserratte

„Nanu, wo kommt denn das Wasser her?", scheint sich der kleine Dalmatinerwelpe zu fragen. Viele Hunde lieben ein erfrischendes Bad, der Dalmatiner macht dabei keine Ausnahme. Planschen mit Herrchen oder zusammen mit Artgenossen macht nicht nur Spaß, sondern bietet diesen bewegungsfreudigen Hunden auch ausreichend Gelegenheit, sich richtig auszutoben.

Tollpatsch!

Wie bei menschlichen Kleinkindern muss das Laufen und Klettern erst perfektioniert werden: Welpen sind mitunter kleine Tollpatsche und so kann es schon einmal passieren, dass sie, wie dieser junge Golden Retriever, mit dem Schnäuzchen im Wassernapf landen. Herrchen und Frauchen sollten sich auf die ungeübten Pfötchen einstellen und vorsichtshalber Gefahrenquellen aus dem Weg räumen.

Vorsicht, Fundsachen!

Prinzipiell kann jeder Gegenstand als Spielzeug verwendet werden – zumindest wenn es nach einem Welpen geht. Natürlich macht es Spaß, den Kleinen mit Tennisbällen und Co. herumtoben zu sehen. Dennoch sollten Hundebesitzer immer ein Auge auf die Sicherheit dieser Spielzeuge haben – kann der Welpe etwas abbeißen und verschlucken?

Mutige Begegnung

Da staunt die kleine Englische Bulldogge nicht schlecht – so ein großer Hund! Bei Begegnungen wie diesen sollten Hundebesitzer Vorsicht walten lassen. Den sogenannten „Welpenschutz" gibt es nämlich nicht. Zwar sind viele erwachsene Hunde, die Welpen gewöhnt sind, sehr tolerant und lassen sich so manche „Kinderdummheit" gefallen, eine generelle Narrenfreiheit für Welpen gibt es jedoch nicht.

Aus dem Tierheim

Lange musste dieser süße West Highland Terrier, von Fans der Rasse auch liebevoll Westie genannt, nicht auf ein neues Zuhause warten. Tierheimbesucher gingen ein paar Mal mit ihm Gassi und verliebten sich sofort in den quirligen Kerl. Schon durfte er umziehen.

Naturbursche

Wie schön das duftet! Der Dalmatinerjunge riecht an allem, was ihm unter das Näschen kommt. Schließlich muss er schon früh lernen, die tägliche Hundezeitung zu lesen. Ist hier heute schon ein Hund vorbeigekommen? Oder vielleicht sogar ein anderes großes Tier? Durch Schnüffeln erfährt der Kleine all diese Informationen. Sein Geruchssinn ist sehr fein: Er riecht etwa 100 Millionen Mal besser als der Mensch.

Mitbringsel aus dem Garten

Entdeckungstouren durch den Gartendschungel sind aufregend und machen Spaß. Auch dieser kleine Corgie verbringt den Tag am liebsten draußen. Dort bestaunt er jedoch nicht nur Ameisen und Schmetterlinge – am Ende des Ausflugs bringt er vermutlich Zecken mit nach Hause. Herrchen und Frauchen sollten den Kleinen daher nach jedem Spaziergang nach lästigen Parasiten untersuchen.

Bunte Vielfalt

So unterschiedlich können Welpen desselben Wurfs sein: Nicht nur anhand ihrer Fellfarbe und der unterschiedlichen Augenfärbung lassen sich die Geschwister gut voneinander unterscheiden. Jeder Hund ist ein Individuum und hat seinen eigenen Charakter. Da gibt es den stürmischen Draufgänger ebenso wie den zurückhaltenden Beobachter.

Träumer

Wovon der Kleine wohl gerade träumt? Vielleicht rennt er mit seinen Geschwistern durch den Garten und erlebt große Abenteuer. Hunde träumen mitunter sehr lebhaft. Im Schlaf zucken dann die Füße, kribbelt die Nase und wackeln die Ohren. Auch Geräusche sind keine Seltenheit: Schmatzen während der „Traummahlzeit" oder auch gluckerndes Bellen, wenn die Begegnung mit einem Artgenossen im Schlaf noch einmal erinnert wird.

Juckendes Öhrchen

Schlappöhrchen, wie bei diesem Englischen Bulldoggenmädchen, können aufgrund der mangelnden „Belüftung" Tummelstellen für Pilze sein. Wenn sich Ihr Welpe häufig am Ohr kratzt, den Kopf schief legt und sich nicht gerne am Kopf berühren lässt, steht wohl ein Besuch beim Tierarzt an. Eine Lotion, die regelmäßig ins Ohr gegeben wird, kann Abhilfe schaffen.

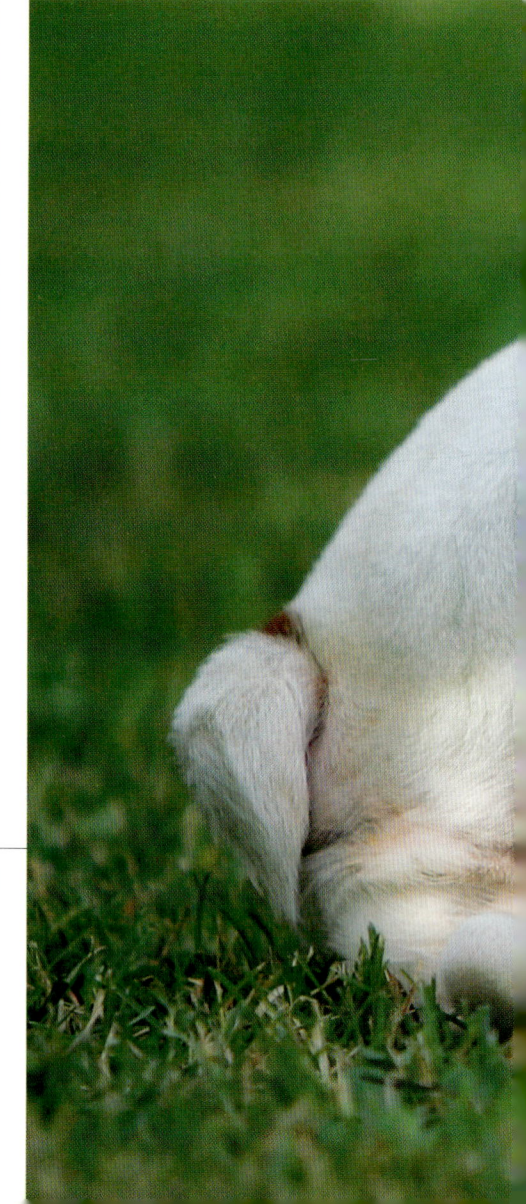

Welpenspiele

Schon mit Welpen können Herrchen und Frauchen eine Menge Spaß haben und eigene Spiele „erfinden". Je nach Temperament und Laune des Hundes eignen sich beispielsweise Zerrspiele wie mit diesem Ball an der Schnur, mit dem der kleine Beagle nicht nur seine Stärke, sondern auch seine Grenzen testen kann. Wichtig ist, dass immer Herrchen bestimmt, wie das Spiel endet.

Artig

So vergnügt wie dieser kleine Terrier läuft nicht jeder Welpe an der Leine. Schon das Halsband ist für den Kleinen eine Umstellung und erfordert viel Geduld vom neuen Hundebesitzer. Am schnellsten gewöhnt sich ein Welpe an Leine und Halsband, wenn sie ohne Zwang eingeführt werden – also nicht erst vor einem anstehenden Spaziergang, sondern zum Beispiel im Vorfeld bereits immer mal wieder für kurze Zeit im Wohnzimmer oder Garten.

Aufmöbeln

Im Gartenhäuschen steht noch der alte Sandkasten der Kinder, der seit Jahren nicht genutzt wurde? Dieser Labradorwelpe freut sich über den neu errichteten Hundespielplatz. Neben dem Spiel mit Sand und kleinen Bällen, tobt er in den Sommermonaten und an besonders heißen Tagen auch gerne in etwas Wasser, das bequem in den Sandkasten eingefüllt werden kann.

Das war schon so!

Fast alle Hunde lieben es, Stöckchen zu zerkauen. Bei Welpen muss der Hundebesitzer jedoch aufmerksam darauf achten, dass das Spiel nicht zu bitterem Ernst wird. Spitze Teile könnten das empfindliche Zahnfleisch des Kleinen verletzten und die Wunde kann sich entzünden. Abgebissene Rinde sollte der Welpe nicht verschlucken, da Erstickungsgefahr droht.

Shootingstar

Bis die kleine Englische Bulldogge so toll in Szene gesetzt war, hat es ganz schön gedauert. Welpen haben bekanntlich kein gutes „Sitzfleisch", sondern wollen, anstatt still zu sitzen, lieber herumtoben und spielen. Fotos sollten Hundebesitzer jedoch während des Welpenalters so viele wie möglich schießen. Der Welpe wird sehr schnell erwachsen, und dann sind Fotografien nette Erinnerungen an seine wilden Kindertage.

Fußpflege

Wenn der kleine Australian Cattle Dog nach dem Spaziergang nach Hause geht, behält Herrchen ihn genau im Auge. Fängt der Welpe an, sich zwischen den Zehen ausgiebig zu lecken, kann es sein, dass er sich Herbstgrasmilben eingefangen hat, die gerade in den Sommermonaten eine Gefahr für Hund und Mensch darstellen. Dann steht ein Gang zum Tierarzt auf dem Programm.

Urlaub!

Die Französische Bulldogge macht zum ersten Mal Urlaub mit Herrchen. Allerdings gelten in jedem Land unterschiedliche Bestimmungen für die Hundehaltung, daher hat der Besitzer sich vorher genauestens informiert, wo Leinen- oder vielleicht sogar Maulkorbzwang besteht und in welchen Staaten der Kleine vor dem Urlaub in Quarantäne gemusst hätte.

Ersatzmama

Wenn ein Welpe ins Haus kommt, ist er zunächst unsicher. Schließlich hat er gerade seine Mutter und seine Geschwister verlassen müssen. Die Sicherheit, Liebe und das Vertrauen, das er zum Muttertier hatte, muss sich der neue Besitzer erst einmal „verdienen". Der junge Hund benötigt sehr viel Zuneigung – aber auch eine konsequente und geduldige Erziehung.

Mutiger Winzling

Obwohl dieser Yorkshire-Terrier-Welpe selbst im ausgewachsenen Alter kaum mehr als 30 cm groß sein und nur etwa 3 kg auf die Waage bringen wird, ist er alles andere als kleinlaut und schüchtern. Schließlich wurde seine Rasse ursprünglich zur Jagd und sogar als Kampfhund gezüchtet. Deshalb schreckt der Yorkshire auch nicht vor größeren Hunden zurück.

Vertrauen aufbauen

Am schnellsten baut der Hundehalter Vertrauen zu seinem Welpen auf, wenn er so viel Zeit wie möglich mit ihm verbringt und das Tier in seinen Tagesablauf integriert. Der Hund muss sich zugehörig fühlen und darf nicht isoliert werden. Dazu gehören auch enger Körperkontakt und viele Schmuse- und Streicheleinheiten. Darüber hinaus benötigt der Welpe ganz viel Ansprache mit ruhiger und freundlicher Stimme.

Sauberkeit

Ein guter Züchter leistet bereits einiges an Vorarbeit in puncto Stubenreinheit, indem er die Wurfkiste sauber hält und die Welpen genügend an der frischen Luft bewegt. Dadurch gewöhnen sich die Kleinen daran, ihr Geschäft im Freien zu erledigen. Sollte doch mal ein Malheur in der Wohnung passieren, darf der Hund keinesfalls bestraft werden. Das würde ihn nur lehren, sich beim nächsten Mal besser zu verstecken.

Naseneinsatz

Hunde lieben es, zu schnüffeln, schließlich haben sie auch eine sehr viel feinere Nase als der Mensch. Alle Hunde orientieren sich zum Großteil über den Geruch, und nicht nur Vertreter der Jagdhundrassen gehen gerne auf Spurensuche. Hunde haben rund 225 Millionen Riechzellen – der Mensch dagegen nur fünf Millionen. Kein Wunder also, dass es für die Vierbeiner ein Leichtes ist, sogar zwei Tage alte Fährten aufzunehmen!

Rudeltiere

Hunde sind Rudeltiere, die Gemeinschaft macht sie nicht nur stark, sondern auch glücklich. Diese jungen Golden Retriever lieben das gemeinsame Spiel, aber auch gemütliche Kuschelstunden, in denen sie sich gegenseitig das Fell säubern und sich warm halten. Ein Rudel kann jedoch nicht beliebig vom Menschen zusammengestellt werden: Es wächst auf natürliche Weise über mehrere Generationen.

Es muss nicht immer vom Züchter sein

In Tierheimen gibt es bei Weitem nicht nur alte Hunde. Viele kleine süße Gesichter warten vor allem in den Sommermonaten in den Heimen auf neue Besitzer. Doch nicht nur Mischlinge wie diese vier niedlichen Welpen stehen zur Vermittlung, auch reinrassige Hundekinder landen nicht selten beim Tierschutz und brauchen dringend ein neues Zuhause.

Zerrspiele

Um die Beute kämpfen und am Handschuh zerren macht den beiden Welpen sichtlich Spaß. Im Spiel mit Herrchen müssen die beiden jedoch einige Regeln beachten: Sobald sie beißen oder zu wild werden, sollte er das Spiel abbrechen und das Spielzeug an sich nehmen – schließlich sollen sie ihm als erwachsene Hunde später nicht auf der Nase herumtanzen. Herrchen ist der Boss!

Wer ist hier der Boss?

Schon früh üben die kleinen Hundekinder verschiedene Rangordnungsmuster. Wer sich vor dem anderen auf den Boden wirft, signalisiert: Ist ja gut, du bist der Boss! Noch haben die Welpen ihren Rang innerhalb des Rudels allerdings nicht fest gefunden, dies wird noch ein paar Monate dauern. Bis dahin üben sie fleißig, damit sie das Verhalten der Erwachsenen bald beherrschen.

Schlafmützen

Auch wenn Welpen einen aufgedrehten und agilen Eindruck machen, sollte man nie vergessen, dass es sich um kleine Kinder handelt – und die brauchen vor allem eines: ganz viel Schlaf. Nur mit genügend Ruhepausen werden die Kleinen groß und stark. Daher sollten Spazierwege in den ersten Lebensmonaten des Hundes nie zu lange gewählt werden.

Ballspiele

Hunde lieben Bälle, so auch diese Welpen. Herkömmliche Tennisbälle sollten Vierbeiner jedoch nicht zum Spiel angeboten werden. Sie sind alles andere als harmlos: Der Filzbezug kann die Hundezähne extrem schädigen, werden Teile davon verschluckt, kann dies zu Darmverschluss führen. Hundehalter sollten daher lieber im Fachhandel nach Spielzeugen schauen.

Zwergenaufstand

Nun sind die Kleinen schon zwei Monate alt und merken beim Rangeln miteinander und bei kleineren Kämpfen, dass sie unterschiedlich stark sind und verschiedene Fähigkeiten haben. In dieser Zeit entwickeln die Welpen auch zum ersten Mal das Gefühl von Angst. Diese natürliche Furcht schützt sie vor Gefahren und vor Dummheiten.

Lustige Meute

In der großen Gemeinschaft fühlen sich die kleinen Beagle am wohlsten, denn für die Jagd in der Meute wurden sie ursprünglich einmal gezüchtet. Wenn es Futter gibt, ist für diese Hundegruppe klar: Da müssen wir hin. Wenn eine Tüte raschelt oder ein Löffel gegen die Schüssel klappert, spitzen sie sofort die Öhrchen und rennen los. Da will niemand gern der Letzte sein!

Qualität statt Quantität

Bei diesen jungen Dalmatinern verhält es sich wie bei allen Hunden: Nicht die Menge des Futters ist entscheidend, sondern dessen Qualität. Wichtig ist eine ausgewogene Zusammensetzung aus Eiweiß, Fett, Kohlenhydraten, Mineralstoffen und Vitaminen. Bei plötzlicher Umstellung des Futters drohen den Kleinen Verdauungsprobleme wie Durchfall. Kalte Nahrung aus dem Kühlschrank ist tabu!

Heiße Luft

Dieser Streit mit gefletschten Zähnen sieht gefährlicher aus als er ist: Für die Kleinen ist es ab einem gewissen Alter notwendig, sich nicht mehr alles von Geschwistern gefallen zu lassen und ihren eigenen Kopf durchzusetzen. Nur so wird aus ihnen ein selbstbewusster erwachsener Hund. Im Alter von etwa vier Monaten beginnt diese sogenannte Rangordnungsphase.

Schlittengespann

Alaskan Malamutes wie diese vier kleinen Racker gehören zu den ältesten arktischen Hunderassen und werden traditionell als Schlittenhunde eingesetzt. Die Rasse wurde nach dem Inuitstamm der Malemute benannt, die schon vor 2000 Jahren Hunde zum Transport von Lasten einsetzten. Noch immer fühlen sich Malamutes in der Gruppe am wohlsten und brauchen sehr viel Bewegung.

Vorsicht, Hitze!

Die Sonne scheint, es ist warm und die kleinen Welpen genießen den Tag im Freien. Allzu lange sollten sie sich jedoch nicht in der prallen Sonne aufhalten. Da Hunde ihren Wärmehaushalt vor allem über Hecheln ausgleichen müssen und nur wenige Schweißdrüsen haben, überhitzen sie schnell und können einen Hitzschlag erleiden. Dieser kann binnen 15 Minuten zum Tod führen.

Kleine Riesen

Schon jetzt sind die Welpen groß und stark für ihr Alter, und das wuschelige Fell deutet es an: Dieser Hund kommt aus den kalten Bergen. Der Pyrenäenhund wird überwiegend als Hütehund eingesetzt und ist mit seiner warmen Unterwolle bestens für den Einsatz bei Wind und Wetter ausgerüstet. In wenigen Monaten schon werden die Kleinen bis zu 50 kg auf die Waage bringen.

Kein Bösewicht

In einigen Ländern gelten diese süßen Rottweiler als sogenannte Kampfhunde, dabei ist die Hunderasse für ihr anhängliches und gehorsames Wesen bekannt und geschätzt. Nicht zuletzt deshalb steht ihr zu Ehren ein Denkmal in der Rottweiler Innenstadt. Da der Rottweiler mit seinen bis zu 50 kg Gewicht ein großer und schwerer Hund ist, benötigt er allerdings eine konsequente Erziehung.

Ruhe und Vorsicht

Junge Hunde müssen sehr viel schlafen und sollten dabei nicht gestört werden. Vor allem Kinder müssen erst einmal lernen, dem neuen Mitbewohner Ruhe zu gönnen. Auch beim Hochheben des Welpen sollten sie sehr vorsichtig sein. Niemals dürfen Welpen an den Beinen hochgezogen werden, stattdessen nimmt man eine Hand unter das Hinterteil des Kleinen und umgreift mit der anderen Brust und Vorderbeine.

Wettrennen

Welpen messen ihre Kräfte nicht nur, indem sie miteinander raufen, sondern auch durch kleine Wettrennen über die Wiese. Sie bleiben dicht zusammen und erkunden neugierig ihre Umwelt – in diesem Fall eine große, ungemähte Wiese. Dabei werden die heimische Flora und Fauna nicht selten auch Geschmackstests unterzogen: Wie schmeckt eine Ameise? Kann man Löwenzahn fressen?

Typisch Junge?

Zeigt sich hier etwa eine Parallele zu menschlichen Kindern? Diese beiden Hundebuben haben das kleine Spielauto für sich entdeckt, während ihre Schwestern wahrscheinlich lieber mit einem alten Teddy spielen. Frauchen hat jedoch immer ein wachsames Auge auf die beiden, damit sie keine Kleinteile abbeißen und verschlucken oder sich nicht an scharfen Kanten verletzen.

Spielen, um zu lernen

Welpen beim Spielen zuzusehen macht Menschen sehr viel Freude. Für die Hunde ist das Spiel ungemein wichtig für ihre soziale Entwicklung. Bei der Interaktion mit anderen Hunden lernt der Welpe, andere Rassen als Hunde zu erkennen und zu verstehen. Darüber hinaus trainiert er typische Verhaltensmuster. Ein gut sozialisierter Hund ist sehr viel einfacher zu halten als einer, der seine Artgenossen ständig anbellt.

Kindergarten

Diese beiden Winzlinge gehen mit ihrem Frauchen regelmäßig in die Welpenstunde, eine Art Kindergarten für Hunde. Während die Hunde ausgelassen spielen und lernen, mit Artgenossen respektvoll umzugehen, hat Frauchen die Möglichkeit, sich mit anderen Hundebesitzern auszutauschen und wichtige Fragen zur Aufzucht mit dem Hundetrainer durchzusprechen.

Wer ist der Schnellste?

Viel Auslauf im sicheren, ausreichend großen Garten und das Aufwachsen mit den Geschwistern bieten kleinen Hunden den idealen Rahmen, um sich im Welpenalter so richtig auszutoben. Schon die Kleinsten wollen nichts lieber als laufen bis zur Erschöpfung und ihren Drang nach Bewegung voll ausleben. Hier kann das kleine Rudel nicht nur seine Kräfte erproben, sondern auch das soziale Verhalten in der Gruppe einüben.

Was zwischen die Zähne

Etwa ab der vierten Lebenswoche möchten die Welpen selbstständig futtern. Die Umstellung sollte langsam erfolgen. Vier- bis fünfmal täglich werden den Jungtieren kleine Portionen Brei aus Welpenflocken angeboten. Dabei wird die Futtermenge von Tag zu Tag behutsam gesteigert. Allmählich gewöhnt sich der Welpe an die Futterumstellung, und schon bald wird die Hündin die Milchproduktion für ihre Kinder ganz einstellen.

Mutige Welpen

Schon früh werden diese Welpen mit allen möglichen Alltagsgeräuschen, Gerüchen und Gegenständen konfrontiert. Auf diese Weise lernen sie, dass sie keine Angst zeigen müssen, und werden zu ausgeglichenen Hunden. Wird dies während der Sozialisierungsphase versäumt, kann sich der Hund später nur noch sehr schwer umstellen.

Winterwunderland

Im Winter gibt es im mit Schnee bedeckten Garten für diese kleinen Berner Sennenhunde viel zu entdecken. Wie alle Kleinkinder brauchen auch Welpen sehr viel Wärme, daher sollte sie sich nicht zu lange an der kalten Luft und im feuchten Schnee aufhalten und in der Wohnung erst einmal richtig trocken gerubbelt werden. Die empfindlichen Pfötchen sollten dabei auf Streusalz hin untersucht werden.

Babyspeck

Auch wenn Babyspeck sehr süß aussieht: Auf Dauer ist er schlecht für die Gelenke und macht den Hund krank. Daher sollten schon Welpen statt kalorienreicher Leckerbissen, wie etwa Hundekuchen, lieber Apfel-, Bananen- oder Möhrenstückchen angeboten werden. Steinobst und Trauben sind jedoch absolut tabu, sie können bei Hunden lebensgefährliche Vergiftungen hervorrufen.

Schlaue Kinder

Diese kleinen Langhaar-Collies tollen durch den Garten wie alle Hundekinder. Dabei sind sie etwas ganz Besonderes: Lange wurde dieser Hunderasse aufgrund des schmalen Kopfes seine Intelligenz abgesprochen. Die Serie „Lassie" hat das schlechte Image des Collies gerettet, und mittlerweile ist sogar wissenschaftlich erwiesen, dass er nach dem Border Collie der schlaueste Hund von allen ist.

Erziehung

Damit die Hundeerziehung funktioniert, sollte sie von Kindesbeinen an konsequent erlernt, umgesetzt und gefordert werden. Nur ein gut erzogener Hund ist ein idealer Begleiter, auf den man sich in allen Lebenslagen verlassen kann.

„Sitz!"

Die einfachste Übung: Der Hundehalter kniet sich neben den Hund und führt ein Leckerchen nah über dessen Kopf nach hinten. Da der Hund das Leckerli unbedingt haben will, wird er den Kopf nach hinten strecken und sich hinsetzen. Sobald dies passiert, sagt Herrchen laut „Sitz!" und lobt den Vierbeiner. Bevor der Hund wieder aufsteht, hebt der Halter den Befehl mit „Lauf!" auf.

Links-2-3-4

Den Hund zwischen den Beinen stehen zu haben bedeutet im wahrsten Sinne des Wortes, dass er einem „in den Füßen" ist: Schnell kommt der Hundehalter ins Stolpern, wenn der Vierbeiner nicht klar gelernt hat, wo sein Platz ist. Traditionell werden Hunde auf der linken Seite „bei Fuß" geführt. Ein gut erzogener Hund reagiert selbstständig auf jede Geschwindigkeits- und Richtungsänderung.

Zaunkönig

Ein Zaun muss sein – je nach Rasse des vierbeinigen Mitbewohners und Beschaffenheit des Gartens oder Hofs muss die Umzäunung sogar bis zu 1,80 m hoch sein. Hunde sind nicht nur gut im Springen, sondern auch begabte Kletterkünstler. Daher sollten Bänke und ähnliche Gegenstände, die der Hund zum Ausbrechen benutzen könnte, möglichst fern von Zaun oder Mauer stehen.

Früherziehung

Natürlich ist es putzig und süß, wenn ein Welpe am Hosenbein zieht, spielerisch in die Hand von Herrchen oder Frauchen beißt oder auch in jeden Fuß zwickt, der sich unter dem Tisch bewegt. Was beim Welpen jedoch noch niedlich ist, wird beim erwachsenen Hund schnell zur lästigen Marotte. Daher sollten ungewollte Verhaltensweisen schon früh sehr konsequent unterbunden werden, sodass der Hund sich diese erst gar nicht angewöhnt.

Scharfe Beißer

Hundezähne sind spitz und scharf, und so kann selbst im Spiel schon einmal der ein oder andere Kratzer an Herrchens Arm oder Hand vorkommen. Kleine und spielerische „Raufereien" mit dem Besitzer sind bei jedem Hund normal und ein natürliches Verhalten, aber: Der Hund sollte auf das Kommando „Aus!" reagieren und sofort vom Menschen ablassen, wenn er diesen Befehl bekommt.

„Aus!"

Es ist das vielleicht wichtigste Grundkommando, das ein Hund beherrschen sollte. Ein Hund muss sich vom Halter seine Beute, in diesem Fall ein Spielzeug, ohne Murren und Knurren abnehmen lassen, auch aus dem Maul. Eine Möglichkeit, dem Vierbeiner diesen Befehl beizubringen, ist es, Leckerli zu geben und dann das Spielzeug mit dem Lautbefehl „Aus!" an sich zu nehmen.

„Bei Fuß!"

Das Kommando „Bei Fuß!" ist im Alltag mit dem Hund wichtig. Es bedeutet nicht nur, dass der Vierbeiner dicht neben dem Herrchen herläuft, auch wenn sein Besitzer steht, muss der Hund bedingungslos an seiner linken Seite bleiben und auf weitere Kommandos warten. Um das Bei-Fuß-Laufen richtig einzuüben, verwendet der Halter am besten zunächst die Hundeleine, um falsches Verhalten sofort, jedoch ohne Druck korrigieren zu können.

Alternative

Der Jack Russell Terrier beißt übermütig in die Leine und reißt daran – ein normaler Spaziergang wird so nahezu unmöglich. Ein Weg, dieses Verhalten zu unterbinden, ist es, dem Hund eine Alternative anzubieten, etwa ein Spielzeug wie einen Ball oder eine verknotete Socke. Auf diese Weise wird die Leine für den Hund uninteressant, und er widmet seine Aufmerksamkeit dem Spielzeug.

Achtung Diebstahl

Ein leckeres Wurstbrot oder Schnitzel auf einem Teller, und dann auch noch unbewacht – da wird fast jeder Hund zum Gelegenheitsdieb, jedenfalls wenn er nicht gut erzogen wurde. Stibitzt der Vierbeiner gerne einmal etwas, kann man ihm dies abgewöhnen, indem man ein Stück Wurst mit etwas Senf bestreicht und an einer Stelle auf dem Tisch platziert, von welcher es der Hund leicht stehlen kann. Der für ihn unangenehme Geschmack läutert so manchen Langfinger.

Liebe geht durch den Magen

Ohne Leckerchen läuft bei Hunden nicht viel: Wer sich ihre Liebe und ihren Respekt erarbeiten will, setzt auf kleine Leckerli, denn Hundeliebe geht im wahrsten Sinne des Wortes durch den Magen. Jedes erwünschte Verhalten sollte mit einem Leckerbissen belohnt werden. So lernt der Hund rasch, dass es sich auszahlt, die Kommandos von Herrchen zu befolgen.

Schluss, aus,  Ende

Spielen mit dem Hund ist klasse und macht jede Menge Spaß. Wichtig ist jedoch, dass es immer Herrchen oder Frauchen sind, die das Spiel offiziell beginnen – und vor allem auch beenden. Schließlich ist der Mensch der Rudelführer und gibt den Ton an. Um interessant zu bleiben, sollten die meisten Spielzeuge nicht immer für den Hund erreichbar sein und nur zu „Spielzeiten" zur Verfügung stehen.

Angenehme Fahrt

Autofahren mit dem Hund muss vor allem eines sein: sicher. Auf keinen Fall sollte der Hund im Fahrgastraum umherspringen können. Wenn er vorne mitreist, muss er mit einem speziellen Gurtsystem gesichert werden, fährt er im offenen Kofferraum mit, sollte dieser entweder durch ein Netz oder ein Gitter vom Fahrgastraum getrennt oder der Hund in einer speziellen Transportbox untergebracht sein.

Essen und Schlafen

Gerade bei großen und jungen Hunden ist es wichtig, feste Fütterungs- und anschließende Ruhezeiten einzuhalten. Denn durch körperliche Belastungen und Stress kann unmittelbar nach dem Fressen eine lebensgefährliche Magendrehung ausgelöst werden. Symptome sind ein sehr starkes Aufblähen des Bauches und apathische Schockzustände. In diesem Fall muss unverzüglich der Tierarzt aufgesucht werden.

Gutes Team

Das Potenzial seines Hundes fand das Herrchen dieses Novia Scotia Duck Tolling Retrievers schnell heraus: Seitdem üben sie regelmäßig in der Hundeschule Grundgehorsam und neue Hundetricks ein. Der Vierbeiner ist sichtlich erfreut bei der Sache. Die Intelligenz von Hunden wird oft unterschätzt, dabei sind die meisten zu erstaunlichen Leistungen fähig.

Sichtzeichen

In immer mehr Hundeschulen werden Hunde nicht nur auf Laut-, sondern darüber hinaus auch auf Sichtzeichen ausgebildet. Die Anwendung von Sichtzeichen bedeutet, dass es für jedes Kommando quasi einen Fingerzeig gibt, an dem der Hund sich orientiert. „Sitz!" beispielsweise wird von einem emporgereckten Zeigefinger symbolisiert. Sichtzeichen sind nicht nur vorteilhaft bei schwerhörigen und tauben Hunden, sondern auch in lauter Umgebung.

Fremde Hände

Auch wenn ein Hund Herrchen und Frauchen gegenüber als wahrer Kuschelbär auftritt, sollten Hundebesitzer es Fremden möglichst nicht gestatten, ihren Hund zu streicheln. Seiner Familie vertraut der Vierbeiner und gestattet ihnen deshalb, ihn zu berühren, fremden Menschen jedoch nicht unbedingt. Seine Reaktionen sind daher schlecht einschätzbar.

Nichts als Unsinn

Viel Blödsinn hat dieser junge Jack Russell Terrier noch im Kopf, dennoch nehmen ihn Frauchen und Herrchen, so oft es geht, mit in die Öffentlichkeit, um ihn frühzeitig an Alltagssituationen zu gewöhnen. So verliert der kleine Hund rechtzeitig die Scheu vor anderen Menschen, dem Straßenverkehr oder Geräuschen und Gerüchen und wird ein selbstbewusster erwachsener Hund.

Kein Gequietsche

Stolz präsentiert der Welpe seinen Spielzeugknochen im Garten. Der war zwar etwas teurer als die meisten Quietschtiere und Gummispielzeuge, aber dafür hält er sehr viel länger als seine billigen Spielzeugkollegen. Gerade Quietschtiere vermissen Herrchen und Frauchen überhaupt nicht: denn das, was anfangs noch süß war, geht im Welpen-Dauereinsatz langsam, aber sicher auf die Nerven.

Vorsichtiger Umgang

Ein sogenanntes Halti, auch Schnauzband genannt, das um die Schnauze des Hundes gelegt wird, kann dabei helfen, ihm einen Gang anzugewöhnen, bei dem Herrchen nicht ständig im Galopp neben seinem Hund laufen muss. Allerdings darf der Hundehalter nie am Halti reißen, die „Hau-Ruck-Methode" ist absolut tabu. Sonst drohen erhebliche Verletzungsgefahren.

Pädagogisch wertvoll

Bei der Anschaffung von Spielzeug ist es sinnvoll, gleich etwas „pädagogisch Wertvolles" auszusuchen. Mit diesem verknoteten Strick z. B. kann der Babyrottweiler schon auf spielerische Art und Weise das Apportieren üben. Auch ein wenig Grundgehorsam können die beiden trainieren – zum Beispiel das Spielzeug loslassen, wenn Herrchen es sagt.

Aufmerksamkeit

Aufmerksam und motiviert folgt dieser Dobermann den Bewegungen seines Frauchens. Lernen macht ihm sichtlich Spaß. Allerdings ist die Aufmerksamkeitsspanne von Hunden recht kurz. Ein kurzes intensives Lerntraining ist daher effektiver als mehrere Stunden, in denen der Hund sich ablenken lässt und nur noch mit halber Aufmerksamkeit bei der Sache ist.

„Roll dich!"

Um ihrem Hund „Roll dich!" beizubringen, lässt Frauchen ihren Vierbeiner zunächst „Platz!" machen. Sie hält für ihn sichtbar ein Leckerli in der Hand und führt es an seinem Kopf vorbei über seinen Rücken hinweg in die Richtung, in die er sich abrollen soll. Sobald er sich in die richtige Richtung rollt, sagt sie „Roll dich!", gibt ihm das Leckerli und lobt ihn überschwänglich.

Maulkorb

In einigen Ländern herrscht für bestimmte Hunderassen Maulkorbpflicht. Bei Reisen sollten sich Hundehalter daher erst einmal über die Bestimmungen am Zielort informieren. Bei Nichtbeachtung des Gesetzes drohen dem Halter empfindliche Geldstrafen. Ein Blick in die Hundeverordnung lohnt für den Hundebesitzer also in jedem Fall.

Spaß an 1. Stelle

Spaß ist das A und O. Egal, für welche Art von Spiel sich der Hundehalter entscheidet – sein Hund und er sollten gleichermaßen Spaß dabei haben. Nur wenn der Hund mit vollem Eifer bei der Sache ist, wird er gute Trainingserfolge erzielen können. Durch genaue Beobachtung seiner Körpersprache erkennt der Mensch recht leicht, wie sein Hund aufgelegt ist – und wie das Spiel bei ihm ankommt.

Lieber Geschirr

So schön viele Halsbänder auch ausschauen mögen, anatomisch ist ein Brustgeschirr für den Hund gesünder. Ein Würgehalsband, wie hier zu sehen, bedeutet Tierquälerei und sollte keinem Vierbeiner angetan werden, auch wenn es oft heißt, große und schwere Hunde benötigten eines, um anständig an der Leine zu gehen. Dies ist nicht der Fall – viel wichtiger ist der Grundgehorsam des Hundes.

Zu niedrig

Schon auf den ersten Blick erkennt man, dass dieser kleine Zaun den Hund kaum aufhalten wird, wenn er eine Katze oder einen Artgenossen auf der anderen Seite entdeckt. Mindestens 1,80 m sollte eine Grundstücksumrandung hoch sein, wenn ein Hund sich dort aufhält. Selbst kleine Hunde können hervorragend und vor allem hoch springen – ein Zaun wie dieser wird keinen von ihnen aufhalten.

Clickertraining

Weit verbreitet ist das Trainieren des Hundes mit dem sogenannten Clicker. Im Grunde handelt es sich hierbei um eine Art Knackfrosch. Der Clicker ist ein kleines Kästchen aus Kunststoff, in dem sich eine Metallzunge befindet, die bei Fingerkontakt klickt. Zeigt der Hund ein gewünschtes Verhalten, „klickt" sein Halter und belohnt den Hund anschließend mit einem Leckerli.

Konditionierung

Die Methodik des Clickertrainings beruht im Grunde auf einem Prozess, der wissenschaftlich „Konditionierung" genannt wird. Der Clicker wird nach und nach zu einem bestärkenden Signal für den Hund und hat im Gegensatz zur menschlichen Stimme den Vorteil, dass er niemals in der Tonhöhe schwankt und vom Hund akustisch sehr gut aufgenommen werden kann. Wichtig ist jedoch, dass der Clicker unmittelbar betätigt wird, sodass der Vierbeiner das „Klicken" mit seinem Verhalten logisch verbinden kann.

Und Schluss!

Wenn es am Schönsten ist … sollte man aufhören! Das gilt auch für Hundespiele. Frauchen beendet jede Spiele- oder Trainingseinheit immer mit einem Erfolgserlebnis für den Hund. Das gibt nicht nur dem Hundehalter ein gutes Gefühl, sondern auch seinem Vierbeiner. Er wird sich ganz gewiss auf die nächste Spielezeit mit Herrchen oder Frauchen freuen.

Kinderfreunde

Hunde sind gut für Kinder, dies belegen wissenschaftliche Studien. Im Umgang mit dem Vierbeiner lernen Kinder Respekt vor anderen Geschöpfen, Verantwortungsgefühl und soziale Interaktion. Aber Vorsicht: Liebe den „eigenen" Kindern gegenüber bedeutet nicht, dass der Hund andere Kinder genauso mag. Eventuell wird er sich bei einem Streit mit den Nachbarskindern einmischen, um „seine" Menschen zu schützen.

„Pat & Patachon"

Der kleine schwarze Terrier liebt sein junges Frauchen über alles. Regelmäßig unternehmen die beiden lange Spaziergänge. Dies funktioniert jedoch nur, weil das Mädchen den Hund gut unter Kontrolle hat. Einen sehr stürmischen oder großen und schweren Hund könnte sie nicht an der Leine halten, wenn plötzlich eine Katze oder ein anderer Hund auf der gegenüberliegenden Straßenseite auftauchen würde.

Früh übt sich

Hund und Kleinkind können beste Freunde werden, vorausgesetzt, dass der Hund Respekt gegenüber dem kleinen Menschen zeigt und auch das Kind sich an gewisse Regeln hält. Tierquälerei, egal wie unbedeutend sie scheint – zum Beispiel Ziehen an den empfindlichen Ohren oder an der Rute –, lässt sich selbst der gutmütigste Vierbeiner nicht uneingeschränkt gefallen.

▨ Lebensgefahr!

Auch wenn das Fenster einen Spalt geöffnet ist, darf kein Hund in den warmen Sommermonaten im Auto zurück-gelassen werden – selbst wenn Herrchen oder Frauchen nur mal eben kurz in den Supermarkt springen. Schon innerhalb von zehn Minuten heizt sich der Wagen, zum Teil aufgrund schlechter Luftzirkulation, derart auf, dass der Hund an einem Hitzschlag sterben kann.

▨ Nur unter Aufsicht

Auch wenn das kleine Mädchen sehr verantwortungsbewusst und respektvoll ist und ihr bester Freund, der große, wuschelige Mischling, sehr kinderlieb: Die beiden sollten nie ohne Aufsicht spielen und miteinander toben. Schnell sind unbeabsichtigt zwischen beiden Missverständnisse entstanden, die eskalieren können, wenn Erwachsene nicht schnell genug eingreifen.

Ebenbürtig

Auch wenn diese beiden sich sehr gut verstehen – würde in diesem Moment eine Katze oder ein Kaninchen auftauchen, könnte das kleine Mädchen den kräftigen Dobermann wohl kaum mehr festhalten. Daher sollten Eltern immer ein Auge auf ihre Kinder und ihren Hund haben. Auch wenn dieser gut erzogen ist, bleibt er ein Stück weit unberechenbar.

Hoch zu Ross

Nicht alle Pferde lieben Hunde. Vor allem, wenn der Hund sehr verspielt und ungestüm wird, fühlt sich das Pferd als vorsichtiges Fluchttier schnell bedroht. Kann es nicht fliehen, tritt es eventuell aus oder beißt, und der Hund kann schwer verletzt werden. Der Kontakt zwischen beiden Arten sollte daher behutsam und nur unter Aufsicht stattfinden.

Unbedingter Gehorsam

Guter Gehorsam ist bei Hütehunden wie diesem Border Collie besonders wichtig. Er muss auch auf weite Entfernung die Kommandos des Schäfers befolgen und zudem sehr viel Selbstdisziplin aufbringen. Denn er darf nicht zwischendurch auf die Idee kommen, dass es Spaß machen könnte, die Schafe ein wenig herumzujagen. Auch Beißen und Anbellen der Schafe sind absolut tabu.

Pferd und Hund

Viele Pferdebesitzer halten auch einen Hund – der Traum der meisten ist es gar, mit dem Hund zusammen auszureiten. Ein Reitbegleithund muss aber mehr beherrschen als die üblichen Grundkommandos, beispielsweise muss er sich auf beiden Seiten führen lassen, nicht nur links. Zudem sollte er auf spezielle Notfallsignale reagieren, auf die hin er sich sofort vom Pferd entfernt.

Gemeinsamer Spaß

Wer Hund und Pferd besitzt, hat nicht nur sehr viel Freude, sondern auch ganz schön viel Arbeit. Beide Tiere wollen ausreichend bewegt, richtig versorgt und gepflegt werden. Es lohnt sich daher, etwas Geduld und Zeit in die Ausbildung zum Reitbegleithund zu investieren. Auf diese Weise können beide Tiere zur selben Zeit bewegt werden.

Praktisch

Es mag lustig aussehen, doch sehr kleine und alte Hunde, ebenso solche, die nur über wenig Unterwolle verfügen, sollten bei kalten Temperaturen warm gehalten werden. So ein „Jäckchen", in Form eines gefütterten Brustgeschirrs, das weit über den Rücken reicht, eignet sich hervorragend und ist in verschiedenen Größen im Zoofachhandel erhältlich.

Kuschelpausen

Auch wenn Hunde, wie dieser Golden Retriever, das Kuscheln und Schmusen mit „ihrer Familie" über alles lieben – jedes Lebewesen braucht ab und an Ruhe und die Gelegenheit, sich von seiner Umwelt zurückzuziehen. Gerade Kinder müssen verstehen, dass sie den Hund dann unbedingt in Ruhe lassen müssen. Körbchen, Hundehütte und Kuschelhöhle sind dann absolut tabu!

Tolles Team

Kinder und Hunde sind ein tolles Team. Der Hund schätzt die Gesellschaft des Kindes und dessen Bereitschaft, mit ihm zu spielen und zu schmusen. Das Kind dagegen lernt im Umgang mit dem Tier wichtige soziale Kompetenzen wie Ehrlichkeit, Zuverlässigkeit und Fürsorge. Hunde sind aus diesem Grund optimale Familienmitglieder, an die man sich sein ganzes Leben lang erinnert.

Gegen die  Einsamkeit

Ältere Menschen, die keine Angehörigen haben, lieben oft das Zusammenleben mit Hunden. Durch den Vierbeiner haben sie nicht nur Gesellschaft und einen Seelentröster, das Tier hält sie auch körperlich fit. Täglich benötigt der Hund Auslauf und hält den Senioren auf diese Weise auf Trab. Außerdem kommen sie vor der Haustür in Kontakt mit anderen Menschen.

Wichtige Regel

Kinder müssen im Umgang mit dem Hund begreifen, dass er es genauso wenig mag, geärgert zu werden wie sie selbst. Hunde können nicht sprechen und machen Menschen daher auf andere Weise klar, dass sie keine Lust haben. Sie wehren sich im schlimmsten Fall mit den Zähnen. Und – sie haben ein gutes Gedächtnis: Auch als erwachsener Hund weiß er noch ganz genau, wer ihn als Hundebaby mal geärgert hat.

Zeitungsservice

In Film und Fernsehen sieht das toll aus – der brave Vierbeiner trägt Herrchen morgens die Zeitung ans Bett. Die Realität ist oft anders. Die spitzen Zähne des Hundes zerreißen die Zeitung, Spucke macht manche Artikel gar unlesbar. Noch schlimmer: Druckerschwärze ist ganz und gar nicht gesund für den Hund. Am besten holt Herrchen seine Zeitung also selbst.

Praktischer Helfer

Seit ein paar Jahren sind für kranke, behinderte oder alte Hunde spezielle Tragegeschirre im Einzelhandel zu haben, an denen Herrchen und Frauchen ihren Vierbeiner hochheben und tragen können, ohne dem Hund Schmerzen oder auf Dauer Druckstellen zuzufügen. Dieses Geschirr muss jedoch ganz genau passen und sollte zur Sicherheit mit dem Tierarzt abgesprochen werden.

„Gib Pfötchen!"

Süß sieht es aus und schwer ist es auch nicht: das Pfotegeben. Mit der rechten Hand nimmt der Hundehalter vorsichtig die Pfote des Hundes und sagt „Gib Pfötchen!". Dann lobt er ihn sofort mit warmen Worten und natürlich mit einem Leckerli. Nach einer Weile wird der Hund dem Befehl nachkommen, ohne dass Herrchen seine Pfote anhebt. Schließlich gibt es ja eine leckere Belohnung dafür!

Nicht zu Fremden

Kaum zu glauben bei diesem süßen Anblick, doch nicht jeder Mensch ist ein Hundefreund. Daher sollte es für alle Hunde tabu sein, auf fremde Menschen zuzulaufen oder sie womöglich auch noch anzuspringen. Gerade ältere Menschen und Kinder haben vor den ungestümen Vierbeinern oft Angst. Die Kommandos „Bleib!" und „Bei Fuß!" sind daher unerlässlich.

Gib mir Fünf!

Eine lustige Abwandlung des traditionellen „Gib Pfote!" ist „Schlag ein!" beziehungsweise das Englische „Give me five!". Bei dieser Übung wird die Hand senkrecht gehalten und, wenn der Hund die Hand mit der Pfote berührt, der Lautbefehl gegeben und mit einem Leckerli gelobt. Für Fortgeschrittene gibt es natürlich auch noch „Alle zehn!", bei dem der Hund mit beiden Pfoten abschlägt.

Flugakrobaten

Das althergebrachte Bällchenspiel hat das Herrchen dieser zwei Border Collies leicht abgewandelt. Anstatt die Hunde den Ball holen zu lassen, wirft er ihnen diesen zu – und zwar in einer Höhe, bei der die Hunde springen müssen, um das Spielzeug abzufangen. Das macht den beiden Vierbeinern nicht nur Spaß, sondern sorgt gleichzeitig für ausreichend Bewegung.

Star der Hundewiese

Auch wenn sie etwas schwerfällig und gemütlich aussieht – die Englische Bulldogge ist ein äußerst pfiffiges Kerlchen und sehr lernwillig. Mit „Pfötchen geben!" hat Frauchen angefangen, mittlerweile kann der Vierbeiner bereits „Roll dich!" und „Mach Männchen!". Der Fantasie sind beim Einüben von Hundetricks kaum Grenzen gesetzt. Nur Geduld und Leckerli müssen immer ausreichend vorhanden sein.

Unterwegs

Damit der Hund Tricks besser verinnerlicht, sollten sie nicht nur in der häuslichen Umgebung geübt werden, sondern auch mal zwischendurch, z. B. beim Spazierengehen. Mal eben „Pfötchen geben!" oder „Sitz!" machen prägt die Kommandos ein und sorgt zudem für Abwechslung beim Gassigehen. Auch mentales Training ist eine anstrengende Beschäftigung und macht Vierbeiner müde.

Spielerisch erziehen

Den Sprung durch den Reifen kann Frauchen super im Dog Dancing – beim Tanzen mit dem Hund – integrieren: Im Grunde besteht Dog Dancing aus einer Aneinanderreihung von verschiedenen Kunststücken, die individuell zu Musik nach Wahl zu einer Choreographie zusammengestellt werden. In Deutschland ist diese Hundesportart noch relativ neu, in anderen Ländern, wie beispielsweise in der Schweiz, werden schon seit Jahren Meisterschaften abgehalten. Der Sport ist eine ideale Methode, um dem Hund auf spielerische Art näher zu bringen, Kommandos zu befolgen.

Männchen lernen

Herrchen hat mit seinem Hund geübt, Männchen zu machen, indem er ihn vor sich „Sitz!" machen ließ. Er platzierte den Vierbeiner mit dem Rücken in unmittelbarer Nähe zu einer Wand, auf diese Weise konnte er nicht nach hinten ausweichen. Herrchen hielt dann ein Leckerli für den Hund sichtbar über seinen Kopf, bis er sich mit angehobenen Pfoten aufrichtete.

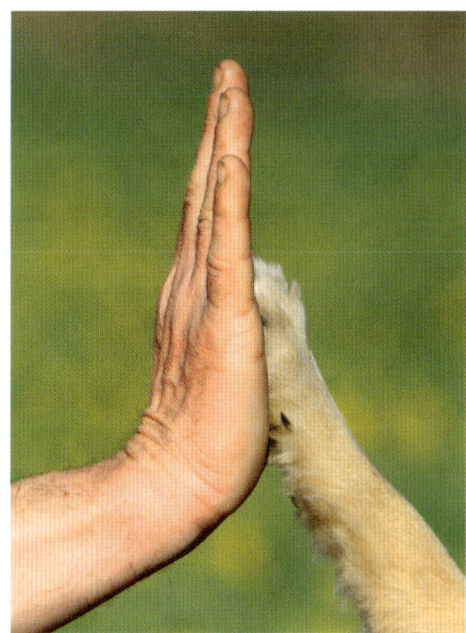

Symbolhaft

Menschliche Hand und Hundepfote symbolisch vereint: Die beiden sind ja auch wirklich ein gutes Team. Beim Erlernen von Tricks und beim Hundesport oder bei Agility gehen ihre Kräfte und Talente Hand in Hand. Nur gemeinsam können beide das Lernziel erreichen – mit viel Geduld, Fleiß und natürlich ganz viel Freude an der gemeinsamen Freizeitgestaltung.

Praktisch

Wenn Herrchen sich von seinem Hund die Pfote geben lässt, nutzt er dies zur regelmäßigen Kontrolle seiner Ballen und Krallen. Im Normalfall müssen die Krallen nicht geschnitten werden, da sie durch die Spaziergänge von selbst abwetzen. Herbstgrasmilben und Schnittwunden können so jedoch frühzeitig entdeckt und behandelt werden.

Tschüss!

Wenn der Hund Pfötchen gibt, kann man ihm leicht auch das Winken zum Abschied beibringen: Wenn er sitzt, streckt man die Hand aus, als wollte man ihm die Pfote schütteln. Sobald der Vierbeiner Pfötchen geben will, zieht Herrchen seine Hand zurück und sagt „Winke, winke!", danach folgt ein Leckerli. Nach und nach wird die Hand beim Üben höher gehalten, so dass der Hund schließlich richtig winkt.

Apportieren im Alltag

Apportieren kann ganz schön praktisch sein – vor allem in einer Alltagssituation wie dieser: Frauchen hat ihren Schlüssel verloren und ihr Vierbeiner findet ihn und bringt ihn zurück. Besonders gut funktioniert dies, wenn der Schlüsselanhänger zunächst als Spielzeug eingeführt wird. Der Hund kennt dann den Geruch und wird den Schlüssel schnell aufspüren.

Spielen mit dem „Männchen"

Wie viele Hundetrick-Klassiker lässt sich auch das „Männchen machen" mit anderen kombinieren. Zum Beispiel mit einem Ballspiel. Der Vierbeiner muss dabei während des Männchenmachens versuchen, einen ihm zugeworfenen Ball zu schnappen, ohne dabei umzukippen oder sich hinzustellen. Das erfordert sehr viel Körpergefühl und Beherrschung von ihm und sollte nicht mit Hunden, die Rückenprobleme haben, gespielt werden.

„Das Andere!"

Mit etwas Geduld kann man den Klassiker „Pfötchen geben" variieren, indem man sich zunächst ein Pfötchen geben lässt und danach das zweite fordert, zum Beispiel mit dem Befehl „Das Andere!" Zunächst wird „das andere Pfötchen" mit dem Lautbefehl angehoben und der Hund gelobt. Mit der Zeit lernt der Hund bei „Gib Pfötchen!" zunächst eine Pfote zu geben und bei „Das Andere!" die zweite.

Verhalten

Zwar sind Hunde der menschlichen Sprache nicht mächtig, kommunizieren können sie mit uns Menschen aber dennoch. Ihre Körpersprache, ihr Verhalten und ihre Haltung verraten eine Menge über ihr inneres Seelenleben, der Besitzer muss die Zeichen nur verstehen lernen.

Agressivität

Ist dieser Hund aggressiv? Bloß weil er bellt, bedeutet dies nicht unbedingt, dass er angriffslustig ist. Seine Stimmung erkennt der Halter am besten über die Rute und das Fell im Nacken und oberhalb des Schwanzes. Ist das Fell gesträubt, ist mit dem Hund nicht gut Kirschen essen. Auch eine senkrecht aufgestellte Rute signalisiert „Hier habe ich das Sagen!".

Mach mit!

Ein toller Spaziergang am Strand und weit und breit niemand zu sehen, der mit diesem Golden Retriever ausgiebig herumtobt. Kein Wunder, dass er bellt! Er möchte auf sich aufmerksam machen und Herrchen und Frauchen zum Spielen animieren. Es gibt mehr als 30 verschiedene Arten zu bellen; das Bellen als Aufforderung zum Spiel und zur Erregung von Aufmerksamkeit ist eine davon.

Klärungsbedarf

Auch erwachsene Tiere müssen sich ab und an richtig auspowern und streiten oder raufen wie Welpen. Selten artet dieses Spiel in ernsthafte Beißereien aus, vor allem, wenn wie hier Rüde und Hündin aufeinandertreffen. Anders kann es aussehen, wenn zwei Geschlechtsgenossen aneinander geraten. Ein wenig Rauferei zur Klärung der Rangordnung ist aber normal und ganz natürlich.

Auf frischer Tat

Auch wenn ein Hund vielleicht den Anschein erweckt, dass er genau weiß, was er tut, und „gute" von „bösen" Taten unterscheiden kann: Er weiß es nicht! Daher nutzt es nichts, den Hund zu schimpfen, wenn der Hundebesitzer nach Hause kommt und der Papierkorb vor geraumer Zeit nach Essbarem untersucht wurde. Der Hund kann das Schimpfen nicht mit der Tat in Zusammenhang bringen, wenn der Halter ihn nicht auf frischer Tat ertappt.

Buddelkönig

Im Sand zu buddeln und zu wühlen ist für diesen Spanischen Galgo eine wahre Freude. Sie ist ihm quasi angeboren, denn über Jahrhunderte hinweg wurde diese Hunderasse besonders für die Kaninchen- und Hasenjagd eingesetzt. Außerdem kann dieser Vertreter des Haushundes ganz schön schnell werden: Sprints mit Geschwindigkeiten von bis zu 65 km/h sind gar kein Problem für ihn.

Traditioneller Jäger

Sind da etwa Fische drin? Sobald sich etwas bewegt, weckt dies die Aufmerksamkeit und Neugier eines Hundes, vor allem, wenn es sich wie hier um einen Terrier handelt: Sie wurden traditionell zur Jagd gezüchtet und gehen in dieser ursprünglichen Aufgabe auch als reine Familienhunde voll und ganz auf. Daher müssen die quirligen Tiere stets beaufsichtigt werden.

Überblick

Da Hunde sehr wachsame und aufmerksame Tiere sind, die gerne den Überblick über die Situation behalten, lieben sie hohe Aussichtspunkte. Von dort aus lassen sich Eindringlinge im Revier schneller ausmachen und frühzeitig verbellen. Von seinem Aussichtspunkt im Garten beobachtet dieser Rottweiler die Straße. Schließlich müsste Herrchen bald zur Abendfütterung nach Hause kommen.

Spiel mit mir!

Seine nach vorn gebückte Haltung signalisiert: Ich habe Lust zu spielen und du sollst mitmachen! Nicht nur Artgenossen gegenüber zeigen Hunde wie dieser Border Collie ein solches Verhalten, auch der Mensch wird auf diese Weise zum Spiel, etwa zum Ballspiel, animiert. Dauert es dem Vierbeiner mal wieder zu lange, stemmt er die Vorderpfoten in den Boden, als wolle er rufen: „Nun wirf schon endlich!".

Müde bin ich, geh zur Ruh' ...

Nicht immer wollen sie durch den Wald, den Park oder über den Agility-Parcours gejagt werden, sehr oft freuen sich Hunde wie dieser Labrador über ein Nickerchen und ein wenig Entspannung. Das ist nicht unnormal, sondern ganz natürlich. Hunde verschlafen bis zu 80 Prozent des Tages.

Heulsuse?

Heulen ist bei Haushunden kein so häufiges Verhaltensmuster mehr, bei ihren Verwandten, den Wölfen, dient es jedoch zur Kommunikation und zur Stärkung des Zusammenhalts. Heulen ist deshalb praktisch, weil es über weite Strecken hin zu hören ist. Haushunde setzen das Heulen vor allem dann ein, wenn sie sich verlassen fühlen. Hunde sind sehr soziale Tiere und brauchen nahezu ständig Gesellschaft.

Gib das her!

Ein wenig Raubtier steckt in jedem Haushund. Zum Vorschein kommt die wilde Abstammung vor allem beim Spiel, zum Beispiel beim Zerren um Gegenstände wie diesen Ball an der Schnur. Das Zerren um die Beute war früher im Wolfsrudel überlebenswichtig: Wer kräftig war und sich durchsetzte, bekam das größte Stück Fleisch.

Und – „Action"!

Langeweile mag dieser Australian Shepherd überhaupt nicht. Als Hütehund ist es ihm ein angeborenes Verlangen, sich sinnvoll zu beschäftigen. Wenn keine Schafherde zur Verfügung steht, die er bewachen kann, nimmt er jedoch gerne mit Ballspielen und Hundesport vorlieb. So wie ihm geht es den meisten Hunderassen, die ehemals als Arbeitshunde gezüchtet wurden. Hauptsache, Abwechslung!

So viele Zähne!

Manche Hündinnen sind ganz schön zickig. Da will man einfach nur spielen, und schon bekommt man eine ziemlich grobe Abfuhr. Vor allem gegenüber Artgenossinnen neigen viele weibliche Hunde oft zu einer gewissen Gereiztheit. Nach der Ermahnung nimmt der junge Rhodesian Ridgeback lieber Reißaus und sucht sich einen anderen Spielgefährten.

Rennprofi

Spaziergänge an der Leine sind ja so öde! Viel lieber rennt dieser Hund durch die Heide, dass die Zunge hin und her schlackert. Das macht nicht nur viel mehr Spaß, sondern macht richtig müde. Dem Bewegungsdrang des Hundes werden drei Spaziergänge am Tag einmal um den Block nicht gerecht. Er braucht regelmäßigen Freilauf auf der Hundewiese und Kontakt zu seinen Artgenossen.

Hundeblick

Ich schau dir in die Augen, Kleines! Und wer könnte diesen großen Kulleraugen schon widerstehen? Schnell ist bei diesem Anblick das ein oder andere Leckerli unterm Tisch verschwunden – und der Hund merkt sich: Setz den Hundeblick ein und es gibt Futter! Auf Dauer setzt er dadurch natürlich Speck an. Daher: Lieber umdrehen und den weltbekannten Hundeblick am besten ignorieren.

Hundehütte

Hunde lieben Versteckmöglichkeiten, in die sie sich zurückziehen können, wenn sie ein kleines Nickerchen halten oder ihre Ruhe haben wollen. Eine Hundehütte sollte nicht zu groß und nicht zu klein sein. Zu große Behausungen sind rasch zu kalt und zu kleine schränken den Vierbeiner in seiner Bewegungsfreiheit ein. Auch sollte der Hund nicht ausschließlich draußen gehalten werden, er benötigt Gesellschaft.

Hau ab!

Wahrscheinlich hat dieser Golden Retriever im Sand einen Leckerbissen gefunden und möchte ihn nicht teilen. Die gefletschten Zähne und das Knurren signalisieren: Hau ab, das ist meins! Zurückhaltende Artgenossen treten nun den Rückzug an, mutige werden um die Beute kämpfen. Der Hundehalter sollte ein Knurren nicht auf sich beruhen lassen, sondern dem Hund klarmachen, dass er der Boss ist.

Geschäfte

Auf dem Feld oder im Wald ist das zurückgelassene Hundehäufchen kein Problem, in der Stadt jedoch sollten Herrchen und Frauchen besser eine Tüte oder etwas Küchenrolle dabei haben. Nicht selten stehen, je nach Vorschrift der Gemeinde, empfindliche Geldstrafen an, wenn Hundehalter die Hinterlassenschaften ihrer Vierbeiner nicht entsorgen.

Langsamer, bitte!

Sich auf den Rücken zu werfen ist ein Signal von Unterordnung. Legt ein Welpe dieses Verhalten an den Tag, kann das bedeuten: „Mach mal langsamer, du spielst mir zu doll!". In diesem Fall sollte der Hundebesitzer einen „Gang runterschalten" und das Spiel etwas langsamer und vorsichtiger gestalten. Schließlich ist der Welpe ein kleines Kind und erfordert einen sehr vorsichtigen Umgang.

Ideale Verständigung

Im Idealfall verstehen sich Hund und Herrchen auch ohne Worte. Klar, ein Hund kann ja auch nicht sprechen – zumindest nicht in unserer Sprache. Gesichtsausdruck und Körperhaltung allerdings kommunizieren, ob der Vierbeiner gut oder schlecht gelaunt, ausgelastet oder gelangweilt ist. Eine Art Verbeugung mit empor gestrecktem Hinterteil wie auf diesem Bild gilt als Aufforderung zum Toben.

Schoßhündchen

Kleine Schoßhündchen erfüllen eine wichtige soziale Funktion: Sie sind Seelentröster, Spielkameradenersatz und einfach nur ein guter Freund für ihre Besitzer. Dennoch sind es immer noch Hunde, die bestimmte Bedürfnisse haben. Sie müssen rennen, toben und mit anderen Hunden zusammentreffen, um richtig glücklich zu sein. Und vor allem: Sie sind kein Modeaccessoire!

Geduld, Geduld, Geduld

„Man kann in die Tiere nichts hineinprügeln, aber man kann manches aus ihnen herausstreicheln", soll die schwedische Kinderbuchautorin Astrid Lindgren einmal gesagt haben. Wer seinem Hund neue Tricks und Spiele beibringen will, muss vor allem eines mitbringen: Geduld. Dieser Westie braucht etwas Zeit, um Tricks zu lernen, aber er ist mit Feuereifer bei der Sache.

Lautsprache

Knurren, Bellen und Jaulen gehören zur Lautsprache des Hundes. Dutzende von Bellarten wurden inzwischen von Wissenschaftlern unterschieden. Welches Bellen sein Hund wann verwendet, findet sein Halter ziemlich rasch heraus. Im Eifer des Gefechts kann dem Vierbeiner beim Spiel auch schon einmal ein Knurren herausrutschen, beispielsweise während einer Rangelei um ein Spielzeug.

Beschäftigung ist alles

Ganz gleich, ob man sein Heim mit einem kleinen Chihuahua oder einer majestätischen Dogge teilt: Jeder Hund sehnt sich nach Unterhaltung! Schließlich wurden die meisten Hunderassen früher zu einem bestimmten Zweck gezüchtet: Hunde begleiteten den Menschen zur Jagd, liefen als Begleithunde neben den Kutschen her oder bewachten die Weiden voller Schafe. Kurz: Ihr Tagesablauf bestand aus viel Beschäftigung.

Treuer Begleiter

Ein gut erzogener Hund, der alle Grundregeln und Kommandos beherrscht, ist ein treuer Begleiter in allen Situationen. Dieser Golden Retriever liegt ganz ruhig unter der Bank, während Herrchen sich mit Freunden im Biergarten ein kühles Getränk gönnt. Da der Hund schon früh an solche Situationen herangeführt wurde, hat er keine Angst und managt die Situation sehr selbstbewusst.

Nicht ungefährlich

Lustig schaut es aus, wie dieser Hund im Schnee nach Mäusen gräbt und wie ihm die kalte weiße Pracht dabei um die Ohren fliegt. Allerdings sollte Herrchen frühzeitig eingreifen, damit der Spaß nicht gefährlich wird: Mäuse übertragen sehr viele Krankheiten, die auch dem Hund zum Verhängnis werden können. Daher ist beim Spaziergang Vorsicht geboten!

Statt Namensschildchen

Jeder Hund hat seinen ganz individuellen Charakter: Prinzessin, Macho, Bodyguard oder Schmusebär – die Spielarten sind unzählbar. Mit modernen Hundegeschirren haben Hundehalten mittlerweile die Möglichkeit, ihrem Hund auch bei der „Kleidung" mehr Individualität zu geben. Per Klettverschluss lassen sich Name oder, wie bei diesem frechen Terrier, „Macho" auf der Seite anbringen.

Schlauer Bettler

Hunde sind schlau und vollführen Tricks nicht nur dann, wenn sie gerade von Herrchen darum gebeten werden. Hat der Vierbeiner erst einmal gemerkt, dass es immer dann etwas Leckeres gibt, wenn er beispielsweise das Pfötchen wie zum Gruße hebt, wird er das einsetzen, um zu betteln. Wichtig ist, dass der Hundehalter ihn nur dann dafür belohnt, wenn das Verhalten auch wirklich gewollt ist.

Nix wie weg!

Bei dieser ungeplanten Bekanntschaft sucht die Ente doch lieber rasch das Weite. Ein Jagdhund im Wasser kann nichts Gutes bedeuten. Da hat sie Recht: Dieser Kleine Münsterländer ist hervorragend für die Jagd ausgebildet und liebt das Aufspüren von Beute – vor allem im Wasser! Heute allerdings hat die Ente Glück, der Hund wagt bloß einen neugierigen Blick.

Wer braucht schon einen Fön?

Das war schön! So ein kühles und erfrischendes Bad an einem heißen Sommertag ist doch was Feines! Damit das lange Fell des Golden Retrievers nach der Abkühlung schnell wieder trocknet, schüttelt sich der Hund kräftig, um das verbliebene Wasser aus den Haaren zu schleudern. Das sieht mitunter sehr lustig aus, aber schließlich hat man ja nicht immer ein Handtuch dabei!

Wie ein Schweinchen?

Wälzen im Sand ist klasse: Nicht nur, dass sich dieser Mischlingshund beim Hin- und Herrollen ganz toll an Stellen schrubben kann, an die er sonst nicht herankommt und auf diese Weise lästig juckenden Stellen an den Kragen gehen kann. Nein, anschließend kann er auch noch Herrchen und Frauchen super ärgern, wenn er den Sand ins frisch geputzte Wohnzimmer trägt!

Gefahrensituation

Immer wieder leckt sich der Hund über die Lefzen. Nicht jedoch, weil da noch ein paar Reste von der letzten Mahlzeit zu finden sind. Das Lecken der Lefzen gehört zu den sogenannten Beschwichtigungssignalen des Hundes. In Situationen, in denen er unsicher und ängstlich ist, versucht er sich dadurch zu beruhigen. Der Hundehalter sollte diese Signale sofort erkennen und dem Hund Sicherheit geben.

Obstdieb

Ob das auffällt, wenn bei diesen vielen Äpfeln einer fehlt? Wahrscheinlich nicht! Viele Hunde lieben Obst – Äpfel können sie gefahrlos essen. Es gibt allerdings auch Obst, das Hunde besser nicht auf dem Speiseplan finden sollten: Steinobst enthält giftige Blausäure, Trauben sind bei größerer Aufnahme giftig und Avocados verursachen Husten und Atemnot und können sogar tödlich sein.

Kombi-Spiel

Balancieren auf einem Baummstamm macht Spaß, aber man kann dieses Spiel leicht noch etwas aufpeppen: Ein Ballspiel z. B. lässt sich sehr gut mit dem Balanceakt kombinieren. Herrchen wirft seinem Hund einen Ball oder sein Lieblingsspielzeug zu – und er soll es schnappen, ohne vom Baumstamm herunterzuspringen. Lieber klein anfangen: Zu Anfang tut es auch eine sehr geringe Entfernung.

Übung macht den Meister

Kein Hund wird über Nacht zu Lassie! Manche Hunde lernen schnell, manche langsamer. Eines haben sie jedoch gemeinsam: Ihre Aufmerksamkeitsspanne reicht keine Ewigkeit. Wichtig ist, dass bei der Einübung von Tricks die Anforderungen klein gehalten werden. Der Hund trainiert schließlich nicht für Olympia, sondern soll einfach nur etwas Spaß und Abwechslung in seinem Alltag finden.

Immer mit der Ruhe!

Wutausbrüche beim Training mit dem Hund sind tabu: Es klappt etwas nicht so wie es soll? Es ist vielleicht schon eine Woche vergangen und der Hund hat immer noch nicht verstanden, dass er durch den Reifen springen soll? Wichtig ist, niemals die Geduld zu verlieren und ihn keineswegs für das bisherige Nichterlernen strafen. Wie wäre es stattdessen mit einer Alternative? Jeder Hund hat andere Talente.

Was Dein ist, ist auch Mein

Wie bei kleinen Kindern verhält es sich auch bei diesen beiden Labradoren: Ein Spielzeug ist nur dann so richtig interessant, wenn es nur in einmaliger Ausführung vorliegt. Denn nur dann kann man sich herrlich darum streiten. Gäbe es einen zweiten Ball, wäre das Spiel mit ihnen langweilig, alle Spannung wäre abhandengekommen. Dann müssten sich die beiden ein anderes Streitobjekt suchen.

Frecher Dieb

Ganz schön dreist, der Kleine: Kaum hat Herrchen der Mama einen großen Kauknochen gegeben, versucht der junge Dieb, den Leckerbissen zu stibitzen. Er ist in einem Alter, in dem sich die Hündin jedoch nicht mehr alle Kindereien von ihm gefallen lässt und in dem sie ihm deutlich zu verstehen geben wird, wo sein Platz in der Hundefamilie ist. Der Welpe kann sich wohl allenfalls Hoffnung auf einen Rest machen.

Kräfte messen

Hunde lieben es, zu raufen; sie prügeln sich sozusagen aus Spaß. Dabei trainieren sie nicht nur Muskeln, Stärke und Schnelligkeit, sondern testen ihre Fähigkeiten aus und messen ihre Kräfte. Immer wieder geht es auch darum, die Rangordnung zu klären und festzulegen, wer nun das Sagen über den anderen hat. Nur wenn die soziale Ordnung klar ist, verläuft das Zusammentreffen von Hunden reibungslos.

Sportlicher Wettstreit

Rennen macht ja schon allein ungeheuren Spaß – mit Hundefreunden zusammen ist es jedoch noch viel besser. Da fließt noch ein wenig Wolfsblut in den Adern der domestizierten Vierbeiner: Wölfe sind nur in der Gemeinschaft stark, sie jagen zusammen und verlassen sich aufeinander. Auch Hunde sind sehr soziale Tiere und brauchen regelmäßig die Gemeinschaft mit Artgenossen.

Gemeinsam sind sie stark

In der Meute fühlen sich diese Beagle am wohlsten. Sie werden seit Jahrhunderten in Gruppen zur Jagd eingesetzt und hetzen die Beute wie Hirsche und Wildschweine so lange, bis diese zu müde ist, um die Flucht aufrechtzuerhalten. Die Liebe zur Jagd haben traditionelle Laufhunde, die in der sogenannten Parforcejagd eingesetzt werden, im Blut, daher sollten sie nur in umzäunten Gebieten Freilauf bekommen.

Wetterfest

Diese drei Harzer Füchse sind bei Wind und Wetter zusammen unterwegs und genießen gemeinsame Spaziergänge. Leider sind sie ein seltener Anblick geworden: Wie viele alte Hütehundrassen werden sie in der modernen Welt kaum noch zur Arbeit benötigt und verschwinden langsam, aber sicher. Die Gesellschaft zur Erhaltung alter und gefährdeter Haustierrassen hat den Harzer Fuchs daher als gefährdet eingestuft.

Gefährlich?

Die beiden Bullterrier haben es nicht leicht: Fast überall gelten sie pauschal als gefährlich und sind als „Kampfhunde" verschrien. Von Grund auf böse ist jedoch kein Hund, auch diese beiden sind äußerst ruhige und liebe Vertreter ihrer Zunft. Wie bei allen Hunderassen kommt es auf den vernünftigen Halter und dessen Erziehungsmethoden an. Einen angeborenen „Killerinstinkt" bei Hunden gibt es jedenfalls nicht.

Materialtest

Quietschtiere aus Gummi halten, je nach Temperament Ihres Hundes, nur wenige Stunden, manche finden gar schon nach ein paar Minuten den „Tod". Das Spielzeug sollte unbedingt stabil genug sein, um den Zähnen des Hundes etwas entgegensetzen zu können. Abgesehen von der Unverträglichkeit des Materials besteht die Gefahr, dass der Hund an abgebissenen Fremdkörpern erstickt.

Liebe zum Spiel geht durch den Magen

Am besten lernt ein Hund, wenn Herrchen auf der Basis von Belohnungen arbeitet. Hunde sind sehr verfressen – und tun für ein Extraleckerli fast alles. Viele Spiele funktionieren ohnehin auf der Basis von Futtersuche. Damit der Hund nicht zu dick wird, sollte der Halter nach Möglichkeit auf Leckerli aus dem Fachhandel verzichten und stattdessen einfach ein wenig von der normalen Tagesration abknapsen.

Fang mich doch!

Diese beiden Mischlinge brauchen keine teuren Spielzeuge, sie beschäftigen sich mit einem der ältesten Spiele überhaupt: Sie spielen „Fangen". Dabei messen sie mithilfe der Schnelligkeit und Wendigkeit ihre Kräfte und legen darüber die Rangordnung fest. Ein wenig Schummeln kann dabei nicht schaden, ein kräftiger Biss in den Schwanz des anderen verschafft dem schwarzen Vierbeiner einen Vorsprung.

Über Stock und Stein

Kaum etwas kann schöner sein für einen Hund, als über Stock und Stein zu springen und an der frischen Luft ohne Leinenzwang nach Herzenslust herumzutoben. Nur so kann er seinem natürlichen Bewegungsdrang freien Lauf lassen. Ein gemächlicher Spaziergang an der Leine in Herrchens Tempo ist zwar nicht schlecht, aber ein Galopp über Wiesen und Felder ist für diesen Dogo Argentino durch nichts zu toppen.

Morgenpost

Was steht denn heute in der Zeitung? Hunde hinterlassen per Duftnote Nachrichten an Blumen und Sträuchern und markieren ihre Reviere. Beim täglichen Spaziergang sollte der Hundehalter daher nicht nur darauf achten, dass „Bello" sein Geschäft macht, sondern er sollte ihm genügend Zeit geben, hier und da zu schnüffeln und die Hundezeitung zu lesen.

Kauen macht Spaß!

Viele Berufstätige müssen ihren Hund tagsüber stundenweise alleine lassen. Wenn er sich langweilt, kommt er schnell auf dumme Ideen und sucht sich seine eigene Beschäftigung. Da müssen beispielsweise schon einmal Schuhe daran glauben. Besser ist es, wenn Herrchen seinem Vierbeiner die Beschäftigung vorgibt – etwa in Form eines leckeren Kauknochens oder eines eigenen Hundespielzeugs.

Gut ausgerüstet

Rennen ist seine Lieblingsbeschäftigung – und der Hund ist von Natur aus sehr gut dafür ausgerüstet. Während der Mensch in Kurven abbremsen muss, um nicht zu stürzen, können Hunde immer mit vollem Tempo rennen – egal, ob geradeaus oder um die Ecke. Grund dafür ist die unterschiedliche Aufgabenverteilung der Beine: hinten Antrieb, vorne Laufen. Beim Menschen müssen die Beine sowohl die Schritte koordinieren als auch das Gewicht tragen.

Pause am Strand

Es muss nicht immer nur aufregend sein. Zwischendurch gönnt sich selbst dieser quirlige Foxterrier ein Päuschen im Sand, beobachtet Passanten und Vögel und lässt sich die Sonne auf das Fell scheinen. Er bleibt immer in Herrchens Nähe und genießt es, mit diesem etwas zu unternehmen. Das kleine Kraftpaket ist gerne überall dabei und begleitet seinen Menschen in allen Lebenslagen!

Wasserspaß

Planschbecken sind nicht nur etwas für Kinder, auch Wasser liebende Hunde, wie dieser Golden Retriever, genießen bei sonnigem Wetter eine Abkühlung. Dabei muss es nicht immer gleich ein Ausflug zum nächsten Baggersee oder Teich sein: Wie hier kann auch ein alter Kindersandkasten mit etwas Wasser befüllt werden und dem Hund als Planschbecken und erfrischende Badewanne dienen.

Hol- und Bringservice

Was wäre der Hund ohne sein Stöckchen? Diese zwei Golden Retriever haben auf einem Spaziergang durch den Wald einen großen Stock gefunden und tragen ihn nun geduldig neben Herrchen her bis zum Auto. Ganz ungefährlich ist dies jedoch nicht: Im schnellen Lauf kann der raue Stock die Vierbeiner im empfindlichen Maul und im Rachenbereich verletzen.

Buddelkasten

Viele Hunde buddeln für ihr Leben gern. Wer einen gepflegten Garten hat, wird daran jedoch nicht ganz so viel Freude haben wie sein Vierbeiner. Abhilfe schaffen kann ein Sandkasten für Kinder, der, einfach mit Erde oder Sand gefüllt, dem Hund zum Buddeln zur Verfügung gestellt wird. Auf diese Weise ist der Hund glücklich und die Blumenbeete bleiben heil.

Zeitvertreib

Wenn der Hund über einige Stunden alleine zu Hause bleiben muss, weil Herrchen zum Einkaufen geht, eignen sich Kauknochen sehr gut, um den Vierbeiner eine Weile zu beschäftigen. Außerdem reinigt der Kauknochen die Zähne des Hundes und wetzt sie auf natürliche Weise ab.

Spuren im Schnee

Fährten und Gerüchen nachzugehen ist das große Hobby dieser zwei stattlichen Vierbeiner. Dabei leisten sie körperliche Höchstleistungen: Denn während bei normalem Atmen die Geschwindigkeit des Luftstroms in ihren Nasenwegen zwischen 3 und 4 km/h liegt, erhöht sie sich beim Schnüffeln um das Zehnfache. Beim Fährtensuchen werden Hunde also nicht nur mental, sondern auch physisch stark gefordert.

Durst!

Frisches Wasser sollte einem Hund Tag und Nacht uneingeschränkt zur Verfügung stehen. Der Napf sollte stabil und kippsicher sein, ansonsten haben Herrchen und Frauchen vermutlich viel zu putzen. Einige Hunde, wie dieser Golden Retriever, haben den Dreh schnell raus und machen den Hundehalter ganz von alleine darauf aufmerksam, dass „nachgeschenkt" werden muss.

Schön weich

Auf der Wiese im weichen Gras herumwälzen macht fast jedem Vierbeiner sehr viel Spaß. Und ebenso viel Freude macht es, den Hund dabei zu beobachten. Nach der Erholung werden lästige Parasiten, wie Zecken, mit einer speziellen Zeckenzange leicht selbst entfernt.

Schmuseeinheiten

Viele Hunde lieben es, bei einer Massage zu entspannen. Man krault ihm dabei sanft den Rücken, die Pfoten oder auch die Ohren – manche Hunde recken Ihrem Masseur geradezu den Rücken entgegen, um ihn zu einer weiteren Massage zu ermuntern. Wer Angst hat, etwas falsch zu machen, fragt am besten einfach den Tierarzt, wie er seinen Hund am besten massieren kann.

SPIEL, SPASS UND AKTION

Agility & Co.

Nicht nur Hunde haben Spaß am Spielen und Toben, auch ihre Herrchen erfreuen sich an der Bewegung zusammen mit ihrem Vierbeiner. Verschiedenste Aufgaben wie zum Beispiel über Hürden und durch Reifen springen, Slalom laufen, Tunnelspiele, Balancieren und Klettern fordern Hund und Mensch. Aber auch Apportieren, Frisbees fangen oder verschiedene Tricks fördern den Bewegungstrieb.

Dog Frisbee

Beim Dog Frisbee, das im Grunde so funktioniert wie beim Spiel unter Menschen, geht es darum, den Hund das Frisbee im Flug fangen zu lassen. In verschiedenen Disziplinen können Mensch und Vierbeiner ihre Geschicklichkeit unter Beweis stellen. Es geht entweder um Schnelligkeit oder um besondere Kunstfertigkeit bei den Würfen und den Fangmanövern des Hundes.

Vereinsmeier

Dog Frisbee mausert sich langsam, aber sicher zu einer sehr beliebten Freizeitaktivität für Hundebesitzer. Es bringt nicht nur Spaß, sondern auch noch Bewegung für Hund und Halter. Mittlerweile gibt es in Deutschland einige Vereine, in denen Neulinge sowohl die Regeln erlernen als auch später mit fortgeschrittenen Kenntnissen an Wettkämpfen in verschiedenen Disziplinen teilnehmen können.

Freestyle Frisbee

In der Freestyle-Variante ähnelt das Dog Frisbee ein wenig dem Dog Dance. Aus verschiedenen Kunststücken, in denen das Frisbee einbezogen wird, erstellt der Hundeführer eine Choreografie – mit oder ohne Musik. So kann der Hund zum Beispiel beim Jagen nach dem Frisbee durch seine Arme oder Beine springen, aber auch für den Menschen gibt es verschiedene Wurftechniken, die er kombinieren kann.

Stehaufmännchen

Der Klassiker unter den Hundetricks – „Mach Männchen!" – ist auch Teil vieler Obedience-Übungen im Hundesport, bei der die Harmonie zwischen Hund und Herrchen überprüft wird. Für geübte und geschickte Hunde kann hier variiert werden, indem man den Hund dazu bringt, sich beim „Männchen machen" auf die Hinterbeine zu stellen. Dies eignet sich jedoch nicht für alle Hunderassen und sollte generell nur sehr sparsam eingesetzt werden, da es die Gelenke stark belastet.

Hürdenlauf

Erste Springübungen kann man bereits mit Welpen durchführen. Herrchen sucht sich einfach ein sehr niedriges Hindernis und überquert es zusammen mit dem Hund – dabei ruft er „Hopp!". Mit viel Geduld, regelmäßigem Üben und einer Menge leckerer Belohnungen wird der Welpe schon bald so eifrig über das Hindernis springen wie dieser Boxer.

Vielseitiger Slalom

Zum Slalom benötigt man nicht unbedingt die Profiausrüstung vom Hundeplatz. Wenn die Hindernisse im Garten aufbaut werden, eignen sich zum Beispiel Gartenfackeln oder auch Rankhilfen aus dem Blumenbeet, die kurzerhand in die Erde gesteckt werden. Bei schlechtem Wetter oder falls kein Garten zur Verfügung steht, kann natürlich auch drinnen gespielt werden. Aus größeren Blumentöpfen und Stühlen lässt sich leicht ein Parcours bauen.

Agility

Was ist das eigentlich, Agility? Die deutsche Übersetzung lautet „Behändigkeit", und genau darum geht es: Neben verschiedenen Sprunghindernissen in unterschiedlichen Höhen gibt es bei diesem Sport viele Hindernisse, bei denen die Geschicklichkeit im Vordergrund steht. Wippen, Tunnels, Hürden – all das kommt zum Einsatz. Dabei ist das korrekte Passieren der Hindernisse das wichtigste Kriterium, Zeit ist eher zweitrangig.

Körperbeherrschung

Die Körperbeherrschung und den Mut eines Hundes kann der Hundehalter gut trainieren, indem er seinen Vierbeiner einen Stamm oder wie hier ein speziell zum Üben erbautes Hindernis entlangbalancieren lässt. Jedoch sollte Herrchen Geduld haben: Hektische Situationen verunsichern den Hund und können ein Gefahrenquelle sein.

Schwindelfrei

Diese beiden sind Profis, doch jeder fängt einmal klein an. Zu Beginn sollten die Abstände zwischen den einzelnen Hindernissen relativ groß gewählt werden, damit sich der Hund langsam an das Durchlaufen des Parcours gewöhnen kann. Wenn er den Bogen raus hat, kann die Hindernisstrecke dann durch engere Abstände und durch erhöhtes Tempo schwieriger gestaltet werden.

Springspiele

Sprünge machen Spaß – ganz egal, ob über oder durch ein Hindernis! Allerdings sollte man als Hundebesitzer darauf achten, die Anforderungen an den Vierbeiner langsam zu steigern. Für alte, kranke und übergewichtige Hunde sollten Springspiele tabu sein: Ihre Gelenke können sonst unter der Belastung leiden und den Tieren große Schmerzen verursachen!

Ab durch die Mitte

Der Sprung durch den Reifen ist Bestandteil fast eines jeden Agility-Parcours. Ist das Grundsätzliche erlernt, lassen sich die Sprünge immer weiter ausbauen und verfeinern. Üben kann der Hundehalter nicht nur auf dem Hundeplatz, sondern auch zu Hause – mit einem ganz einfachen, an die Größe des Hundes angepassten Hula-Hoop-Reifen aus dem Spielzeugladen.

In der Röhre

Wer sprichwörtlich in die „Röhre schaut", hat eher wenig Spaß. Tunnelspiele jedoch können, wenn sie richtig durchgeführt werden, Abwechslung und Schwung in den Alltag eines jeden Hundes bringen. Der Gang durch einen geschlossenen, engen Tunnel ist jedoch für den Vierbeiner eine wahre Mutprobe! Hundehalter sollten daher geduldig sein und ihren Hund langsam an das neue Spiel gewöhnen.

Distance

Eine weitere Möglichkeit von Dog Frisbee ist der Wettbeweb auf einem Spielfeld, über eine Distanz hinweg. Je weiter vom Hundeführer entfernt der Hund das Frisbee fängt, desto mehr Punkte sammelt er. Im Wettkampf passiert dies in einem vorgegebenen Zeitfenster. Je schneller der Vierbeiner das Frisbee also zu seinem Herrchen zurückbringt, desto mehr Punktwürfe kann das Team durchführen.

Für Profis

Einfach nur über das Hindernis zu springen wäre für diesen Schäferhund unvorstellbar: Er ist schließlich Profi und hat Einiges mehr auf dem Kasten, beispielsweise das Apportieren über Hindernisse.

Fit wie ein Turnschuh?

Dieser kleiner West Highland Terrier liebt es, über die Wiese zu jagen und Hindernisse zu überspringen. Durch Überzüchtung neigen jedoch viele Hunderassen zu gesundheitlichen Problemen wie Bandscheibenvorfällen – z. B. Dackel – oder Hüftgelenksdysplasie – z. B. Schäferhunde. Hundehalter sollten daher ihren Tierarzt fragen, ob sie mit ihrem Hund problemlos Sprünge üben können.

Erste Hürde genommen

Dieser Schäferhund hat gerade die erste Hürde auf dem Weg zu vielen Prüfungen im Hundesport genommen: Die Begleithundeprüfung ist die Grundvoraussetzung dafür, dass er an Wettkämpfen bei der Fährtenarbeit, an Agility oder auch am Turnierhundesport teilnehmen darf. Denn nun verfügt er über den nötigen Grundgehorsam und kennt alle wichtigen Kommandos.

Viel Beschäftigung

Dieser freundliche, zottelige Zeitgenosse gehört einer noch sehr jungen Hunderasse an, dem Schapendoes, der vorwiegend in den Niederlanden gehalten wird. Da dieser bis zu 50 cm große Hund in der Viehzucht als Hütehund eingesetzt wurde, benötigt er sehr viel Beschäftigung. Agility liebt er ganz besonders, dadurch wird er geistig und körperlich gefordert.

Ältester Hundetrick der Welt

Früher wurden Hunde fast ausschließlich bei der Jagd eingesetzt. Sie brachten die Beute, die der Mensch erlegt hatte, aus dem Gestrüpp oder hohen Gras, nicht selten sogar aus dem Wasser, zu ihrem Herrchen. Keine schlechte Leistung, wenn man bedenkt, dass der Hund sich von Natur aus lieber mit der leckeren Beute aus dem Staub machen würde. Heute sind es, wie in diesem Fall, meist Stöckchen, die apportiert werden.

Schritt für Schritt

Slalom mit Frauchen macht diesem Pudel viel Freude. Zu Anfang reagiert er unsicher und vorsichtig auf den Parcours, also wählt seine Halterin zunächst einen relativ kurzen Hindernislauf. Zwei Stangen genügen für den Anfang vollkommen. Sie belohnt ihn für jeden kleinen Schritt. Er folgt ihrer Hand bis zum ersten Hindernis: erstes Leckerli; langsam um das erste Hindernis herum: zweites Leckerli – und so weiter. Mit Geduld und Leckereien kommen beide zum Ziel.

Tricks sind erlaubt

Als dieser Mischling das Springen über Hindernisse erlernte, versuchte er stets, dem Hindernis auszuweichen, indem er seitlich an ihm vorbeilief. Sein Herrchen übte deshalb anfangs mit einem Schirm oder auch einem langen Stock und begrenzte die Ausweichmöglichkeiten des Hundes, indem er das Hindernis zum Beispiel gegen eine Mauer hielt.

Dabei sein ist alles

Wettrennen machen Hunden sehr viel Spaß: Ihre Herrchen lassen ihre Hunde an einer vorgeschriebenen Stelle „Sitz!" machen und dort bleiben. Dann entfernen sie sich einige Meter und rufen die Hunde anschließend zu sich. Schon rennen die Vierbeiner los. Bei diesem Wettlauf sollte es aber keinen Verlierer geben. Alle Hunde sollten überschwänglich gelobt werden, wenn sie bei Herrchen eintreffen. Schließlich zählt bei Hundespielen der olympische Gedanke!

Ganz schön anstrengend

Puh, Agility und Hundesport sind ganz schön ermüdend! Da hängt einem die Zunge schnell auf den Pfoten. Gerade in den Sommermonaten ist es wichtig, dass Herrchen und Frauchen darauf achten, dass sich der Hund nicht zu viel zumutet und einen Hitzschlag erleidet. Welpen brauchen sogar noch mehr Ruhe: Nach zehn Minuten sollte erst einmal wieder Schluss sein mit Herumtoben.

Kombinationsmöglichkeit

Bei einem Hund, der bereits das Apportieren beherrscht, ist es leicht, ihm auch noch das Überspringen von Hindernissen beizubringen und beides miteinander zu verbinden: Dazu schafft man ein für den Hund unumgängliches Hindernis, wirft einen Ball oder ein Spielzeug und lässt den Hund apportieren. So gewöhnt sich der Hund rasch an das Hindernis, das für den Anfang natürlich sehr niedrig gewählt werden sollte.

Mitmachen

Manche Hunde haben einfach Angst vor dem Überspringen eines Hindernisses und müssen erst einmal lernen, dass ihnen dadurch keinerlei Gefahr droht. Hilfreich kann dann sein, wenn auch Herrchen ein kleines Hindernis, wie eine niedrige Mauer, überspringt und den Hund zu sich ruft. Dies animiert den Vierbeiner, es ihm gleichzutun.

Vorurteil

Nur Katzen sind gute Kletterer? Mitnichten. Auch viele Hunde zeigen ein ausgesprochenes Talent zum „Klettern". Was in der Hundeschule und auf dem Agility-Platz positiv bewertet wird, muss jedoch im häuslichen Umfeld, wie im Garten und im Hof, genau beobachtet werden. Klettertalent machte schon so manchen Hund zum „Ausbrecherkönig".

Viel Beschäftigung und Bewegung

Wer sich eine traditionelle Arbeitshunde-rasse als Familienmitglied ins Haus holt, muss sich auf sehr viel Arbeit gefasst machen. Diese Tiere benötigen nahezu von morgens bis abends Beschäftigung und Bewegung. Einfache Spaziergänge lasten Hunde, wie diesen Border Collie, nicht aus. Er muss regelmäßig auf den Agility-Platz oder zum Hundesport.

Für Fortgeschrittene

Mit der Zeit, wenn der Hund alle Übungen perfekt beherrscht, kann der Hundehalter den Faktor Zeit mit in sein Training einbeziehen. So schnell wie möglich muss der Hund dann verschiedene „Hindernisse" wie Arme und Beine bewältigen. Das braucht natürlich etwas Zeit und Übung. Zu Beginn sollten die Anforderungen klein gehalten werden, sodass weder Mensch noch Hund die Lust am Training verlieren.

Balance halten

Ein Hund sollte nur ganz langsam an Balancespiele heran-geführt werden. Zunächst lässt der Hundehalter ihn „Sitz!" machen und belohnt ihn mit einem Leckerli. Das Tier wird zu Anfang einige Zeit benötigen, um sich an den wackeligen Untergrund zu gewöhnen. Es ist sinnvoll, einen Hund bereits in jungen Jahren an Balanceübungen zu gewöhnen. Dadurch gewinnt er Sicherheit und Vertrauen.

Turniersport

Beim Turnierhundesport muss eine Begleitperson mit dem Hund auf einer Strecke von 50 Metern drei 40 Zentimeter hohe Hürden bewältigen. Der Hundehalter läuft zwar mit, die Hindernisse überspringt jedoch nur der Vierbeiner. Ausgelassene oder abgeworfene Hürden bringen Fehlerpunkte ein, dasselbe gilt für den Fall, dass der Hund nicht mit seinem Herrchen parallel läuft: Ist der Hund zu schnell oder zu langsam, werden ebenfalls Punkte abgezogen.

Große Sprünge

Auch kleine Hunde, wie dieser Jack Russell Terrier, können sehr gut und vor allem hoch springen. Einen Weltrekord stellte im Oktober 2003 im amerikanischen Bundesstaat Missouri die Greyhoundhündin Cinderella auf: Sie sprang über eine 167,6 cm hohe Hürde – und zwar ohne diese mit den Pfoten zu berühren oder das Hindernis umzuwerfen.

Ganz soft

Beim Frisbeespielen mit dem Hund sollten Hundebesitzer darauf achten, das richtige Spielzeug auszuwählen. Bei normalen Frisbeescheiben aus Plastik besteht die Gefahr, dass sich der Hund verletzt oder die harte Scheibe unglücklich an den Kopf bekommt. Es gibt allerdings für den Hundesport spezielle Soft Frisbees, die aus weichem Stoff sind und dennoch optimale Flugeigenschaften mitbringen.

Kleine Tricks

Am Anfang ist es bei der Übung des Kommandos „Bleib!" wichtig, dass der Hund immer wieder zu Herrchen gerufen wird und sich langsam daran gewöhnt, an seinem Platz zu bleiben. Ein hilfreicher Trick ist es außerdem, den Hund dort sitzen zu lassen, wo er sich sowieso gerne aufhält, zum Beispiel im weichen Gras an seinem Lieblingsplatz im Garten oder auf seinem bequemen Deckchen im Wohnzimmer.

Medaillenregen

Nicht nur bei Olympia warten auf die Teilnehmer funkelnde Medaillen, auch im Hundesport und bei Agility gibt es neben Schweiß und Spaß auch Preise: Dieser Schäferhund hat schon so viele Urkunden eingeheimst, dass er gar nicht mehr weiß, wohin damit. Viel Bewegung an der frischen Luft und das wachsende Teambewusstsein werden in vielen Vereinen und Hunde-schulen mit Auszeichnungen belohnt.

Überredungskünste

Noch möchte der kleine Terrier nur ungern durch den Reifen springen, aber Frauchen hat einen Trick auf Lager: Futter ist die beste Überredungskunst, und so zeigt sie ihrem Vierbeiner ein Leckerli und wirft es anschließend durch den Reifen. Mit etwas Übung springt der Hund hinterher.

Regeln beachten

Mit „Männchen machen" erwärmt dieser kleine Hund jedes Menschenherz, und er ist dabei stets darauf bedacht, diesen Hundetrick perfekt auszuführen. Wie beim Kunstturnen gibt es auch hier namlich ein paar Regeln zu beachten: Ein richtiges „Männchen" ist nur, wenn Ihr Hund mit dem Hinterteil während des Tricks stets den Boden berührt.

Konzentration, bitte!

Auch im Hundesport gilt: Weniger ist oft mehr! Agility verlangt dem Vierbeiner sehr viel ab und bedeutet für den Hund nicht nur extreme körperliche, sondern auch geistige Anstrengung. Deshalb sollte das Training in kurze Intervalle unterteilt sein. Generell gilt: Lieber mal eine Pause mehr einlegen, damit sich der sportliche Vierbeiner auch erholen kann!

Auf der linken Seite

Während es im Straßenverkehr und im häuslichen Bereich dem Hundeführer überlassen ist, auf welcher Seite er seinen Hund führt, gelten für Hundesport und Prüfungen spezielle Auflagen: Hier ist es üblich, den Vierbeiner zur Linken des Hundeführers laufen zu lassen. Wichtig ist aber, dass der Hund stets konsequent auf einer Seite gehalten wird.

„Aus!"

Auf das Kommando „Aus!" sollte der Hund immer sofort reagieren und dem Hundehalter beispielsweise das Spielzeug ohne Knurren herausgeben. Zeigt der Hund Aggression, darf man die Situation nicht einfach auf sich beruhen lassen, da der Hund ansonsten als Sieger aus ihr hervorgeht. Hundehalter sollten sich in diesem Fall nicht scheuen, professionelle Hilfe in Anspruch zu nehmen.

Bleib!

Das Kommando „Bleib!" ist zwar im täglichen Umgang mit dem Hund nicht unbedingt vonnöten, kann jedoch sehr praktisch sein, da es dem Hundehalter erlaubt, seinen Vierbeiner sozusagen für einen Moment zu „parken" und sich kurzzeitig etwas anderem zuzuwenden. Das Kommando erfordert jedoch einige Übung, da der Hund seinem Herrchen zu Anfang meist folgen will.

Das Einüben von „Bleib!"

Zunächst lässt der Hundehalter den Vierbeiner „Sitz!" oder „Platz!" machen und entfernt sich rückwärts einige Meter von ihm. Dabei wiederholt er, wenn der Hund brav liegen oder sitzen bleibt, das Kommando „Bleib!". Versucht der Hund zu folgen, sagt Herrchen „Nein!" und kehrt zu ihm zurück und probiert es erneut. Wenn es gut klappt – Loben nicht vergessen!

Hundeausstellung

Schon die Kleinsten können an Ausstellungen und Hundeschauen teilnehmen. Dabei werden die Tiere auf verschiedene Rassestandards und Kriterien hin überprüft, mit einem Punktesystem bewertet und eventuell prämiert. Dies gilt nicht nur für Hunde innerhalb einer Rasse, auch rasseübergreifende Wettbewerbe sind beliebt.

Verschiedene Disziplinen

Auf einem Tisch wird der Welpe untersucht: Musterung und Beschaffenheit des Felles, Stellung der Gliedmaßen, Zustand der Zähne und weitere körperliche Merkmale werden ebenso schriftlich festgehalten wie das Wesen des Hundes. Wenn der Hund dem Rassestandard in hohem Maße entspricht, wird er als „vorzüglich" bewertet.

Champion

Auch ein Hund hat seinen Stolz, und so tritt der kleine West Highland Terrier nicht nur für Ruhm, Ehre und einige Leckerli an: Es gibt beim Hundesport meist auch einen Pokal abzuräumen. Über den freut sich zugegebenermaßen jedoch vor allem sein Besitzer, für den Hund ist die Teilnahme am Wettbewerb vor allem Spaß. Der Preis ist ihm gleichgültig – es sei denn, er besteht aus etwas Essbarem.

Agility ohne Hilfsmittel

Herrchen und Frauchen müssen für das Sportprogramm ihres Lieblings nicht immer gleich teure Anschaffungen tätigen oder Nachmittage in der Werkstatt verbringen, um Hindernisse zusammenzuzimmern. Auch ohne Hilfsmittel lassen sich Agility-Übungen hervorragend machen und bringen nicht nur den Vierbeiner, sondern auch den Hundehalter ins Schwitzen.

Zirkeltraining für Mensch und Hund

Wie wäre es einmal mit einem gemeinsamen Workout mit dem Hund? Verschiedene Übungen, in denen man den Hund über Arme und Beine springen oder ihn Slalom durch die Beine laufen lässt, können zu einem Training kombiniert werden, mit dem sich sowohl Hund als auch Frauchen fit halten können. Damit keine Langeweile aufkommt, variieren Sie die Übungen von Zeit zu Zeit.

Variationen

Neben einem Sprung über das ausgestreckte Bein als Hürde kann man auch einen Reifen simulieren. Einfach wie im Bild beiden Hände zu einer Art Kreis zusammenführen und in einer Höhe platzieren, in der der Hund hindurchspringen kann. Auf diese Weise kann jeder Spaziergang zum aufregenden Abenteuer werden.

Nur für Amateure

Was in den anderen Ländern eine wahre Wettindustrie hervor gerufen hat, ist in Deutschland glücklicherweise nur Amateuren erlaubt: das Windhunderennen. Beim Profi-Hunderennsport werden die Tiere meist unter schlechten Bedingungen gehalten, unzureichend medizinisch versorgt und am Ende einer kurzen sportlichen Karriere, die nur dem Profit diente, getötet.

Jeder-Hund-Rennen

Nicht nur Windhunde sind gute Läufer, auch Mischlinge und andere Hunderassen sind mitunter flott auf vier Pfoten unterwegs. Daher werden regelmäßig auf Hunderennbahnen auch für sogenannte „Jeder-Hund-Rennen" die Tore geöffnet. Hier stehen der Spaß und die Bewegung an frischer Luft an erster Stelle – natürlich winken aber auch funkelnde Pokale und Medaillen.

Beliebter Sport

Schlittenhunderennen gibt es auch in Europa. Die größte Veranstaltung ist die Schlittenhunde-Weltmeisterschaft, bei der Gespanne aus aller Welt gegeneinander antreten. Trainiert wird das ganze Jahr: Im Sommer nutzen die Schlittenhundeführer dabei spezielle Wagen, welche die Hunde auf normalem Untergrund bewegen können.

Zughundesport

Die Zugarbeit liegt vielen Hunden im Blut. Heute werden Hundewagen vor allem im Sport- und Freizeitbereich eingesetzt. Bei diesem sogenannten Sacco-Cart sind die beiden Weimaraner mit einem Spezialgeschirr an der Zugstange befestigt und ziehen so den Wagen. Der Fahrer sitzt normalerweise auf dem Wagen und zeigt den Hunden mit der Lenkstange die Richtung an.

Flott unterwegs

Ein Schlittenhundgespann besteht aus einem bis zwei Dutzend Hunden. Heute werden die Gespanne gewöhnlich als Tandem eingespannt und sind jeweils an einer zentralen Zugleine befestigt. Die durchschnittliche Reisegeschwindigkeit kann bis zu 20 Kilometer pro Stunde betragen, auf Kurzstrecken sogar über 30 Stundenkilometer. 80 Kilometer kann der Mensch auf diese Weise im Durchschnitt am Tag zurücklegen.

Sportlicher Alltag

Laufen und Jagen liegen Hunden als Nachfahren der Wölfe von Natur aus im Blut. Aktivitäten wie Apportieren, Ballspiele und Versteckspielen mit Herrchen sowie Spielen mit Artgenossen oder nur Laufen und Toben kommen diesem Bewegungsdrang entgegen und sind ein unentbehrlicher Bestandteil einer artgerechten Hundehaltung.

Apportieren leicht gemacht

Auch an das Apportieren sollten sich Hundehalter erst Schritt für Schritt heranwagen. Zu Beginn des Trainings sollte das Spielzeug nur einige Meter von Herrchen entfernt platziert und die Apportierstrecke somit kurz gehalten werden. Wenn der Hund verstanden hat, was von ihm verlangt wird, kann die Entfernung allmählich gesteigert und durch unterschiedliches Terrain schwieriger gestaltet werden.

Apportieren will gelernt sein

Nicht nur bis ein Jagdhund beim Apportieren von Wild eingesetzt werden kann, erfordert es einiges an Übung. Auch im Alltag kann der Vierbeiner mit sogenannten Dummys trainiert werden. So lernt er, nicht nur auf Kommando geworfenen Stöckchen und Co. hinterherzujagen, sondern auch auf Anweisung sofort loszulassen.

Vorsicht, Wild!

Spaziergänge und Sprungspiele im Wald und auf Feldern machen Hund wie Halter gleichermaßen Freude. In den Sommermonaten jedoch sollten Hunde auch zur eigenen Sicherheit möglichst nur in umzäumten Gebieten frei laufen. Der Sprung über einen Baumstamm, hinter dem eine Wildsau mit ihren Frischlingen liegt, kann für den Hund mitunter tödlich enden. Und Vorsicht: Reißt der Hund Wild, gilt dies offiziell als Wilderei!

Hundeschuhe

Ideal für vier empfindliche Pfoten: Mit seinen schicken Sportschuhen kann dieser Border Collie trotz einer wunden Stelle an der Pfote mit seinem Herrchen über Stock und Stein joggen, ohne dass sich etwas entzündet. Auch im Winter sind die kleinen Schuhe perfekte Helfer: Sie schützen den Vierbeiner vor Streusalz.

Vererbtes Talent

Mittlerweile ist der Pudel ein beliebter Schoß- und Familienhund, ursprünglich wurde er jedoch zur Jagd gezüchtet und vor allem im Wasser eingesetzt. Auch wenn der Jagdtrieb heute keine typische Rasseeigenschaft mehr ist – die Freude am Apportieren hat der Pudel sich erhalten.

Werfen einmal anders

Es muss nicht immer ein Ball sein, den der Vierbeiner im Flug schnappt. Sehr viel Spaß macht es dem Hund auch, wenn er Leckerli schnappen muss. Dieser Mischling dreht dabei richtig auf und legt abenteuerliche Stunts hin, um das begehrte Fresschen zu bekommen. Damit er nicht zu dick wird, sollte man die Ration einfach von der täglichen Mahlzeit abziehen.

Mit dem Rad unterwegs

Voraussetzung für das gemeinsame Radfahren mit Hund ist ein unbedingter Grundgehorsam. Ansonsten sind Halter und Hund schnell eine Gefahr für sich selbst, aber auch für andere. Prinzipiell sollte man den Vierbeiner im Straßenverkehr anleinen. Auch wenn er gut erzogen ist, bleibt er bis zu einem gewissen Maß unberechenbar.

Hundefußball

Um Hundefußball spielen zu können, benötigen Sie einen großen, leichten Ball. Für Fortgeschrittene tut es auch ein normaler Fußball. Der Hund sollte zu Beginn erst einmal Zeit bekommen, das runde Ungetüm ausgiebig zu beschnuppern, um die Angst davor zu verlieren. Vielleicht wird er sogar von selbst damit beginnen, den Ball umherzuschubsen.

Natürliches Schwimmbad

Vermutlich werden die meisten Menschen ihrem Hund kein eigenes Schwimmbad bieten können, daher lohnt es sich, zu erkunden, wo in der näheren Umgebung der Hund am Wasser, ohne dass er andere stört, spielen kann.

Spaß am Strand

Ein ausgedehnter Spaziergang am Strand bereitet sowohl Herrchen als auch Hund viel Freude. Allerdings sollte man sich darüber informieren, an welchen Stränden es erlaubt ist, Hunde frei laufen zu lassen. Außerdem ist es wichtig, dem Hund nach dem Bad im Meer das Salzwasser wieder aus dem Fell zu spülen, da es seine Pfoten rissig machen kann und außerdem nicht gut für seine Haut ist.

Gemeinsam macht's mehr Spaß

Hunde führen Menschen zusammen – nicht selten finden sich Freundschaften und manchmal sogar die große Liebe auf der Hundewiese. Der Spaziergang mit einem Hund ist ideal für schüchterne Menschen, denn über den gemeinsamen Vierbeiner kommt man leicht mit anderen Spaziergängern ins Gespräch. Und für Hunde gibt es nichts Schöneres als mit Artgenossen gemeinsam zu spielen und zu toben.

Ball an der Schnur

Ein normaler Spaziergang kann mit einem Ball an der Schnur immer mal wieder aufgepeppt werden: Dazu lässt Herrchen den Ball einfach vor der Nase seines Hundes baumeln und ihn für eine Weile das Spielzeug tragen. Dann sagt er „Aus!", lobt ihn und lässt ihn nach einer Weile wieder nach dem Ball angeln. Natürlich kann man ihm ruhig auch mal den ein oder anderen Sprung abverlangen.

Joggen mit Hund

Zum Joggen muss ein Hund unbedingt über einen guten Grundgehorsam verfügen – vor allem, wenn sein Halter vorhat, ihn ohne Leine laufen zu lassen. Dann sollte es ihm unbedingt möglich sein, seinen Hund jederzeit zu sich zu rufen und „bei Fuß" laufen zu lassen. „Fuß" sollte immer links vom Halter sein. Auf diese Weise kommt er nicht ins Stolpern, da er immer weiß, wohin sein Hund bei diesem Befehl läuft.

Zieh doch nicht so!

Wer unsicher ist, ob sein Hund sich überhaupt für Zerrspiele erwärmen kann, sollte nicht gleich entsprechendes Spielzeug im Fachhandel besorgen, sondern kann zunächst auf eine alte Socke, die er zusammenknotet, oder einen alten Strick zurückgreifen. Die meisten Hunde lieben es jedoch, an Spielzeugen zu zerren, denn es liegt in ihrer Natur, sich mit Artgenossen um „Beute" zu streiten.

Durstlöscher

Vor allem in den Sommermonaten sollte auf langen Spaziergängen auch für den Hund immer eine Flasche mit frischem Trinkwasser mitgenommen werden. Um es dem Vierbeiner anzubieten, lässt man das kühle Nass einfach langsam in die Hand laufen und den Hund daran schlecken. Manche Hunde sind sogar so geschickt, dass sie direkt aus der Wasserflasche trinken können.

Lebensfreude pur

Hat man den ersten Spaziergang ohne Leine hinter sich gebracht, weiß man, weshalb ein Hund soviel Freude dabei empfindet: Gegenseitiges Beschnüffeln, Spielen und um die Wette rennen sind wahre Glücksmomente für ihn. Viele Vierbeiner weisen deshalb Verhaltensauffälligkeiten auf, weil sie viel zu selten auf Artgenossen treffen und ihrem natürlichen Verhalten nachgehen können.

Winterspaß

Die meisten Hunde vertragen Kälte sehr viel besser als Hitze, winterliche Temperaturen stellen für gesunde Tiere also kaum ein Problem dar. Auf den Spaziergang im Schnee muss man nicht verzichten, solange man darauf achtet, dass der Hund in Bewegung bleibt. Bei alten und kranken Hunden, die beispielsweise Probleme mit Knochen und Gelenken haben, empfiehlt sich ein Hundemantel.

Nasses Element

Im Wasser gibt es nahezu unbegrenzte Spielmöglichkeiten mit dem Hund. Natürlich freut er sich genauso über ein wenig „Herumplanschen". Am ersten Badetag sollte der Vierbeiner am besten zunächst in seinem Umgang mit dem Wasser beobachtet werden. So kann der Besitzer herausfinden, was er gerne mag. Reagiert der Hund anfangs zaghaft, lässt man ihm genügend Zeit, das Gewässer zu erkunden.

Spaß ohne Risiko

Damit dieser kleine Terrier unbeschwert im Schnee herumtollen kann, behandelt sein Frauchen seine Pfoten im Winter regelmäßig mit Melkfett oder Vaseline. Salz und anderes Streugut wäscht sie nach dem Ausflug von den empfindlichen Pfötchen ab und befreit das Fell an den Pfoten von Eisklumpen, damit sich zwischen Ballen und Zehen nichts festsetzen kann, das dem Hund Schmerzen bereiten könnte.

Tauchgang

Wer Lust hat, kann nicht nur mit seinem Hund um die Wette planschen und schwimmen, sondern ein richtiges Spielprogramm fürs Wasser zusammenstellen. Im Zoohandel bekommt man auch Hundespielbälle aus Vollgummi oder anderem schweren Material, sodass Herrchen das Spielzeug im flachen Wasser versenken und seinen Hund danach suchen lassen kann.

Nachfahre der Wölfe

Wölfe legen bei der Jagd täglich bis zu 25 Kilometer zurück und leben in Revieren, die bis zu 350 Quadratkilometer umfassen. Dieser Bewegungsdrang ist im Haushund noch stark verankert und fordert seinen Tribut: Wer seinem Hund ein annährend artgerechtes Leben ermöglich will, muss ihn ausreichend bewegen.

Nicht ungefährlich

Ein Hund mit einem Stock im Maul – auf den ersten Blick kein ungewöhnlicher Anblick. Allerdings sollte der Besitzer dieses Vierbeiners in diesem Fall lieber eingreifen und dem Hund ein anderes Spielzeug anbieten. Ein verschmutzter, spitzer Holzpflock wie dieser birgt die Gefahr, dass der Hund sich daran vergiftet oder sich beim Rennen damit verletzt.

Ganz normales Spiel

Keine Angst vor spielerischen Rangeleien! Es ist ganz natürlich, dass zwei Hunde erst einmal die Rangfolge klären, wenn sie aufeinandertreffen. Nur in Ausnahmefällen kommt es dabei zu einer ernsthaften Beißerei. Meist handelt es sich um harmlose Raufereien, die für den Menschen schlimmer aussehen als sie sind. Wenn erstmal die Hierarchie geklärt ist, lässt sich vortrefflich miteinander spielen!

Herrchen ist weg!

Aufgeregt rennt dieser Boxer umher und sucht sein Herrchen. Beide spielen ausgesprochen gerne Verstecken: Dabei verbirgt sich der Hundehalter hinter einem Baum oder Busch, wenn der Hund gerade nicht hinsieht, und lockt ihn dann durch Rufen. Bei schlechtem Wetter lässt sich das Detektivspiel natürlich auch im Wohnzimmer spielen. Der Hund ist jedes Mal mit Feuereifer dabei.

Frühstarter

Durch ausreichende und vor allem regelmäßige körperliche Ertüchtigung setzten die Leckerli, die diesem Berner Sennenhund zugesteckt werden, nicht an, er hält stets sein Idealgewicht. Schon als Welpe bekam er genügend Bewegung, natürlich bei langsamer Steigerung und mit genügend Ruhepausen, so konnten sich seine Gelenke, Muskeln, Sehnen und Bänder gesund entwickeln.

Es kommt nicht auf Größe an

Beim Bewegungsdrang des Hundes kommt es nicht unbedingt auf die Größe an. Dackel beispielsweise wurden früher hauptsächlich in der Jagd eingesetzt und benötigen nicht nur eine konsequente Erziehung, sondern auch reichlich Bewegung und Beschäftigung. Es ist ein Irrglaube, dass der Bewegungsdrang eines Hundes proportional zu seiner Körpergröße zunimmt.

Gut und günstig

Das Schöne am Spiel mit Hürden ist, dass es sehr kostengünstig ist, in vielen Fällen sogar ganz umsonst. Schließlich lassen sich auf einem Spaziergang im Sonnenschein in Wald und Flur jede Menge natürliche Hindernisse finden, die sich zum Überspringen eignen. Dieser Australian Shepherd springt über einen umgefallenen Baumstamm, aber auch kleine Zäune und Mäuerchen eignen sich hervorragend.

Interessanter machen

Um Spielzeuge, an denen der Hund bisher wenig Interesse zeigte, für ihn attraktiver zu machen, kann Herrchen in die Trickkiste greifen. Dieses Apportierspielzeug wurde über Nacht in ein Behältnis mit Trockenhundefutter gelegt, so dass es dessen Geruch annehmen konnte. Wenn etwas so lecker riecht, interessiert sich der Golden Retriever gleich sehr viel mehr für das Spielzeug.

Spielen mit Kindern

Gerade das Apportieren eines Balls oder eines ähnlichen Wurfspielzeugs eignet sich gut für den Einstieg in das Spiel der Kinder mit dem Hund. Nicht nur, wenn Erwachsene mit dem Hund spielen, muss darauf geachtet werden, dass der Mensch das Spiel bestimmt. Auch im Umgang mit Kindern muss sich der Vierbeiner an diese Regeln halten. Er muss auf alle Kommandos hören und das Spielzeug ohne Knurren an das Kind herausgeben.

Tricks auf der Mauer

Hat ein Hund sich an die „luftige Höhe" einer Mauer gewöhnt, kann man ihn verschiedene Tricks, die er bereits beherrscht, „durchspielen" lassen und den Balanceakt um diese erweitern, ihn zum Beispiel Pfötchen geben oder Männchen machen lassen. Das ist alles nicht so einfach, wenn der Vierbeiner dabei das Gleichgewicht halten muss. Wichtig ist daher – ausgiebig loben und ermutigen!

Neugier ohne Grenzen

Herumliegende Gegenstände im häuslichen Garten werden gerne ins Spiel miteinbezogen. Mit der blauen Plastikbox als „Standhilfe" fällt das Balancehalten beim Männchenmachen leichter. Stehend kann der kleine West Highland Terrier die Welt neugierig „von oben" betrachten.

Dran bleiben!

Dem kleinen Terrier macht es sichtlich Spaß, mit Frauchen um den Gummiring zu „streiten" und danach zu springen. Ab und an lässt sie den Vierbeiner gewinnen und für ein paar Minuten allein spielen. Denn hätte er kein Erfolgserlebnis, wäre das Spiel mit Frauchen für den Hund zu frustrierend und er würde bald die Lust verlieren.

Jagdtrieb auch im Spiel

Dieser Vizsla schaut gebannt auf den Holzstapel im Wald. Was seine feine Spürnase wohl entdeckt hat? Das Spiel ohne Leine während eines Spaziergangs macht sicher Spaß, jedoch sollte sich der Besitzer sicher sein, dass sein Hund auf Kommando hört. In der Natur warten auf den Hund unzählige Ablenkungen, sodass er schnell mal Reißaus nehmen kann.

Fußball ohne Regeln

Fußball mit Hunden? Wieso nicht! Wenn ein Hund gern mit dem Ball spielt, ist Hundefußball vielleicht genau das Richtige für ihn. Dazu muss man seinem Vierbeiner noch nicht einmal „Abseits" erklären. Diese beiden spielen nämlich einfach aus Spaß an der Bewegung. Eigentlich soll der Fußball ja mit der Schnauze lediglich geschubst werden, aber ab und zu ist es auch erlaubt, den Ball auf diese Weise zu bewegen.

In jedem Familien-haushalt zu finden

Woran Kinder Spaß haben, mag auch so manchen Vierbeiner erfreuen: der Hula-Hoop-Reifen. Zu Anfang, wenn der Hund dem Reifen noch nicht so recht traut, kann es hilfreich sein, eine zweite Person, die der Hund gut kennt, mit in das Spiel einzubeziehen. Der Helfer stellt sich dann auf die andere Seite des Reifens, lockt den Hund und ruft ihn zu sich, bis er sich traut, durch den Reifen zu ihm zu springen. Dann lobt er ihn umgehend und belohnt ihn mit etwas Leckerem.

Spaziergang mit kleinen Spielereien

Auch während eines Spaziergangs baut Frauchen ab und an ein paar spielerische Aufgaben für ihren Vierbeiner ein:
Sitz machen und bleiben, bis sie ihn ruft, Pfötchen geben und bei Fuß gehen machen das Gassigehen abwechslungsreich.
Bei regelmäßiger Wiederholung prägen sich die Kommandos nicht nur besser ein, der Hund lernt so auch, dass diese Regeln
für ihn jeder Zeit und an jedem Ort gelten – nicht nur zu Hause.

Öfter mal eine Pause

Spielen ist anstrengend. Gehirn, Sinne und Bewegungsapparat werden gleichermaßen gefordert. Dieser Altdeutscher-Schäferhund-Welpe lässt den verlockenden Ball an der Schnur nun erst einmal links liegen. Nach einer kleinen Pause und einem kurzen Schläfchen ist er bereit für die nächste Runde – die aber höchstens zehn Minuten dauern sollte.

Mehr Spaß mit Spielzeug

Ob spezielles Hundespielzeug wie Quietschtiere oder einfach nur die Improvisation mit Gegenständen, die schnell einmal zum Spielzeug umfunktioniert werden – Spielzubehör macht das Spielen nicht nur abwechslungsreicher, sondern kann auch die Intelligenz des Haustiers fördern, seine Sinne schärfen und die Beweglichkeit fördern.

Lieblingsball

Hunde lieben Bälle. Runde Spielzeuge „fliehen" bei leicht abfallendem Gelände oder wenn man sie mit Pfote oder Schnauze anschubst wie von selbst und reizen den Jagdinstinkt des Hundes. Bei der Wahl des Balles sollte Herrchen jedoch einen genauen Blick auf Verarbeitung und Material werfen, damit für den Hund keine Verletzungsgefahr oder sogar Erstickungsrisiko besteht.

Futtermaschine

Spielzeug kann nicht nur den Bewegungsdrang befriedigen, sondern auch die Intelligenz von Tieren fördern. So wie diese „Maschine" funktionieren die meisten Intelligenzspiele auf der Basis von Futter. Der Hund weiß, dass sich im Holzapparat etwas Leckeres befindet und muss einen bestimmten Hebel oder Knopf drücken, um heranzukommen. Zur Belohnung purzeln Leckerli heraus.

Große Bälle

Natürlich können auch größere Bälle aus dem Spielzeughandel oder Fußbälle zum Spielen mit dem Hund genutzt werden. Allerdings bearbeitet der Vierbeiner, anders als der Mensch, den Ball durchaus auch mal mit seinen scharfen Zähnen. Die Verarbeitung des Spielzeugs sollte also stimmen – sonst fliegt dem Hund schon bald sein Spielzeug um die Ohren und kann ihn ernsthaft verletzten.

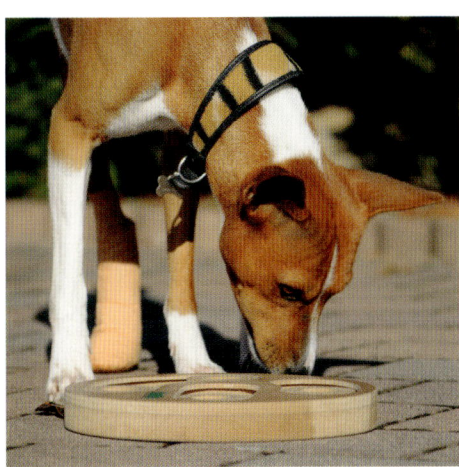

Heimwerkerkönig

Auf dieses Holzspielzeug ist Herrchen besonders stolz. Mit etwas Phantasie und Holzresten hat er ein Intelligenz förderndes Spielzeug für seinen Liebling einfach selbst gebaut. Es basiert auf dem traditionellen Hütchenspiel und wird gleich von neugierigen Hundeaugen und der feinen Nase ausgiebig begutachtet. Wie das Spiel wohl funktioniert?

Schon herausgefunden!

Lange hat der pfiffige Terrier nicht gebraucht, um hinter den Sinn des neuen Spielzeugs zu kommen. Unter einigen dieser „Hütchen" aus Holz verbergen sich Leckereien – aber unter welchen? Mithilfe seines feinen Geruchssinns findet der Vierbeiner die richtigen Hütchen heraus, hebt sie mit den Zähnen an und belohnt sich selbst mit der Überraschung, die unter ihnen versteckt ist.

Spielzeugliebe

Manche Hunde lieben ihr Spielzeug so sehr, dass sie sich gar nicht davon trennen wollen. Sie nehmen es überall hin mit – ins Körbchen, in den Garten und sogar zum Spaziergang. Wenn man das Spielzeug geschickt einsetzt, kann der Hund mit ihm in Situationen, in denen er Angst oder Nervosität zeigt, abgelenkt werden. Durch das vertraute Spielzeug bekommt er etwas mehr Sicherheit und Ruhe.

Treibball

Zu Anfang rollt Herrchen den Ball zusammen mit seinem Hund. Nach kurzer Zeit begreift der Vierbeiner, dass der Ball sich bewegt, wenn er ihn mit der Nase anschubst. Lobt man ihn bei jeder Berührung des Balls mit einem Leckerli, so verbindet er das Schubsen mit der Nase bald mit etwas Positivem. Mit der Zeit können dann verschieden große Bälle in das Spiel integriert werden.

Unterhaltsame Zahnpflege

Manche Spielzeuge haben nicht nur unterhaltende Fähigkeiten, sie sind außerdem noch praktisch für die Zahnpflege: Durch spezielle Rillen oder Noppen werden die Zähne des Vierbeiner beim darauf Herumkauen oder Zerren gereinigt und von Zahnstein und Zahnbelag befreit. Gleichzeitig wird das empfindliche Zahnfleisch massiert und gestärkt.

Individuell

Jeder Hund ist anders – und so wie jedes Menschenkind sein individuelles Lieblingsspielzeug hat, so verhält es sich auch bei den Vierbeinern. Dieses Französische-Bulldoggen-Mädchen kann mit rundem Plastikspielzeug nichts anfangen. Sie liebt ihr Quietschtier über alles. Durch Beobachtung findet man am besten heraus, was ein Hund am liebsten mag.

Frei Schnauze

Nicht nur die Wahl des Lieblingsspielzeugs fällt bei jedem Hund individuell und unterschiedlich aus. Auch bei der Wahl des Spiels sind Hunde Individualisten. Nicht jeder Vierbeiner hat so viel Spaß an Ziehspielen wie dieser Jagdhund. Die einen kauen einfach nur gerne auf dem Spielzeug herum, manche wollen hinter ihm herjagen und es apportieren, und wieder andere wollen darum rangeln und daran zerren.

Pack die Badehose ein!

Nein, eine Badehose benötigt der Golden Retriever zum Planschen im kühlen Nass natürlich nicht. Aber sein Lieblingsspielzeug – das ist immer dabei. Herrchen integriert es in tolle Apportierspiele, bei denen der Vierbeiner es aus dem Wasser zurückbringen muss. Die Strecke wird kontinuierlich ein wenig länger und schwieriger – perfekt für ein wenig Sport an heißen Tagen.

Achtung, Tierbabys!

Vergnügt spielen Herrchen und Hund im hohen Gras. Doch nur wenige Meter weiter wartet ein Rehkitz auf seine Mutter. In den Sommermonaten kommen viele Tierbabys durch nicht angeleinte Hunde ums Leben. Selbst wenn der Hund nur mit dem Kitz spielen will, verläuft ein Zusammentreffen für das Tierkind meist tödlich. Daher sollten Hundehalter zur Aufzuchtszeit von Wildtieren besonders auf ihr Tier achtgeben.

Einfach einmal durchhängen

Wenn der Hund andeutet, dass er allmählich die Lust verliert, indem er sich leicht ablenken lässt, sich hinlegt oder anfängt sich anderweitig beschäftigt, sollte Herrchen ihn für eine Weile in Ruhe lassen. Am besten ist es, wenn Herrchen das Spiel von sich aus beendet, sobald er merkt, dass den Hund die Konzentration verlässt.

Jagd nach der runden Scheibe

Wenn es ans Laufen und Fangen der bunten Frisbeescheibe geht, ist dem spielfreudigen vierbeinigen Spielkameraden die Vorfreude deutlich anzumerken, bevor der Hundebesitzer zum Wurf ansetzt. Frisbeespielen mit Herrchen oder Frauchen fördert Ausdauer, Geschicklichkeit, Koordination und Konzentration und ist somit nicht nur eine körperliche, sondern auch eine geistige Herausforderung. Hundebesitzer sollten dabei auf einen weichen Untergrund wie Gras oder Sand Wert legen, um die Bänder und Gelenke ihres Hundes zu schonen.

Vorsicht, Strömung!

Auch wenn viele Hunde sehr gute Schwimmer sind – Hundehalter sollten sich vor dem Baden mit dem Vierbeiner und vor Apportierübungen im Wasser bei der zuständigen Behörde darüber informieren, ob das Gewässer, egal ob Fluss oder See, für Schwimmspiele geeignet ist. Auch in stehenden Gewässern können Strudel eine nicht unerhebliche Gefahr für Mensch und Tier sein!

Hilfsmittel

„Männchen machen" leicht gemacht – wenn ein Hund wie dieser wuschlige West Highland Terrier so versessen auf ein bestimmtes Spielzeug ist, lässt sich dies perfekt einsetzen, um dem Hund Tricks beizubringen. Es fungiert in diesem Fall sozusagen als Leckerli. Sobald der Hund das erwünschte Verhalten zeigt, nennt Frauchen das Kommando und belohnt den Vierbeiner mit etwas „Spielzeit".

Für Einsteiger

Bevor es an die Königsdisziplin – das Frisbee – geht, können Einsteiger das Fangen von Spielzeugen aus der Luft mit solchen verknoteten Stricken trainieren. Der Strick bietet für den Hund viel mehr Angriffsfläche und ist daher leichter mit den Zähnen zu schnappen. Beherrscht der Hund das Spiel mit dem Strick, kann Frauchen sich langsam an das Frisbee heranwagen.

Nicht nur für Junge

Auch wenn dieser Terrier schon etwas älter ist: Die Freude am Spiel hat er sich erhalten, und die Bewegung tut ihm gut. Natürlich hat er lange nicht mehr die Ausdauer wie jüngere Artgenossen, aber regelmäßiger Auslauf und ein paar sportliche Übungen halten seinen Kreislauf fit und seine Gelenke und Muskeln beweglich. Übergewicht hat bei diesem Freizeitprogramm keine Chance.

Was ist was?

Hunde können nicht nur ein leckeres Würstchen von einer langweiligen Gurkenscheibe unterscheiden! Wichtig ist, dass jedes Spielzeug, das später für das Unterscheidungsspiel genutzt werden soll, konsequent mit einem einzigen Begriff eingeführt wird. Wird ein Ball einmal „Ball" getauft, muss man diese Bezeichnung auch beibehalten, sonst weiß der Hund nicht, welches Spielzeug gemeint ist.

Restefest

Nicht immer muss es gleich das teure, neue Spielzeug aus dem Laden sein. Dieser Vierbeiner hat großen Spaß mit dem alten Fußball der Kinder der Familie. Dadurch, dass der Ball schon etwas Luft verloren hat, kann der Hund ihn sehr gut mit den Zähnen packen, ihn herumtragen und mit ihm spielen – und wenn er ganz kaputt ist, wirft man ihn einfach weg.

Bestes Spielzeug

Der Ball ist für diesen schneeweißen Vierbeiner bereits ein tolles Spielzeug, aber mittlerweile ist das Tollste überhaupt aufgetaucht: Herrchen. Die Beschäftigung mit dem Menschen ist für das soziale Wesen Hund ausgesprochen wichtig. Über das Spiel festigen sich die Bindung und das Vertrauen zueinander, gemeinsame Erfolgserlebnisse schweißen zusammen.

Nicht zu wild

Bei der Rangelei um ein Spielzeug kommt dieser Mischling so richtig in Fahrt. Voller Übermut zwickt er Frauchen dann schon mal in die Hand, um an die begehrte Beute zu kommen. Wenn das Spiel zu wild wird, sollte der Hundebesitzer sofort abbrechen und den Hund zurechtweisen. Auf diese Weise bürgern sich solche Marotten nicht ein und der Mensch bleibt stets der „Spielführer".

Gib Gummi!

Spielzeug aus Hartgummi eignet sich für Hunde am besten. Bei guter Verarbeitung birgt es kaum Verletzungsgefahren, da alle Kanten weich und abgerundet sind. Außerdem ist es überall bei Wind und Wetter einsetzbar. Durch die glatte Oberfläche lässt es sich ausgesprochen leicht mit etwas Wasser und einem Tuch reinigen.

Zirkus

Im Garten lässt es sich an sonnigen Tagen mit dem eigenen Vierbeiner perfekt ein wenig Zirkus spielen. Dazu baut Frauchen einfach einen kleinen Hindernisparcours auf: Slalom um die Gartenfackeln, ein Sprung durch den Hula-Hoop-Reifen der Kinder und ein Balanceakt über die Holzbank.

Hunde im Einsatz

Viele Hunderassen wurden nicht nur nach ästhetischen Kriterien, sondern auch für die Erfüllung bestimmter Aufgaben wie die Jagd, den Transport von Lasten, das Ziehen von Schlitten und das Hüten von Weidetieren gezüchtet. Darüber hinaus sind Hunde heute auch als Rettungs-, Polizei- oder Blindenhunde dem Menschen nützliche Helfer.

Urlaubshelfer

Wer gerne wandert und Urlaub in den Bergen macht, kann seinen Hund mitnehmen und perfekt in die Ferien integrieren Was könnte ein besserer Hundeurlaub sein als eine Woche mit langen Spaziergängen? Zwischendurch sollte der Vierbeiner jedoch jederzeit trinken können. Diese beiden Golden Retriever haben ihren Proviant immer selbst dabei.

Retriever

Der Zusatz „Retriever" im Rassenamen deutet es an: Diese Hunde eignen sich hervorragend zum Apportieren. Retriever bedeutet nämlich so viel wie „Abholhund" und stammt aus dem Englischen. Das Heranbringen von Gegenständen und Spielzeugen aus diesem Fluss ist für die Energiebündel gar kein Problem.

Wasser im Blut

Schon bedingt durch die Ursprünge der Rasse, ist der Labrador Retriever eng mit dem Element Wasser verbunden. Die Hunde halfen den Fischern auf der Insel Neufundland bei ihrer täglichen Arbeit: Sie zogen die Netze mit den erbeuteten Fischen behutsam aus dem Meer und apportierten verloren gegangene Fische zu ihrem Herrchen. Auch diese beiden Rassevertreter können vom kalten Nass nicht genug bekommen.

Stolzer Helfer

Dieser Border Collie kommt immer dann zum Einsatz, wenn Menschen an ihre Grenzen stoßen: entweder weil Retter in unwegsames Gelände nicht vordringen können oder weil der Geruchssinn des Hundes verbotene Stoffe oder vermisste Menschen sehr viel schneller aufspüren kann als moderne Technik. Im Deutschen Roten Kreuz sind gegenwärtig etwa 200 einsatzfähige Rettungshundeteams ausgebildet, die über ganz Deutschland verteilt sind.

Unverzichtbar

Bei der Wasserjagd sind Hunde unverzichtbar. Der Vierbeiner lokalisiert mit seiner feinen Nase das geschossene Federvieh und bringt es zum Jäger. Dafür ist der Apportierhund perfekt ausgebildet: Weder schreckt ihn die Temperatur des Wassers ab noch lässt er sich dazu verführen, sich mit der leckeren Beute aus dem Staub zu machen. Ohne Murren überlässt er dem Hundeführer die Ente.

Jeder kann helfen

Den typischen Rettungshund gibt es nicht, grundsätzlich eignet sich jeder Rassevertreter, sofern er einige wichtige Eigenschaften mitbringt: Ein starker Leistungswille und Lernbereitschaft, ein freundliches und aufgeschlossenes Wesen, körperliche Gesundheit und psychische Belastbarkeit zeichnen den idealen Rettungshund aus. Dieser Airedale Terrier jedenfalls ist perfekt geeignet.

Ein gutes Team

Im Notfall müssen Mensch und Hund perfekt zusammenarbeiten, sie sind ein Team. Daher muss der Hund nicht nur über einen guten Gehorsam verfügen, sondern auch seinen Menschen immer im Auge haben, um auf neue Situationen und Kommandos blitzschnell reagieren zu können. Bei dem Team auf diesem Bild scheinen Kommunikation und Zusammenhalt jedenfalls zu stimmen.

Gleich geht's los

Noch wartet der Rettungshund auf seinen Einsatz. Vielleicht wird er heute wieder Menschen retten, die bei einer Gasexplosion oder einem Erdbeben verschüttet wurden. Auch im Ausland helfen viele deutsche Rettungshunde Menschen in Not, so zum Beispiel beim schweren Erdbeben in Armenien im Winter 1988. 25 000 Menschen starben bei dieser Katastrophe, einigen konnten Hunde das Leben retten.

Einsatzbesprechung

Eine Person wird vermisst, und der Rettungshund macht sich gleich nach der Lagebesprechung auf die Suche. Stößt er auf den Vermissten, macht er den Hundeführer entweder durch lautes Bellen auf sich aufmerksam oder durch das „Bringsel", das er am Halsband trägt. Bei Sucherfolg nimmt er es ins Maul und signalisiert seinem Führer so: „Komm mit! Ich habe etwas gefunden!".

Vermisster gefunden!

Durch lautes Bellen macht dieser Labrador seinen Hundeführer darauf aufmerksam, dass er die vermisste Person gefunden hat. Nun kann der Sanitäter an die Unfallstelle eilen und die geschwächte Person – sehr oft handelt es sich zum Beispiel um alte, verwirrte Menschen, die die Orientierung verloren haben – medizinisch versorgen.

Seelentröster

Nicht nur wenn es um Unfallsituationen geht, kommen Hunde zum Einsatz: Auch bei seelischen Problemen oder bei Menschen mit geistiger Behinderung sind die Vierbeiner hilfreiche Seelentröster. Autistische Kinder beispielsweise erlernen über den Umgang mit einem Hund behutsam soziales Verhalten und Nähe. Heilen kann der Vierbeiner sie zwar nicht, aber er hilft ihnen, Vertrauen zu fassen und ein wenig aus ihrem Schneckenhaus hervorzukommen.

Nur eine Übung

Auch wenn es sich bei dieser Rettung nur um eine Übung handelt: Der Rettungshund ist mit vollem Eifer bei der Sache und führt den Sanitäter auf schnellstem Weg zur vermissten Person. Der Hund kann Ernstfall und Übung nicht unterscheiden, für ihn ist jede Suche ein großes, tolles Spiel. Um jedoch perfekt für die Notsituation gerüstet zu sein, braucht es sehr viel Übung und noch mehr Disziplin.

Starke Nerven

Rettungshunde brauchen starke Nerven und müssen mitunter auch ausgesprochen mutig und schwindelfrei sein. Die Einsätze verlangen den tierischen Rettungskräften sehr viel ab, daher sind die Auswahlkriterien und Prüfungen auch sehr schwierig und gewissenhaft. Talent allein genügt noch lange nicht, nur die Allerbesten schaffen es ins Einsatzteam.

Einsatz im Wasser

Dieser Schäferhund kommt meist nur dann zum Einsatz, wenn alle Hoffnung, Leben retten zu können, aufgegeben werden musste. Der Wassersuchhund ist speziell dafür ausgebildet, beispielsweise Ertrunkene im Wasser aufzuspüren. Mit seinem feinen Geruchssinn nimmt der Hund die Fährte des Verstorbenen auf und meldet seinem Hundeführer durch lautes Bellen, dass er etwas gefunden hat.

Freund und Helfer

Wer wäre besser aufgehoben bei der Polizei, dem Freund und Helfer, als der beste Freund des Menschen: der Hund? Schäferhunde wie dieser sind bei der Polizei besonders beliebt. Sie sind mutig, lernfreudig und sehr gehorsam. Die Beziehung zwischen dem sogenannten Diensthundehalter und dem Polizeihund, der korrekt ebenfalls „Diensthund" genannt wird, ist meist sehr eng.

Spürnase

Man sieht es ihm nicht direkt an, aber dieser Hund ist sozusagen Zollbeamter. Er sorgt an Flughäfen, den angeschlossenen Bahnhöfen, an Autobahnen und natürlich an der Grenze für Sicherheit, indem er mit seiner feinen Nase verbotene Stoffe und Materialien, wie Rauschgift, Waffen, Geldscheine, Tabak oder Sprengstoff, aufspürt und seinem Hundeführer meldet.

Zusammenbleiben!

Nicht nur in Filmen sorgt der Border Collie dafür, dass alle seine Schäfchen zusammenbleiben, er ist der vielleicht bekannteste Hütehund. Gerade auf großen, nicht umzäunten Weiden oder auf unwegsamen und für den Schäfer schlecht überschaubaren Weideflächen besteht seine Aufgabe darin, die Herde zusammenzuhalten oder auf Befehl des Schäfers einige Tiere von der Gruppe zu trennen.

Künstlerisch wertvoll

In vielen ländlichen Gebieten gibt es richtige Meisterschaften im Treiben. Dort treffen die besten Hütehunde aufeinander und demonstrieren ihr Können. Ganz präzise müssen die Schafe an vorgegebene Plätze getrieben werden, einige nach links, andere dagegen nach rechts. Für den Hund bedeutet dies nicht nur sehr viel körperliche Anstrengung, sondern auch äußerste Konzentration.

Starker Begleiter

Hundesport, bei dem ihm Schnelligkeit und Wendigkeit abverlangt werden, steht dieser stolze Berner Sennenhund eher skeptisch gegenüber. Dazu ist der Dürrbächler, wie die Rasse früher genannt wurde, zu groß und zu schwer. Als Lasten- und Zugtier wurde der gutmütige Koloss jedoch traditionell eingesetzt – und darüber hinaus ist er trotz seines freundlichen Wesens als Wachhund sehr beliebt.

Nicht ganz so idyllisch

Die idyllische Berglandschaft ist trügerisch: Lawinensuchhunde kommen immer dann zum Einsatz, wenn die Natur ihr raues Gesicht zeigt. Dann retten sie verschüttete Menschen aus der eisigen Kälte. Ein legendärer Lawinensuchhund ist der Bernhardiner, der vor allem durch den Rassevertreter „Barry" bekannt wurde. Dieser soll zu Anfang des 19. Jahrhunderts über 40 Menschen das Leben gerettet haben.

Zu schwer für den Job

So stellt ihn sich jeder vor: den Lawinensuchhund. Doch der Bernhardiner ist für den Einsatz im Schnee und für die Suche nach Vermissten schon lange ungeeignet. Der typische Rassevertreter ist heute sehr viel massiger und schwerer als der „Ur-Bernhardiner" und damit anders als der berühmte „Barry" nicht mehr in der Lage, als Rettungshund zu arbeiten. Lediglich auf Postkarten und Briefmarken ist der Bernhardiner noch bei der Ausführung seiner ursprünglichen Aufgabe zu sehen.

Beute-Anzeiger

Der Vorstehhund ist für die Jagd ein unerlässlicher Helfer. Durch seine angeborene Beutegreifhemmung verharrt der Hund, sobald er die Witterung eines Beutetiers aufnimmt, oft mit angewinkelter Vorderpfote oder mit der Nase in Richtung des Wildes. Erst wenn der Jäger seine Flinte einsatzbereit gemacht hat, gibt er dem Hund das Kommando, die Beute aufzuscheuchen.

Jagderfolg

Auch wenn sein Name auf den ersten Blick anderes vermuten lässt: Die größte Verbreitung findet der Kleine Münsterländer derzeit überwiegend in Frankreich, Schweden und Norwegen, wo er bevorzugt bei Waldjagden eingesetzt wird. Durch seinen ausgeprägten Beutetrieb eignet er sich sowohl als Vorstehhund als auch zum Apportieren.

Jagdhelfer

Dieser Große Münsterländer ist der traditionelle Helfer des Jägers. Er sorgt dafür, dass das erlegte Wild auch in hohem Gras oder im Gebüsch nicht verloren geht. Der Hund stöbert das geschossene Tier auf, gibt Laut und wartet, bis der Hundeführer seiner Spur gefolgt ist. Diszipliniert rührt er die Beute keinesfalls an, sondern überlässt alles dem Jäger.

Teamarbeit

Ihr Sozialverhalten ist besonders ausgeprägt, schließlich können Schlittenhunde nur im Team ganze Arbeit leisten. Ursprüngliche Schlittenhunderassen waren Grönlandhunde, Alaskan Malamutes, Siberian Huskys, Kanadische Eskimohunde und Samojeden. Mittlerweile werden auch Alaskan Husky, Scandinavian Hound, German Trail Hound, Tschukotskaja Jesdowaja und Jakutischer Lajka dazu gezählt.

Lohn

Auch ausgebildete Rettungs- und Diensthunde sind und bleiben Hunde, die stets Ermunterung, Lob, warme Worte, sehr viele Streicheleinheiten und natürlich das ein oder andere Leckerli benötigen, um weiterhin motiviert zu arbeiten. Diesen beiden Australian Cattle Dogs macht die Arbeit mit dem Menschen und die dazugehörige anschließende Belohnung sichtlich Freude.

Flott unterwegs

Gemeinsam sind sie stark: Diese Schlittenhunde sind perfekt im Training und daher in der Lage, den Schlitten innerhalb von einem Tag etwa 200 km weit zu ziehen – eine beachtliche Leistung, die von den Tieren nicht nur enorme Kraftanstrengung, sondern auch viel Disziplin verlangt. Selbst unter den härtesten klimatischen Bedingungen müssen sie ihren Schlitten ans Ziel bringen.

Sozialdienst

Diese beiden Hunde arbeiten ehrenamt-
lich in einem Seniorenheim. Regelmäßig
besucht ihr Frauchen die lokale Einrichtung und nimmt ihre Hunde gleich mit.
Die alten und meist pflegebedürftigen
Menschen freuen sich über die nette
Abwechslung – und die Vierbeiner lieben
die vielen streichelnden Hände. Viele
Rentner hatten ihr Leben lang Tiere und
sollen auch im Alter nicht auf den Kontakt zum geliebten Vierbeiner verzichten
müssen.

Ick bin ein Berliner

Das Geschirr, das dieser Rettungshund
mit Stolz trägt, zeigt es an: Der Vierbeiner
gehört zur Rettungshundestaffel Berlin.
In der Hauptstadt und in Brandenburg
spürt er zusammen mit seinen tierischen
und menschlichen Kollegen vermisste
Personen auf und bringt sie sicher nach
Hause oder ins Krankenhaus.

Keine Angst vor Autos

Sicher im Straßenverkehr sind dieser Schäferhund und der Golden Retriever schon lange. Durch Autos, Fahrräder, Passanten und Artgenossen lassen sie sich nicht aus der Ruhe bringen. Dies ist sehr wichtig. Um keine Verkehrsteilnehmer zu gefährden, muss der Hundeführer seinen Vierbeiner an Straßen immer unter Kontrolle haben, ansonsten drohen schwere Unfälle.

Wasserarbeit

Wenn der Hund das Apportieren an Land sicher beherrscht und er sich vor Wasser nicht scheut, kann er zur Wasserrettung ausgebildet werden. Der Hund muss dafür zunächst lernen, seinen Kopf ins Wasser zu tauchen. Zu Beginn wird das Spielzeug daher nur einige Zentimeter unter die Wasseroberfläche getaucht und die Tiefe wird dann allmählich gesteigert, bis er sich furchtlos in das nasse Element stürzt.

Letzte Rettung

Nach Gasexplosionen oder schweren Erdbeben ist dieses Team aus Mensch und Hund oft die letzte Rettung für Vermisste. Der Rettungshund ist in der Lage, den Geruch der Verschütteten zwischen Staub und Schotter herauszufiltern und seinem Hundeführer per Bellen oder Scharren eine Fundstelle anzuzeigen. Um ganz sicherzugehen, wird die Stelle mit einem zweiten Hund überprüft.

Ganz schön geschickt

Geschicklichkeit ist für seinen Einsatz bei der Feuerwehr absolute Voraussetzung. Der Rettungshund muss sich sicher auf rutschigen Geröllhalden, Schuttkegeln, Brettern, Balken und Mauerteilen bewegen können und darf sich von nichts ablenken lassen, um konzentriert seiner Suche nach vermissten Personen nachzugehen. Auch ein Balanceakt über die Feuerwehrleiter ist kein Problem für ihn.

Keine Prüfungsangst

Dieser kleine, wuschelige Kerl ist ein echter Rettungshund; bereits im Alter von sechs Monaten begann er seine Ausbildung und legte mehrere Prüfungen ab, bevor er in den Dienst eintreten konnte. Prüfungen können dabei in unterschiedlichen Kategorien absolviert werden. Darunter fallen Flächensuche, Trümmersuche, Lawinensuche, Wasserrettung, Mantrailing, Wasserortung und Leichensuche.

Bodyguards

Ursprünglich war der Bobtail für das Bewachen von großen Viehherden zuständig, doch sein aufmerksamer Blick und die hohe Wachsamkeit sind ihm angeboren. Daher ist er der perfekte Begleiter für Frauen und unterzieht, wie auf diesem Bild, die Umgebung kritischen Blicken, damit Frauchen sich unbeschwert bewegen kann. Unerwünschte Verehrer nehmen bei diesen beiden Bodyguards schnell Reißaus.

Mehr Selbstvertrauen

Hunde geben Menschen nicht nur Geborgenheit und uneingeschränkte Liebe. Sie nehmen jeden Menschen wie er ist, egal, ob dieser nun dünn oder dick, groß oder klein ist. Das gibt gerade psychisch labilen Menschen neues Selbstvertrauen und hilft nicht selten, sie Stück für Stück ins Leben zurückzubegleiten und ihre sozialen Kontakte neu aufzubauen.

 ## Auf großer Fahrt

Dieser Rottweiler freut sich schon auf die Busfahrt mit Herrchen. Damit diese reibungslos verläuft, muss der große Hund jedoch über einen guten Grundgehorsam verfügen. Weder darf er den ganzen Bus verbellen noch während der Fahrt zur Türe ziehen. Der Rottweiler geht das ganz gelassen an, er setzt sich brav neben Herrchen, bis sie an der Hundewiese angekommen sind.

Unentbehrlich

Im Alltag eines blinden Menschen ist der Blindenführhund ein unentbehrlicher Helfer. Der Vierbeiner zeigt seinem Menschen Türen, Treppen, Zebrastreifen und sogar freie Sitzplätze im Bus an, indem er einfach davor stehen bleibt. Er führt sein Herrchen sicher an allen Hindernissen wie parkenden Autos vorbei. Der Blindenführhund ist sehr ausgeglichen und lässt sich durch nichts von seiner Arbeit ablenken.

WÖLFE, FÜCHSE & CO.

Echte Hunde

Wildhunde leben mit Ausnahme von einigen Inseln überall auf der Erde, haben sich Wüsten, Steppen, Savannen, Wälder und Buschland sowie den Polarkreis und sogar menschliche Siedlungen erobert und gelten als eine der anpassungsfähigsten Säugetiergruppe überhaupt. Sie fressen Fleisch, Insekten, Aas, aber auch pflanzliche Kost, jagen im Rudel oder als Einzelgänger.

Streifenschakal

Auf der Hut: Auch wenn die Umgebung erkundet werden muss – Vorsicht scheint bei diesem Streifenschakal durchaus angebracht. Schließlich haben Schakale einige Feinde, z. B. den Hyänenhund; auch Geier und andere Raubvögel können es auf Jungtiere abgesehen haben. Der Mensch wird eher ihren Verwandten, Gold- und vor allem Schabrackenschakalen, gefährlich, die in Südafrika zum Schutz der Karakulschafe bejagt werden.

Streifenschakal
Der Scheue

Aufgeschreckt blickt der Schakal um sich, deutlich ist die schwarz-weiße Streifung, die ihm seinen Namen gab, zu sehen. Man findet ihn nur in Afrika südlich der Sahara. Seine Lebensweise spielt sich insgesamt etwas verborgener ab als die seiner Verwandten. Er bevorzugt meist lichte Wälder gegenüber den Steppengebieten und lebt dort hauptsächlich von kleinen Beutetieren und mehr pflanzlicher Nahrung als andere Schakalarten.

Streifenschakal
Begegnungen

Schakale besitzen ein äußerst ausgeprägtes soziales Verhalten, allerdings zeigen sie sich in der Regel nur ihren eigenen Familien gegenüber freundlich. Dort leben sie in einer vermutlich lebenslangen Ehe zusammen mit ihrem Nachwuchs. Nicht nur das Männchen beteiligt sich an der Aufzucht, sondern auch ältere Jungtiere, die für diesen „Hilfsdienst" länger in der Familie bleiben. Dem dominanten Paar zeigen sie sich, wie auch dieser Streifenschakal rechts, untergeordnet.

Goldschakal

Trotz seines Namens zeigt sich der Goldschakal meist seiner Umgebung perfekt angepasst – wer ein leuchtend rotgoldenes Fell erwartet, wird meist enttäuscht. Je nachdem, wo er lebt, reicht seine Farbpalette von goldbraun über graubraun bis hell blassgold. Von allen Schakalen ist er am weitesten verbreitet: Sowohl in Nord- und Ostafrika als auch auf der arabischen Halbinsel, in Südosteuropa und Südasien bis Burma fühlt sich der schnelle Läufer zu Hause.

Goldschakal
Geschickter Jäger

Viele Wildhunde werden in ihrem Charakter und in ihrer Lebensweise verkannt – so auch der Schakal. In den Fabeln vieler Kulturen ist er als feiger Aasfresser verschrien. Doch die Beute, die dieser Goldschakal verzehrt, ist höchstwahrscheinlich seine eigene. Schakale sind geschickte Jäger, die sich nur zu einem kleinen Prozentsatz von Aas ernähren. Ansonsten gehören zum Speiseplan kleine Säuger, Reptilien inklusive Giftschlangen sowie Insekten und Früchte.

Indischer Wolf

Dass alle Haushunderassen, vom winzigen Chihuahua bis zum Neufundländer, mit großer Sicherheit vom Wolf abstammen, erscheint beim Anblick des einem Schäferhund sehr ähnlichen Indischen Wolfes einleuchtend. Als eine der kleinsten Wolfsarten lebt er zwar vor allem in Halbwüstengebieten des östlichen Indiens und meidet in der Regel Wälder, er ist aber dennoch einer der Hauptdarsteller in Rudyard Kiplings „Dschungelbuch".

Himalayawolf

In oft hochgelegenen, trockenen Gebieten Nordindiens und Nepals lebt der Himalayawolf, der als eine der ältesten Wolfsarten angesehen wird und von dem nach Schätzungen nur noch 350 Tiere existieren. Unter Felsen und Bäumen versteckt, gräbt das Weibchen eine Höhle für ihre Jungen, manchmal wird auch ein schon vorhandener Unterschlupf erweitert und genutzt, um dem Nachwuchs Schutz zu bieten.

Kojote

Ein Felsen scheint dem Kojoten der ideale Platz zu sein, um sein Revier zu überblicken. Sein feines Gehör, sein ausgezeichneter Geruchssinn und sein gutes Sehvermögen helfen ihm dabei, Beute aufzustöbern. Anpassungsfähig, wie er ist, gehören auf seinen Speiseplan kleine Säugetiere wie Backenhörnchen und größere wie Hirsch und Gabelbock, die er im Rudel jagt. Aber auch Obst und Insekten verschmäht er ebenso wenig wie Aas, wodurch er einen wertvollen Beitrag innerhalb des Ökosystems leistet.

Kojote
Der einsame Kojote?

Hechelnd verharrt der Kojote auf seiner Wanderung. Der von den Indianern auch „kleiner Bruder" genannte Wildhund lebt allerdings keinesfalls, wie oft in Filmen dargestellt, immer als Einzelgänger, sondern meist in kleinen Gruppen oder Familienverbänden. Wenn die Kleinen ein Jahr alt werden, verlassen sie die Familie in der Regel, um auf der Suche nach einem eigenen Revier viele Kilometer weit zu wandern.

Kojote
Standfest

Fast einzigartig unter den Raubtieren der Erde ist die Tatsache, dass Kojoten trotz Verfolgung nicht wie der Wolf in unbewohnte Gebiete zurückgedrängt wurden, sondern sich im Gegenteil immer weiter vor allem nach Norden und Osten ausbreiteten. In ganz Nordamerika kommen sie sowohl im offenen Grasland als auch in Wäldern vor, wie dieser Kojote, der, scheinbar durch nichts zu vertreiben, wie eine Statue im Nadelwald verharrt.

Wolf

Futterzeit: Ungeduldig stupst der junge Wolf gegen die Schnauze seiner Mutter. Was wie eine Aufforderung zum Spiel aussieht, hat durchaus praktische Gründe: Während die Jungen heranwachsen, bringen die Elterntiere, aber auch andere Rudelmitglieder, die sich alle an der Aufzucht beteiligen, vorverdautes Futter mit, das sie für die Kleinen erbrechen. Später werden dann ganze Beutetiere für den Nachwuchs angeschleppt.

Wolf
Wolfsgeheul

Lautstark sendet der Wolf seinen Gesang in die klare Winterluft. Bei idealen Bedingungen ist das Gruppengeheul mehrerer Wölfe bis zu 10 km weit hörbar. Die für viele unheimlich klingenden Laute dienen dazu, einem anderen Rudel die Anwesenheit zu signalisieren, sodass Revierstreitigkeiten und Grenzkämpfe vermieden werden können. Außerdem hilft das Geheul, Kontakt bei der Jagd zu halten und fördert den eigenen Rudelzusammenhalt.

Wolf
Angst vor dem „bösen Wolf"

Für viele Menschen ist ein Wolf mit seinen leuchtenden Augen und scharfen Zähnen die Verkörperung des bösen Räubers. Doch im Allgemeinen sind Wölfe dem Menschen gegenüber eher scheu, und tatsächlich belegte Angriffe sind in der Geschichte äußerst selten. In Gegenden, in denen heute noch Wölfe vorkommen, genügen den Schäfern in der Regel einfache Stöcke, um die Tiere von ihren Herden zu vertreiben.

Wolf
Geduldige Mütter

Auch wenn die übermütigen Welpen ihrer Wolfsmutter sicherlich von Zeit zu Zeit auf die Nerven gehen, während sie um ihre Beine toben, hält diese geduldig still, sodass jeder die ersehnte Milchquelle erreichen kann. Nur das sogenannte Alphapaar, das ranghöchste Männchen und Weibchen, paart sich im Wolfsrudel miteinander und sorgt für Nachwuchs. Diesen bringt dann das Weibchen in einer selbst gegrabenen Höhle unter Büschen oder Bäumen zur Welt.

Wolf
Familienbande

Knurrend und quiekend balgen sich die Wölfe im Schnee; was gefährlich aussehen mag, ist für sie nur ein Spiel. Wölfe sind äußerst sozial lebend, nur selten gibt es echte Einzelgänger; meist sind dies Jungtiere auf der Suche nach dem eigenen Revier. Im Spiel werden soziale Verhaltensweisen gelernt, geübt und gefestigt. So entstehen bei ernsthaften Auseinandersetzungen um die Rangordnung später nur selten Verletzungen.

Wolf
Herrscher des Waldes

Stolz überblickt der graue Wolf sein Revier. Der mit einer Schulterhöhe von bis zu 80 cm und einem Gewicht bis 80 kg größte der Caniden war einst eines der am weitesten verbreiteten Raubtiere überhaupt. Er besiedelte nicht nur die Wälder Eurasiens sowie Nord- und Mittelamerikas, sondern war auch in der baumlosen Tundra, in der Taiga, in Halbwüsten, Busch- und Grassteppen, im Hochgebirge und in Sumpfgebieten zu Hause.

Dingo

Schon als kleiner Welpe erkundet dieser Dingo selbstbewusst seine Umgebung. Der Australische Wildhund, wie er früher hieß, ist kaum vom Haushund zu unterscheiden. Tatsächlich wurden kleine Dingos wie dieser des Öfteren von Ureinwohnern gefangen und ohne große Probleme aufgezogen und gezähmt. Dennoch sind sie als Haustiere nur wenig geeignet, da sie meist nur der ihr vertrauten Person gegenüber zutraulich bleiben.

Dingo

Schrecken der Schafe oder nützlicher Jäger?

Etwas hat die Aufmerksamkeit der beiden jungen Dingos geweckt – vielleicht verbirgt sich dort ein Kaninchen im Gras. Diese gehören wie andere kleine Nager, Vögel und Reptilien zur hauptsächlichen Nahrung der verwilderten Hunde, wodurch sie den Bestand der Kleinsäuger niedrig halten. In kleinen Gruppen oder als Paar erlegen Dingos allerdings auch größere Beute wie Kängurus – oder eben doch mal, allerdings eher selten, ein Schaf.

Dingo
Ausgesetzt „down under"

Das „typische" rote Fell, das auch Abzeichen tragen, schwarz oder gescheckt vorkommen kann, Kraft und Anmut zeichnen den Dingo aus. Intelligenz und Anpassungsfähigkeit halfen ihm, sich die unterschiedlichsten Lebensräume Australiens von den Eukalyptuswäldern bis zu den Halbwüsten im Westen zu sichern, als er vor geschätzten 5000 Jahren von südostasiatischen Seefahrern eingeführt wurde und sich wild über das ganze Festland verbreitete.

Neuguinea-Dingo

Der gebannt seine Beute fixierende kleine Hund trägt zwar den Namen seines Vetters aus Australien, unterscheidet sich aber mit seinen kurzen Beinen – er wird gerade mal 40 bis 45 cm hoch – und der oft wie bei einem Spitz über den Rücken gehaltenen Rute deutlich von diesem. Erst 1956 beschrieben wurde der wegen des ihm eigenen Geheuls „New Guinea Singing Dog" genannte Neuguinea-Dingo, der in den hochgelegenen Wäldern der Inseln lebt.

Neuguinea-Dingo
Auf du und du mit dem Wildhund

Neben der kürzeren Schnauze und dem breiteren Kopf unterscheidet vor allem die Wesenart den Neuguinea-Dingo von seinem australischen Verwandten. Die Tiere leben zwar wild, sind aber sehr zutraulich und ohne Scheu und lassen sich in einem gewissen Umfang sogar domestizieren. Sie bilden damit in der Evolutionsbiologie vermutlich eine erste Übergangsstufe von den Wild- zu den Haushunden.

Schabracken-schakal

Mit aufgerichteten Ohren fixiert der Schabrackenschakal etwas, das seine Aufmerksamkeit erregt hat. Wie alle Hunde besitzt er einen überdurchschnittlich guten Geruchssinn und wie viele Wildhunde ein sehr gutes Entfernungssehvermögen. Sein ausgezeichnetes Gehör wird durch die Größe seiner Ohren, die ausgeprägter sind als bei anderen Schakalarten, noch zusätzlich verstärkt. Die großen Ohren helfen ihm außerdem, überschüssige Wärme abzugeben.

Schabrackenschakal
Sengende Hitze

Während die Sonne über den Buschsteppen und Halbwüsten Ost- und Südafrikas brennt, hält dieser Schabrackenschakal Siesta und versucht, möglichst wenig Angriffsfläche für die Hitze zu bieten. Felsen sind in seiner Heimat oft rar, und das Steppengras ist selbst für die kleinen, im Durchschnitt 11 kg schweren Schakale zu kurz, um wirklich Schutz zu bieten. Doch die Hitze macht den Wildhunden in der Regel wenig aus.

Schabrackenschakal
Bei der sicheren Höhle

Vor dem Eingang seiner Höhle ruht der auch Schwarz- oder Silberrückenschakal genannte Wildhund, dessen verbreitetster Name von der deutlich sichtbaren dunklen „Schabracke" auf seinem Rücken stammt. Schakale graben ihre Höhlen nicht immer selbst, auch von anderen Tieren angelegte Gruben und Höhlen werden gerne genommen, um sich zurückzuziehen und vor allem die Jungen großzuziehen.

Schabrackenschakal
Die Beute im Visier

Geduckt, alle Muskeln angespannt, schleicht sich der Schakal heran. Schon die Kleinen lernen in der Familie, was sich als Nahrung eignet. Da dazu auch Vögel oder Giftschlangen zählen, müssen junge Schakale viel lernen, um die Beute fangen zu können. Gemeinsame Angriffe wollen ebenso gelernt sein, da größere Tiere meist in Gruppen gejagt werden. Auch Geier und andere Konkurrenten können nur von mehreren Schakalen von einer Beute vertrieben werden.

Rotwolf

Im Licht- und Schattenspiel des Waldes passt sich der beige-grau-rote Pelz des Rotwolfs ideal seiner Umgebung an. Der kleine Vetter des Europäischen Wolfs gilt seit Kurzem wie dieser und auch etwa der Tundra- und der Steppenwolf als Unterart der Wölfe. Deren Farb- und Größenvarianten von fast Weiß bis fast Schwarz, von 12 bis 80 kg Körpergewicht, wurden bedingt durch ihr ehemals riesiges Verbreitungsgebiet, das sich über alle Kontinente der Nordhalbkugel erstreckte.

Rotwolf
Gejagte Jäger

Scheu blickt der Rotwolf bei seinem Streifzug um sich. Der in der Wildbahn seit 1980 als ausgestorben geltende und in Teilen North Carolinas wieder angesiedelte *Canis rufus* war früher in den USA weit verbreitet. Unerbittliche Verfolgung durch die Menschen und die Verkleinerung seines Lebensraums waren die hauptsächlichen Ursachen, dass der von den Indianern meist geduldete Jäger in seinem Bestand immer weiter zurückging.

Timberwolf

Mit kraftvollen Sprüngen galoppiert der Timberwolf über die verschneite Landschaft. Er ist ein ausgezeichneter und ausdauernder Läufer, und er kann auch Tempo machen – bis zu 60 km/h und mehr sind bei der Jagd auf Hirsche oder Elche möglich. Wie sein europäischer Verwandter hat sich der in den Wäldern seiner Heimat einst weit verbreitete Wolf in menschenarme Gebiete der nördlichen USA und Kanadas zurückgezogen.

Äthiopischer Wolf

Eine heftige Auseinandersetzung hat sich zwischen den beiden Wildhunden entwickelt, als der eine versucht, die Beute des anderen zu stehlen. So gesellig und sozial freundschaftlich äthiopische Wölfe in ihren Familien miteinander umgehen, so aggressiv werden Feinde oder Eindringlinge vertrieben. Doch auch im Kampf gelten wie bei allen Hunden Regeln, sodass der Dieb im Allgemeinen ohne größere Blessuren abzieht.

Äthiopischer Wolf
Namenssuche

Die Suche nach dem richtigen Namen gestaltete sich beim *Canis simensis* extrem schwierig: Äthiopischer Wolf, Fuchs oder Schakal, Abessinienfuchs, abessinischer Wolf oder Schakal – kaum ein Wildhund besitzt derart viele Namen. Ein fuchsähnliches Gesicht und das rote Fell, die schakalähnliche Gestalt und Verhaltensweise und neue genetische Erkenntnisse führten zu diesem Durcheinander an Namen.

Äthiopischer Wolf
Bedroht und verfolgt

Ein abessinisches Wolfsrudel mit einem Welpen – ein seltener Anblick, denn insgesamt ist die Art, die nur im Gebirge Äthiopiens in 3000 bis 4000 m Höhe vorkommt, bedroht. Obwohl ihre Hauptnahrung zu über 95 Prozent aus kleinen Nagern besteht, wurden die schönen Wildhunde als „Schafräuber" sowie wegen ihres Pelzes verfolgt, was mit der Einschränkung ihres Lebensraumes und der Vermischung mit Haushunden ihren Bestand stark dezimierte.

Kurzohrfuchs

Mit dem für einen Wildhund außergewöhnlich dunklen Fell ist der Kurzohrfuchs in den tropischen Regenwäldern seiner Heimat kaum von der Umgebung zu unterscheiden. Der bis 4 kg schwere, nachtaktive Räuber mit den runden kurzen Ohren führt in den Flussniederungen des Amazonas und des Orinoko sowie kleineren Flüssen Südvenezuelas, Kolumbiens und Mittelbrasiliens ein noch relativ wenig erforschtes Leben.

Maikong

Gemeinsam streifen die beiden Maikongs, auch Waldfüchse genannt, durch ihr Revier. Die in vielen Gebieten des östlichen Südamerika beheimateten Jäger leben sowohl in Wäldern als auch in offenen Savannen. Wenn Welpen aufzuziehen sind, jagen die Elterntiere meist zusammen; eine besondere Bereicherung ihres Speiseplans stellen Krebse dar, die sie mit Begeisterung verzehren, was ihnen den Namen „Krabbenfresser" eintrug.

Mähnenwolf

Fuchs auf Stelzen: Vieles am Mähnenwolf ist auffällig – seine langen Ohren,
das weiche, mittellange Fell ohne
Unterhaare, was ihm in der tropischen
Hitze zugute kommt, die leuchtend
rote Farbe mit den weißen und
schwarzen Abzeichen und die Mähne
auf Nacken und Rücken, die ihm den
Namen gab. Am erstaunlichsten
jedoch sind die extrem langen Beine,
die ihm helfen, im hohen Steppengras
den Überblick zu behalten.

Mähnenwolf
Bellprobe

Der kleine Mähnenwolf übt schon
einmal – schließlich will er als Großer
genauso gut bellen können wie die
anderen. Wenn sie kämpfen, knurren und
winseln, doch auch, um sich auf weite
Entfernung zu verständigen, stoßen
Mähnenwölfe ein tiefes Bellen aus, das
wohl auch dazu dient, andere fernzuhal-
ten. Dem Aberglauben nach soll das
nächtliche Gebell der Mähnenwölfe
Wetteränderungen ankündigen.

Mähnenwolf
Südamerikas faszinierendster Hund

Eine imposante Erscheinung ist dieser Mähnenwolf, der
sein Revier durchstreift. Bis zu 32 km legt er im für ein
Raubtier unüblichen, schlendernden Passgang zurück,
wenn er in der Dämmerung und nachts in den Savannen
und lichten Wäldern Südamerikas auf Beutezug geht. Trotz
seiner Größe – mit bis zu 87 cm Schulterhöhe ist er größer
als ein Wolf – wiegt der schlanke Jäger nur 20 bis 23 kg.

Mähnenwolf
Zurückgedrängt

Störungen behagen dem Mähnenwolf, der hier ruht, ganz und gar nicht. Er ist ein eher scheuer Wildhund, mehr Kulturflüchter als -folger. Menschen meidet er, und nur sehr selten greift er mal ein Lamm – seine Hauptspeise sind kleine Nager, Kaninchen, Gürteltiere, Vögel und viel pflanzliche Kost. Trotz seiner Menschenscheu ist er in seiner Heimat stark gefährdet, da er weite Reviere benötigt und sein Lebensraum immer mehr eingeschränkt wird.

Mähnenwolf
Ein hübsches Paar

Mit durchdringendem Blick, der dem Aberglauben nach ein Huhn hypnotisieren und töten kann, fixieren die beiden Mähnenwölfe ihr Ziel. Nur zur Fortpflanzungszeit sind die schönen, langbeinigen „Fuchsgesichter" zusammen, sonst sind sie in der Regel ausgesprochene Einzelgänger. Selbst in der Familie geht man sich, vor allem beim Fressen, lieber aus dem Weg, und ein Paar, das zusammen ein Revier bewohnt, wird selten zusammen gesehen.

Rothund
Der Anpassungs-künstler

Dieser im Sonnenschein stehende Rothund gehört wohl zu einem Rudel, das sich gerade zur Jagd sammelt. Die meisten Caniden sind äußerst anpassungsfähig, doch Rothunde leben in so unterschiedlichen Gegenden wie dem tropischen malaiischen Dschungel, Berg- und Buschwäldern Chinas und Indiens, der mongolischen Steppe und im Hochgebirge in 4000 m Höhe. Dennoch sind die menschenscheuen Rothunde in vielen Gebieten vom Aussterben bedroht.

Rothund

Der kräftige Rothund – auch Asiatischer Wildhund – ist ein furchtloser Jäger. Rothunde jagen im Rudel und hetzen ihre Beute wie Wölfe, wobei sie ihr auch „Fallen" stellen können; sie sind als Jäger verschrien, da sie größerer Beute wie Hirschen oder Rentieren noch vor deren Tod die Eingeweide herausreißen.

Afrikanischer Wildhund

„Hyänenhund" wird der Afrikanische Wildhund auch genannt. Warum dies so ist, wird an der Zeichnung seines Fells, dessen weiße und gelbe Flecken bei jedem einzelnen Tier individuell verschieden sind, schnell klar. Doch zu den Hyänen gehört der aufmerksam lauschende Wildhund nicht – er ist ein echter Canide, der sich dennoch von seinen Hundeverwandten unterscheidet. So hat der Afrikanische Wildhund an seinen Vorderbeinen nur vier statt fünf Zehen.

Afrikanischer Wildhund
Ausblick

Fast so groß wie ein europäischer Wolf, doch nur ein Drittel so schwer sind die buntgefleckten Afrikanischen Wildhunde, die zu den bedrohten Tierarten ihrer Heimat zählen. Südlich der Sahara leben die Jäger bevorzugt in äußerst großen Revieren in Savannen und Buschlandschaften, doch wo ihr Lebensraum immer stärker eingeschränkt wird, ziehen sie sich immer mehr in Sumpfgebiete oder Halbwüsten, die der Mensch nicht besiedelt, zurück.

Afrikanischer Wildhund
Auf Erkundungsgang

Junge Afrikanische Wildhunde haben ihre Höhle, die sie die ersten drei Wochen bewohnten, verlassen. Jungtiere bleiben, auch wenn sie mit zehn Wochen bereits entwöhnt sind, beim Rudel und ziehen noch über ein Jahr lang mit ihm, bevor sich – unüblich für viele sozial lebende Rudeltiere – die Weibchen aufmachen, ein neues Rudel zu finden.

Afrikanischer Wildhund
Zahn um Zahn

Herzhaft gähnend lässt dieser Hyänenhund eine beeindruckende Reihe äußerst scharfer Zähne sehen. Sein Gebiss, in dem der letzte Backenzahn nur schwach ausgebildet ist, ist das eines reinen Fleischfressers, denn im Gegensatz zu seinen anderen Wildhundeverwandten verschmäht er pflanzliche Kost. Auch bei Rangordnungskämpfen, die Weibchen heftiger austragen als Männchen, können die gefährlichen Waffen durchaus Schaden anrichten.

Afrikanischer Wildhund
Ein großer Jagderfolg

Ein Rudel Hyänenhunde hat einen Großen Kudu gestellt. So große Pflanzenfresser sind, wie auch Zebras, seltene Beute für die Wildhunde; meist erlegen sie Antilopen und Thompsongazellen. Bei der Jagd, die vor allem morgens oder abends stattfindet und bei der über mehrere Kilometer eine Geschwindigkeit von bis zu 60 km/h erreicht wird, werden verschiedene Strategien angewandt, z. B. indem der Beute von einem Teil des Rudels bei Richtungswechseln der Weg abgeschnitten wird.

Marderhund

Neugierig überblickt der Marderhund sein Revier: Er ist eher klein, nur 20 cm in der Höhe, und könnte damit als einer der kleinsten Wildhunde gelten, wäre er nicht gleichzeitig so stämmig mit einem Gewicht von etwa 5 kg. Der Einzelgänger, der aber ebenso häufig als Paar oder mit seinen Jungen eine Weile im Familienverband lebt, ist trotz seines Waschbärlooks ein echter Hund – nur bellen, das kann er nicht.

Marderhund
Hier stehe ich

Einer stämmigen Pelzkugel gleich, steht der auch Enok genannte Wildhund auf seinem Weg. Dieses dichten Pelzes wegen wurde er von seiner Urheimat Ostasien, China und Japan in das westliche Russland gebracht, von wo er sich munter bis nach Europa verbreitete. So gilt er trotz seines ehemals begehrten Fells nicht als gefährdet, und auch gegen seine natürlichen Feinde, Luchs, Wolf und große Greifvögel, setzt der kleine Dicke sich meist erfolgreich zur Wehr.

Marderhund
Wasserjagd

Wasserreiche Gegenden wie Flusstäler, Seengebiete oder Wälder in Wassernähe sind der bevorzugte Lebensraum des Marderhundes, wie dieser erfolgreiche Fischjäger beweist. Ein schneller Lauf ist nicht seine Stärke, dafür kann er umso besser schwimmen und tauchen. Neben der „üblichen" Nahrung aus Pflanzen, Kleinsäugern, Vögeln und viel Fisch fällt er dadurch auf, dass er auch giftige Kröten und Molche verschlingt.

Marderhund
Pause muss sein

Ruhend verbringt dieser Marderhund den Großteil seines Tages. Im Herbst hat der dämmerungs- und nachtaktive Enok viel zu tun – zumindest in den kälteren Gebieten seines Verbreitungsgebiets. Dort nämlich legt der pelzige Wildhund von November bis Februar als einziger Canide eine Winterruhe ein, nachdem er sich vorher auf das Eineinhalbfache seines Gewichts gemästet hat.

Andenschakal

Im gesamten Andengebiet von Ecuador und Peru bis Feuerland herrscht der Andenschakal, auch Magellanfuchs genannt, über sein Revier, in dem er täglich oft weite Strecken zurücklegt. Durch seine Lebensweise in unterschiedlichen Klimazonen, von Meereshöhe bis in 4000 bis 5000 m Höhe weist der kräftige und doch elegante Wildhund eine große Vielfalt an Farb- und Größenunterschieden auf.

Andenschakal
Hochgebirgsjäger

Auf der Suche nach lohnender Beute durchstreift der Andenschakal die Buschlandschaft; hauptsächlich ist er hinter kleinen Nagern wie Meerschweinchen her, während er in tieferen Gebieten auch mal ein junges Vikunja oder Schaflämmer reißt. Doch in Notzeiten verschmäht der große, mit seinem dichten Pelz der Kälte in Hochlagen gegenüber unempfindliche Magellanfuchs auch Früchte, Samen, Abfälle oder Aas nicht.

Darwin-Fuchs

1834 entdeckte Charles Darwin (1809–1882) auf der vor der chilenischen Küste gelegenen Insel Chiloé den grauen Fuchs. Als Jahrzehnte später eine weitere Population mit etwa 70 bis 80 Tieren im Nahuelbuta-Nationalpark auf dem Festland entdeckt wurde, wurde er als eigene Art anerkannt und erhielt den Namen seines Entdeckers. Mit nur 250 Tieren auf seiner „Stamminsel" gehört der hübsche Graue zu den vom Aussterben bedrohten Tierarten.

Darwin-Fuchs
Rekordverdächtig

Mit gespitzten Ohren fixiert der Darwin-Fuchs seine Beute. In den gemäßigten südlichen Regenwäldern fängt er hauptsächlich Kleinsäuger, Reptilien und Insekten. Auf Chiloé hat er dabei wenig Konkurrenz. Hier ist der Wildhund, der eines der kleinsten geografischen Verbreitungsgebiete aller Fuchsarten überhaupt bewohnt und der mit 2 bis 4 kg Gewicht und 25 cm Höhe zu den kleinsten Füchsen gehört, der größte Räuber.

Argentinischer Kampfuchs

Laut keckernd und bellend gibt der in der Sonne dösende Argentinische Kampfuchs seinen Unmut über die Störung seiner Siesta kund. Wie die meisten seiner südamerikanischen Verwandten ist der kleine Hund, auch Argentinischer Graufuchs genannt, vor allem in der Dämmerung und nachts unterwegs, während er sich tagsüber lieber unter Büsche oder ins hohe Pampasgras zurückzieht.

Argentinischer Kampfuchs
Kamp(f)fuchs

Auch wenn der Argentinier kleiner als ein Rotfuchs ist und nur gute 4 kg auf die Waage bringt, ist mit einem so wilden Gesellen nicht zu spaßen. Dennoch wurden die Füchse immer wieder von Indianern gezähmt. Der Name des Kampfuchses hat im Übrigen mit „Kampf" wenig zu tun – er stammt von den mit bewaldeten Inseln durchsetzten Savannengebieten Südamerikas, die „campos" genannt werden.

Argentinischer Kampfuchs
Auf zur Jagd

Kleine Nagetiere wie Meerschweinchen oder Mäuse, Hasen, Vögel, Eidechsen, auch Frösche und Eier sowie viele Arten pflanzlicher Kost schmecken dem Argentinischen Kampfuchs, der hier etwas Gutes zu wittern scheint. Er ist kein schneller Jäger, sondern schleicht sich in der Regel, geschickt die Deckung von Büschen und hohem Gras ausnutzend, an seine Beute heran, um sie mit einem raschen Sprung zu erlegen.

Pampasfuchs

Pampasfüchse ähneln in ihrem Verhalten unseren Rotfüchsen – sie scheuen sich nicht, in menschlicher Nähe nach Abfällen zu suchen oder Hühner zu stehlen. Doch das war nicht der einzige Grund für die systematische Verfolgung, die dem Pampasfuchs im Gegensatz zu einigen bedrohten Arten wie dem Kampfuchs bisher allerdings wenig ausgemacht hat: Das schöne, graurot-melierte Fell verleitete viele dazu, um des Pelzes willen Jagd auf ihn zu machen.

Pampasfuchs
Wolf im Fuchspelz

Wolfsähnliche Gesichtszüge, ein buschiger Fuchsschwanz, bestimmte Merkmale der Augen und Zähne lassen den Pampasfuchs ebenso wie seine anderen südamerikanischen „Fuchs"-Verwandten als Mittelding zwischen Hund und Fuchs erscheinen. Unter den einzelnen Arten herrscht Verwirrung bezüglich ihrer Klassifizierung, sodass Pampas-, argentinische Kamp- und Sechurafüchse oft als Unterarten einer Art gesehen werden.

Sechurafuchs

Im westlichen Peru und Ecuador ist dieser kleine südameri-
kanische Fuchs zu Hause. Seine Heimat, die Halbwüsten
und Wüsten der westlichen Andenhänge in Küstennähe,
ist eine oft karge Gegend, die ihm zwar in Felsspalten gute
Verstecke bietet, Nahrung aber eher spärlich bereithält,
sodass er diese auch in menschlichen Siedlungen sucht.
Nicht zuletzt wegen der daraus resultierenden Verfolgungen
wird er zu den bedrohten Arten gezählt.

Sechurafuchs
Einzelgänger

Alleine ruht der Sechurafuchs auf seinem Felsen: Südameri-
kanische Füchse sind in der Regel Einzelgänger, die sich
nur in der Fortpflanzungszeit zu Paaren zusammenfinden,
um eine Familie zu gründen und die Jungen gemeinsam aufzuziehen. Wenn diese selbstständig werden, wird der Familienverband normalerweise wieder aufgelöst, und die kleinen
Füchse streifen wieder alleine durch ihr Revier.

Brasilianischer Kampfuchs

Aufgeschreckt sitzt der Brasilianische Kampfuchs im Gras
und lässt vorsichtshalber seine spitzen Zähnchen sehen. Der
kleinste der südamerikanischen Füchse besitzt ein winziges
Gebiss, vor dem man sich dennoch in Acht nehmen sollte. Über
die Lebensweise des kampflustigen kleinen Grauen in den
Bauminseln und der offenen Savanne Zentralbrasiliens ist noch
relativ wenig bekannt.

Waldhund

Junge Waldhunde wie diese erwartungs-voll dreinblickende Bande leben in einer sehr lang haltenden Familie; bis zu eineinhalb Jahre bleiben sie bei ihren Eltern. In dieser Zeit lernen sie in der Familienstruktur soziale Verhaltenswei-sen, Jagdmethoden und vieles mehr. Auch Schwimmen will gekonnt sein, denn Waldhunde hetzen größere Beute nicht nur an Land, sondern stellen kleine Hirsche und Wasserschweine auch im Wasser.

Waldhund
Ein bäriger Hund

Vollkommen ungewöhnlich präsentiert sich der Waldhund in seinem Aussehen: Die gedrungene, stämmige Gestalt, die kurzen Beine, der kurze Schwanz, ein eher runder Kopf mit runden Ohren und das kurze, dichte, sattbraune Fell lassen eher an einen Bären als einen Hund denken. Dennoch zählt der in den Wäldern und Steppen Mittel- und Südamerikas beheimatete Buschhund im Bärenfell zu den echten Hunden.

Waldhund
Reviergrenzen

Wie zur Verteidigung bereit, stehen die beiden Buschhunde am Waldrand. Reviergrenzen müssen respektiert werden – so sozial und gesellig die Waldbewohner sind, so verärgert reagieren sie auf Eindringlinge. Paarweise oder in kleinen Rudeln bewohnen sie ein gemeinsames Terri-torium, das mit Harn und Analsekret als das ihre markiert wird, was die Männchen auf hundeübliche Art, die Weibchen aber im „Handstand" tun.

Echte Füchse

Zu den Echten Füchsen, die sich von den Echten Hunden nur durch wenige körperliche Merkmale unterscheiden und die an extremste Klimabedingungen angepasste Arten beinhalten, gehört der kleinste Wildhund überhaupt, der Fennek. Manchmal leben die schlauen Gesellen im Gruppenverband, doch als Jäger sind sie Einzelgänger, fangen Nagetiere, Vögel und Insekten oder tun sich an Pflanzen gütlich.

Löffelhund

Mit seiner schwarzen Gesichtsmaske, den langen schlanken Beinen und den langen Ohren ist der Löffelhund ein auffälliger Wüstenbewohner. In seinen Verbreitungsgebieten in Südwest- und Ostafrika wird der anmutige Fuchs durchaus geschätzt, da er mit seiner Vorliebe für Termiten und Heuschrecken als „Schädlingsbekämpfer" gilt.

Löffelhund
Was ist das, Mama?

Vielleicht bringt die Fähe ihrem Welpen gerade bei, was für kleine Löffelhunde genießbar ist, denn manche Löffelhunde von ihnen sind so spezialisiert, dass sie nur eine bestimmte Art Erntetermiten fressen. Wenn die Kleinen beim Bau bleiben, bleibt immer ein Elternteil als Schutz zurück, während der andere auf Jagd geht.

Löffelhund
Rasselbande

Mit fünf Welpen ist dies ein relativ großer Wurf Löffelhunde. In meist selbst gegrabenen Erdbauen kommen die Kleinen zur Welt, die, was unüblich für Füchse ist, bis zu fünfzehn Wochen, gesäugt werden. Mit zehn Monaten verlassen die Löffelhunde dann ihre Familie und gehen ihre eigenen Wege.

Löffelhund
Aus der Reihe gefallen

Nicht nur sein Aussehen unterscheidet den Löffelhund von seinen Fuchs- und Hundeverwandten, sondern vor allem seine Essgewohnheiten: Wenn er auch gelegentlich Nager, Vogeleier, Eidechsen, Früchte und Beeren frisst, machen doch Insekten 80 Prozent seiner Nahrung aus. Mit vier bis acht zusätzlichen Backenzähnen und einem ausgeprägten Unterkiefermuskel ist er hervorragend für diese Vorliebe ausgerüstet. In der Regel leben Löffelhunde paarweise; kleine Gruppen und Familien können manchmal sogar relativ nah beieinanderwohnen.

Löffelhund
Fledermausohren

Auffällig ragen die großen, bis 13 cm langen Ohren des Löffelhundes oder -fuchses weit vom Kopf ab – nur der Fennek hat noch größere. Wie bei diesem dienen sie als Hitzeregulativ, indem sie Wärme abstrahlen. Doch mehr noch sind die Ohren für den Löffelhund ein Mittel zur Nahrungssuche, wenn er mit seinem feinen Gehör auf Insekten horcht und die leisesten Geräusche seiner Beute in deren Gängen unter der Erde lokalisiert.

Graufuchs

Aufmerksam schreitet der Graufuchs sein Revier ab. Etwas langbeiniger als die meisten seiner Verwandten, gehört er doch zu den echten Füchsen. Anders als sein deutscher Name besagt, ist er keineswegs eintönig grau; seine Fellzeichnung beinhaltet neben der silbergrauen Decke rotbraun-gelbliche Färbungen an den Flanken, Beinen, im Nacken und am Hals sowie eine weiße Unterseite und einen schwarzen Aalstrich.

Graufuchs
Siesta im Laub

Auf dem Waldboden inmitten von Laub und Zweigen hat sich der Graufuchs, relativ gut getarnt, für seine Pause niedergelassen. Sein Lebensraum erstreckt sich von Südkanada über die USA und Mittelamerika bis ins nördliche Südamerika. Normalerweise meidet der auch Baumfuchs genannte, ausgezeichnete Kletterer offene Flächen und hält sich in Wäldern auf.

Graufuchs
Der Versorger

Zwischen Steinen ruhend erholt sich der Graufuchs von der Jagd. Im Allgemeinen ist er nachts aktiv, um als Einzeljäger kleine Nager, Hörnchen, Vögel, Eidechsen und Insekten zu fangen. Daneben bereichert der Graufuchs seinen Speiseplan aber auch gerne mit pflanzlicher Nahrung wie Früchten, Getreide oder Beeren. In der Zeit, in der die Jungen aufgezogen werden, hilft das Männchen mit, den Nachwuchs zu versorgen, bis dieser die Familie verlässt.

Graufuchs
Baumbauten

Neugierig blickt der Graufuchswelpe aus seiner geschützten Baumhöhle. Graufüchse graben ihren Bau in der Regel nicht selbst, sondern finden Zuflucht in Felsspalten, von anderen Tieren angelegten Höhlen und vor allem in Baumhöhlen, die bis 10 m hoch liegen können. Der kleine Fuchs kann im Alter von einem Monat bereits klettern; bis er erwachsen ist, beherrscht er geübt alle Techniken und kann sogar von einem Ast zum anderen springen.

Inselgraufuchs

Auf sechs der acht Channel Islands vor der kalifornischen Küste lebt der Inselgraufuchs. Dieser unterscheidet sich von seinen Verwandten auf dem Festland vor allem durch seine Größe; mit einem Gewicht von 1,5 bis 3 kg ist er der kleinste Fuchs Nordamerikas. Zum Schutz der stark bedrohten Inselbewohner wird versucht, Steinadler wieder umzusiedeln und die vom Menschen angesiedelten Schweine, die seinen Lebensraum zerstörten, wieder auszurotten.

Inselgraufuchs
Fuchs im Baum

Der Inselgraufuchs kann ausgezeichnet klettern. Obwohl er, anders als die Graufüchse, durchaus in offenen Gebieten der Inseln lebt, sucht er bei Gefahr oft Schutz in Bäumen und geht auf Nahrungssuche auch in höheres Geäst. Seine gebogenen, kräftigen Krallen helfen ihm bei seiner Vorliebe für die Kletterei, die ihn und den Festlandsgraufuchs von anderen Caniden unterscheidet.

Inselgraufuchs
Gefährliche Lage

Am Rand eines Kliffs streift der Inselgraufuchs durch sein Revier – eine exponierte Lage, denn Steinadler sind schnell dabei, ihn zu fangen. Die Greifvögel, die erst seit einigen Jahren auf den Inseln leben, trugen mit dazu bei, dass Inselgraufüchse stark bedroht sind. Ein weiterer Grund für den starken Rückgang des kleinen Fuchses waren Krankheiten, wie Staupe, weshalb keine Haustiere auf die Nationalparks der Inseln mitgebracht werden dürfen.

Bengalfuchs

Gebannt blickt der kleine Bengal- oder Indische Fuchs auf sein Ziel. Er ist hauptsächlich nachts aktiv, wobei ihm seine ausgezeichneten Augen in der Dunkelheit gute Dienste leisten. Auffällig an dem nur 1,8 bis 3,2 kg schweren Fuchs sind die langen, spitzen Ohren und der typische buschige Schwanz mit der schwarzen Spitze, der nach Fuchsart mit 25 bis 35 cm Länge mehr als die Hälfte seiner Körperlänge ausmachen kann.

Tarnfaben

Das sand-ockerfarbene Fell tarnt den Bengalfuchs ausgezeichnet in den Savannen und lichten Wäldern, die er als Revier bevorzugt. Bis zu 1350 m hoch lebt er in Indien, Pakistan, Bangladesch und Nepal; dichten Wald und kahle, steile Felsenregionen meidet er. Was er jedoch nicht meidet, sind Menschen, in deren Siedlungen der Allesfresser gerne nach Nahrung sucht; in Indien hat er das Glück, dass er, der eigentlich nicht als bedroht gilt, geschützt wird.

Afghanfuchs

Nur 30 cm Schulterhöhe und ein Gewicht von 1 bis 1,5 kg erreicht der kleine Fuchs mit den großen Ohren und gilt daher neben dem Fennek als kleinster der Hundeartigen. In Afghanistan, Turkmenistan, Nordostiran und Belutschistan lebt er in wüstenhaften Gebirgsregionen bis 2000 m Höhe. Lange Zeit war nicht bekannt, dass der zierliche Fuchs mit den katzenartigen Bewegungen auch auf der arabischen Halbinsel heimisch ist.

Kapfuchs

Familienplanung: Zur Paarungszeit schließen sich die normalerweise allein jagenden Kap- oder Kamafüchse zu Paaren zusammen, um ihre Familie zu gründen. Viel ist nicht bekannt über die Füchse, die in wenig besiedelten Halbwüsten und Trockensavannen leben. Allerdings dürften sie sich die Arbeit bei der Aufzucht ihrer meist drei bis fünf Welpen wie unter Füchsen meist üblich unter Weibchen und Männchen aufteilen.

Kapfuchs
Wüstenbewohner

Die großen Ohren zeichnen den Kapfuchs als Wüstenbewohner aus – wie auch beim Wüstenfuchs helfen sie bei der Wärmeregulierung in seiner heißen Heimat, die im südlichen Afrika südlich von Angola und Simbabwe bis zum Kap der Guten Hoffnung reicht. Um der Hitze zu entgehen, geht er außerdem grundsätzlich nachts auf Futtersuche; den Großteil des Tages verbringt er meist in einer Sandhöhle, unter Steinen oder in Felsspalten.

Kapfuchs
Silberrücken

Mit seinem silbergrauen Rückenfell, das ihm den zusätzlichen Namen „Silberrückenfuchs" eingebracht hat, und seinen großen Ohren sieht der etwa 4 kg schwere Kapfuchs, wenn man von der langen, buschigen Fuchsrute absieht, fast wie eine kleine Ausgabe des Schabrackenschakals aus. Tatsächlich wird er, obwohl er zu den echten Füchsen gehört, manchmal auch als Silberschakal bezeichnet.

Kapfuchs
Stolzer Fang

Kleine Nager, insbesondere Rennmäuse, sind eine beliebte Beute von Kamafüchsen; stolz bringt der kleine Fuchs seinen Fang erst mal in Sicherheit. Ob Kamafüchse wie manche andere ihre Beute, wenn Überfluss vorhanden ist, auch für kurze Zeit vergraben, um sie später wieder zu holen, ist nicht genau bekannt. Außer Kleinnagern verspeist ein Kapfuchs auch gern alle Arten Insekten, Eidechsen und pflanzliche Nahrung wie Beeren.

Steppenfuchs

Aufmerksam beobachtend hält der Korsak oder Steppenfuchs Wache. Wenn die Jungen geboren sind, hilft der Rüde nach Fuchsart bei der Aufzucht. Er bewacht den Bau und lenkt Feinde durch Bellen von diesem ab; wenn er, im Allgemeinen nachts, auf Beutefang geht, bringt er Futter zu seinem Weibchen und den Jungen zurück, bis die Kleinen mit etwa zwei Monaten ihre Eltern auf der Jagd begleiten.

Steppenfuchs
Kein Menschenfreund

Misstrauen steht im Blick dieses Steppenfuchses. Der in den trockenen Steppen Zentralasiens lebende Fuchs meidet im Gegensatz zum Rotfuchs menschliche Siedlungen konsequent. Der geschickte Jäger war wegen seines weißgrauen Winterpelzes selbst eine begehrte Jagdtrophäe. Die Einschränkung seines Lebensraums trug zusätzlich dazu bei, dass sein Bestand in einigen Teilen Asiens stark dezimiert wurde und er als gefährdet eingestuft wird.

Polarfuchs

Mitten in der Tundra sitzt der kleine Polarfuchs und jammert nach seiner Familie; meist reicht ein kurzes Bellen, um auf sich aufmerksam zu machen. Wie kein anderer Canide können Eisfüchse die Geburtenanzahl kontrollieren: in nahrungsarmen Zeiten, abhängig z. B. von der Anzahl der Lemminge, gebären nur wenige Fähen. Ist Nahrung reichlich vorhanden, gleichen Eisfüchse die reduzierte Generation durch Würfe mit über 10 bis 12 Welpen schnell wieder aus.

Polarfuchs
Keine Angst vor Kälte

Ohne Probleme kann dieser Blaufuchs im Winterpelz lange im Schnee ruhen. Die kurze Schnauze, kleine Ohren, ein kompakter Körperbau und nicht zuletzt das gut isolierende, dichte Fell, das zu 70 Prozent aus Unterhaar besteht, halten den Wärmeverlust niedrig und statten ihn ausgezeichnet dafür aus, Kälte und Schnee zu trotzen. Bis zu - 50 °C stellen für ihn noch gar kein Problem dar, erst bei - 70 °C beginnt er zu frieren.

Polarfuchs
Weiß wie der Schnee

So stellen die meisten sich den Eisfuchs vor – schneeweiß wie diesen ruhenden Polarfuchs. Doch es gibt zwei Farbschläge unter den Polarbewohnern, und da sie zweimal im Jahr die Farbe wechseln, ist im Sommer kein Eisfuchs weiß, sondern graubraun. Im Winter trägt der sogenannte Weißfuchs einen weißen Winterpelz, der Blaufuchs zeichnet sich durch ein blaugraues, manchmal fast schwarzes Winterfell aus.

Polarfuchs
Der Vagabund

Im gesamten Nordpolargebiet Eurasiens und Nordamerikas, auf Grönland und Island, in der steinigen Tundra und auf Eisflächen ist der Polarfuchs zu Hause. Er ist sehr wanderfreudig, obwohl er einen Bau generationenlang nutzen kann, und zieht oft dem Nahrungsangebot hinterher. So folgt er Eisbär und Wolf, um sich an Beuteresten gütlich zu tun, hält sich, wenn die Seevögel brüten, viel am Strand auf und scheut auch menschliche Siedlungen nicht.

Polarfuchs
Freiheit

Aufgrund seines weiten Verbreitungsgebietes und des einzigartigen Vermehrungsvermögens ist der Eisfuchs, der vielen als Sinnbild des Nordens gilt, nicht unmittelbar bedroht. Doch da sein Pelz, insbesondere das Winterfell des Blaufuchses, nach wie vor begehrt ist, vegetieren viele Polarfüchse auf Pelztierfarmen auf Drahtgitterböden in viel zu engen Käfigen vor sich hin – ein Zustand, der für die lauffreudigen, schönen Füchse unerträglich ist.

Rüppelfuchs

Sandfuchs heißt der Rüppelfuchs, dessen Fell die gleiche Farbe wie seine Umgebung trägt. Einzig die Schwanzspitze ist weiß, und am Kopf zieren ihn schwarze Flecken. Allein oder in Gruppen bis zu 15 Tieren streift er in einzeln verstreuten Populationen durch die Steinwüsten Nordafrikas, Arabiens und Westasiens, die von den übrigen Füchsen in der Regel gemieden werden, in denen der rotfuchsähnliche Wüstenbewohner jedoch genug Nahrung findet.

Großohrkitfuchs

Großohriger Verwandter: Kontrolle muss sein – am Geruch kann die Fähe feststellen, ob es auch ihr Welpe ist, der da vor dem Familienbau herumstrolcht. Großohrkitfüchse werden als Unterart der Swift- oder Kitfüchse angesehen. Sie leben hauptsächlich im Südwesten der USA und im Nordwesten Mexikos in Prärielandschaften. Von den anderen Kitfüchsen unterscheiden sich die Großohrkitfüchse vor allem durch ihre großen Ohren.

Kitfuchs

Allein im Wald: In der winterlichen kanadischen Schneelandschaft durchstreift der Kitfuchs täglich sein Revier. Er jagt allein, bevorzugt aber im Gegensatz zum Rotfuchs, der alles frisst, was er bekommen kann, fast nur fleischliche Nahrung. Vielleicht ist er auch auf Partnersuche, denn der Winter ist Paarungszeit; da aber Swiftfüchse in Kanada selten sind – eine Zeit lang waren sie sogar ausgerottet –, ist die Suche für einen jungen Fuchs nicht immer leicht.

Kitfuchs
Fuchsaugen

Licht und Schatten heben den grauroten, mit beigen und weißen Abzeichen versehenen Pelz des Kitfuchses hervor; an den leuchtend gelben Augen kann man aufgrund der senkrecht ovalen Pupille erkennen, dass er zu den echten Füchsen gehört. Kleiner als ein Rotfuchs und mit deutlich größeren Ohren, ist er wie dieser mit einem ausgezeichneten Geruchs-, Hör- und Sehsinn gut für die Jagd in der Dunkelheit gerüstet.

Kitfuchs
„Präriehund"

Aufmerksam die Umgebung beobachtend, ruht der Kitfuchs sich aus. Tagsüber wird er in der Regel sehr selten gesehen; der nachtaktive Jäger bleibt dann lieber in seinem oft weit-verzweigten Bau. Früher häufig in den Prärien Nordamerikas von Kanada bis Texas und in den Wüstengebieten der westlichen USA bis Nordmexiko vorkommend, haben ihn Verfolgung und die Umwandlung seines Lebensraumes in Agrarflächen stark zurückgedrängt.

Kitfuchs
Fluchtbereit

Viel fehlt nicht, und der kleine nordamerikanische Kitfuchs stürzt davon. Zu seinen Feinden zählt nicht nur der Mensch, sondern insbesondere Kojoten und manchmal auch Rot-füchse. Bei Gefahr kann er bis zu 50 km/h schnell werden und sogar im Zickzackkurs rennen. Seine flinken Beine haben ihm den englischen Namen Swiftfuchs – „swift" bedeuet „schnell, flink" – eingebracht.

Rotfuchs

Fang mich doch! Neugierig und gewitzt schaut der kleine Fuchs aus seinem Grasversteck. Bei Gefahr kann er schnell in seinem Bau verschwinden. Als Erwachsener gebraucht er diesen nur noch selten als Schlafplatz, obwohl der Fuchsbau von den standorttreuen Rotfüchsen über Generationen weiter als Aufzuchtplatz benutzt wird. Je größer der Bau ist, desto mehr Ein- und Ausgänge sind vorhanden. Manchmal wohnt sogar ein Dachs im gleichen Haus.

Rotfuchs
Kinderstube

Noch spielen und toben die Fuchswelpen zusammen. Doch schon mit drei bis vier Monaten gehen sie in der Regel eigene Wege und wandern viele Kilometer weit, um ein neues Revier zu suchen. Rotfüchse kontrollieren ihre Population, indem sie in Notzeiten in kleinen Gruppen leben und nur eine Fähe Junge bekommt, die nicht nur der Rüde, sondern auch ältere Geschwister mit aufziehen, wogegen sie in „guten" Zeiten paarweise ein Revier teilen.

Rotfuchs
Überlebenskünstler

Kein Raubtier ist so flächendeckend verbreitet wie der Rotfuchs, keines so anpassungsfähig an die sich ständig verändernde Umwelt. Er hat sich nie aus seinen Revieren auf der gesamten Nordhalbkugel vertreiben lassen, wurde in Australien eingebürgert, bewohnt die arktische Tundra, wo er dem Polarfuchs Konkurrenz macht, sowie nordafrikanische Wüsten bis in den Sudan, ist in Wäldern, Grasland, Kulturland und sogar in Städten zu Hause.

Rotfuchs
Gestatten, Reineke!

Auch wenn sie nicht immer in Erscheinung treten – Rotfüchse gibt es überall. Sie verstehen es, sich dem Blickfeld des Menschen zu entziehen, selbst wenn sie sich in seiner unmittelbaren Nachbarschaft in Städten aufhalten. Da sie zudem meist nachts jagen, sieht man Meister Reineke nur selten. Dieser Rotfuchs streift wohl auf Nahrungssuche über die Wiese, um ein paar Mäuse im schnellen Sprung zu packen oder Regenwürmer zu fangen.

Rotfuchs
Der Opportunist

Im Schnee gestaltet sich die Nahrungssuche zwar etwas schwieriger, doch ein schlauer Rotfuchs wie er weiß sich meist zu helfen. Wählerisch ist er nicht – im Herbst machen Früchte bis zu 80 Prozent seiner Nahrung aus, und notfalls sucht er auch mal im Abfall nach Nahrung. Die größte Gefahr stellten für ihn Menschen dar, sowie die Tollwut, die allerdings mit Hilfe ausgelegter Impfköder größtenteils bekämpft werden konnte.

Fennek

Kurz taucht der Wüstenfuchs aus seinem Bau auf, um einen schnellen Überblick zu gewinnen. Um der Hitze seiner Heimat, den Sandwüsten Nordafrikas, Sinais und Arabiens, zu entgehen, bleiben die Füchse tagsüber in ihren selbst gegrabenen Sandbauten. Diese sind meist nicht sehr tief, aber weitverzweigt und bieten Ruhe- und Wurfplätze für die ganze Gruppe mit bis zu zehn Tieren. Nachbarbaue können sogar miteinander in Verbindung stehen.

Fennek
Nachwuchssorgen

Unbekümmert spielen die Fennekwelpen, die mit bis zu zwölf Wochen länger als andere Füchse gesäugt werden, auf ihrem Felsen. Wüstenfüchse bekommen relativ kleine Würfe mit zwei bis vier Jungen. Leider können sie, die sich extrem an ihre Umwelt spezialisiert haben und ihr Ökosystem voll ausnutzen, nicht mit vermehrten Geburtenzahlen reagieren, wenn sie zum Beispiel – in der Regel grundlos – gejagt werden, sodass sie zumindest gebietsweise gefährdet sind.

Fennek
Superlative im Kleinen

Das erste, was an einem Fennek auffällt und ihn als Inbegriff des Wüstenbewohners geprägt hat, sind seine riesigen Ohren, die als Hitzeabstrahler funktionieren und ihm zudem helfen, feinste Geräusche zu lokalisieren. Mit 15 cm Länge sind sie im Vergleich zu seiner Körpergröße (19 bis 21 cm) die größten Ohren aller Fleischfresser, fast so lang, wie ihr Träger hoch ist, was ihn mit dem Gewicht von maximal 1,5 kg zum kleinsten Caniden der Welt macht.

Fennek
Kulleraugen und Trichterohren

Eng rollt sich der Fennek zum Schlafen zusammen; erst nachts geht der kleine Fuchs auf Jagd. Dann helfen ihm seine großen, runden Augen, Nahrung wie Springmäuse, Kriechtiere, Insekten, aber auch Pflanzen und Aas zu finden. Den großen Tütenohren entgeht kein noch so leises Geräusch möglicher Beutetiere, die er in der Regel zum Bau zurückträgt, um nicht selbst zur Beute zu werden.

Fennek
Der Meister der Wüste

Auf den ersten Blick scheint der dichte Pelz des Fennek nicht geeignet für das Leben in seiner extremen Umwelt, und doch ist er ausgezeichnet an genau dieses Leben angepasst: Seine Ohren strahlen überschüssige Wärme ab und seine mit dichtem Fell gepolsterten Pfoten schützen vor heißem Sand. Er kann lange ohne Wasser auskommen, und das dichte, feine Fell hilft ihm, die nächtliche Kälte der Wüste zu ertragen.

Register

Hunderassen

A

Affenpinscher 37
Afghanischer Windhund 193
Airedale Terrier 62
Akita 96 f.
Alaskan Malamute 64
Alpenländische Dachsbracke 136 f.
Altdänischer Vorstehhund 141
American Akita 96
American Cocker Spaniel 170
American Foxhound 113
American Staffordshire Terrier 75
American Water Spaniel 173
Anatolischer Hirtenhund 50
Anglo-Français de Petite
   Venérie 115
Appenzeller Sennenhund 58
Arabischer Windhund 201
Ardennen-Treibhund 32
Argentinische Dogge 41
Ariégeois 116
Ariège-Vorstehhund 146
Artois-Hund 116
Atlas-Berghund 53
Australian Silky Terrier 76
Australian Stumpy Tail Cattle Dog 33
Australian Terrier 68
Australischer Kelpie 11
Australischer Schäferhund 30
Australischer Treibhund 32
Auvergne-Vorstehhund 146
Azawakh 200

B

Barsoi 194
Basenji 102
Basset Artésien Normand 131
Basset Fauve de Bretagne 132
Basset Hound 133
Bayerischer Gebirgslaufhund 136
Beagle 133
Beagle Harrier 116

Bearded Collie 17 f.
Beauceron 15
Bedlington Terrier 62
Belgischer Griffon 180
Belgischer Schäferhund 11 f.
   • Groenendael 11
   • Laekinois 12
   • Malinois 12
   • Tervueren 12
Bergamasker Hirtenhund 22
Berger Picard 16
Berner Sennenhund 58
Bernhardiner 55
Billy 108
Blauer Basset der Gascogne 131
Blauer Gascogne Griffon 118 f.
Blauer Picardie-Spaniel 152
Bluthund 107
Bobtail 19 f.
Böhmisch Raubart 157
Bologneser 176
Bordeauxdogge 45
Border Collie 18
Border Terrier 63
Bosnischer Laufhund,
   Rauhaariger 114
Boston Terrier 191
Bourbonnais-Vorstehhund 146
Brandlbracke 124
Brasilianischer Terrier 61
Bretonischer Spaniel 152 f.
Briard 16
Briquet Griffon Vendéen 118
Broholmer 42
Brüsseler Griffon 180
Bulldogge 45 f.
Bullmastiff 46

C

Cairn Terrier 70
Cão Fila de São Miguel 49
Cavalier King Charles 185
Chin 186 f.
Ciobanesc Românesc Carpatin 31
Ciobanesc Românesc Mioritic 30

Castro Laboreiro-Hund 54
Chesapeake Bay Retriever 166
Chihuahua 184
Chinesischer Schopfhund 181
Chow-Chow 94
Clumber Spaniel 167
Coton de Tuléar 177
Curly Coated Retriever 162

D

Dachshund 79 ff.
Dalmatiner 138
Dandie Dinmont Terrier 70
Dansk-Svensk Gaardshund 38
Deutsch Drahthaar 142 f.
Deutsch Kurzhaar 142
Deutsch Langhaar 151
Deutsch Stichelhaar 144
Deutsche Bracke 130
Deutsche Dogge 43 f.
Deutscher Boxer 43
Deutscher Jagdterrier 61
Deutscher Pinscher 35 f.
Deutscher Schäferhund 14
Deutscher Spitz 92
   • Großspitz 92
   • Kleinspitz 93
   • Mittelspitz 93
   • Wolfsspitz 92
   • Zwergspitz 93
Deutscher Wachtelhund 167
Dobermann 35
Dogo Canario 49
Drahthaar-Vizsla 148
Drent'scher Hühnerhund 155
Drever 135
Dunker 123

E

English Bull Terrier 74
English Cocker Spaniel 168
English Foxhound 112
English Pointer 158
English Setter 158

Wildarten der Hunde und Füchse

Bildnachweis

dpa Picture-Alliance GmbH:
Seite 6; 11; 12 o.; 13 (3); 14 o.; 15 u.; 16 M.; 17 o., u.l.; 18 o., u.; 19 u.; 21 o., u.; 22 (3); 25 (2); 26 (3); 27 u.; 28 o., M.; 29 (2); 32 o.r., u.; 33 o., M.; 35 o.r.; 36 o.; 37 M.; 38 u.; 39 u.; 40 (2); 41 u.l., u.r.; 42 o.r., u.; 43 u.; 45 u.l., u.r.; 48 o.r.; 50 o., u.l.; 51 o.l., u.l.; 52 o., M.; 53 o., u.l.; 55 o.l., o.r.; 56 (3); 57 o.; 58 o.M., u.; 59 u.r.; 61 o.r.; 62 M.; 64 o.l., o.r.; 65 o.; 66 (3); 67 u.l.; 68 (2); 70 u.l.; 71 o., u.r.; 73 o.; 74 (2); 75 u.r.; 76 o.l.; 79 o.r.; 80 (3); 83 o.l., u.; 84 M.; 85 o.; 86 u.; 87 u.; 88 o.r.; 89 (3); 90 o.r., u.; 91 o., u.r.; 92 u.r.; 93 u.l., u.M.; 94 u.; 95 o.l.; 97; 99 o.; 100 u.l., u.r.; 101 (2); 102 o.; 104 o.; 107 (3); 112 o.r.; 113 o.; 117 o.r., u.; 118 o., u.r.; 119 o.r., u.; 121; 124 u.; 125 (2); 126 o.l., M.; 128 u.l.; 129 (3); 130 o.l., o.r.; 131 (4); 132 u.l., u.r.; 133 M.; 135 u.; 141 (2); 142 o.r.; 143 o.; 144 M.; 146 o.; 149 o.; 150 u.l., u.r.; 152 o., u.r.; 153; 154 M., u.; 156 o., u.r.; 157 o.l.; 158 o.l., o.r.; 159 o.l.; 162 o.l., u.; 164 o.l., o.r.; 165 (2); 166 o.; 168 u.l.; 169 (3); 170 o.l., u.l.; 171 u.; 173 o., M.; 175 o.r., u.; 176 o.l., o.r.; 178 o.; 179 o., u.l.; 180 o.l.; 181 o.; 182 (3); 183 o., u.r.; 184 o., u.l.; 185 o.r.; 186 (2); 187; 188 o.l., M.; 189 o.; 190 o.l.; 191 o.l., u.r.; 193 o.l., u.; 195; 196 u.l., u.r.; 197 o.l.; 198 o.l.; 199; 200 u.l., u.r.; 207 (3); 210 u.; 219 u.r.; 222 u.; 223 o.l.; 231 o.l.; 240 u.r.; 283 o.l., o.r.; 284 o., u.r.; 285 o.; 306 u.l., u.r.; 307 (3); 316 u.; 328 u.l.; 330 (3); 331 (2); 342 u.; 343 (3); 344 u.; 345 (2); 346 u.; 347 o.; 348 M., u.; 350 (3); 351 o.; 352 u.; 353 u.; 354 M., u.; 355 u.r.; 356 o.l.; 358 o.r.; 359 M., u.; 360 o.l., o.r.; 361 o.l., M., u.; 362 o.l., o.r.; 363 o.; 364 o.r.; 366 u.; 368 (3); 369 (3); 370 u.l., u.r.; 371 (3); 372 o.r.; 374 o.l., u.; 375 o.; 377 (2); 378 u.l., u.r.

Interfoto:
Seite 12 M., u.; 14 u.; 16 o., u.; 17 u.r.; 18 M.; 19 o.l.; 20 (3); 21 M.; 24 (2); 27 o.; 30 o., M.; 32 o.l.; 35 o.l., u.; 36 u.; 39 o., M.; 42 o.l.; 43 o.l.; 44 o., M.; 46 (2); 47; 48 o.l., u.l.; 50 u.r.; 51 o.r., u.r.; 58 o.l., o.r.; 59 o., u.l.; 62 o.; 63 o.l., o.r.; 65 u.l., u.r.; 67 o.l., o.r.; 69; 70 o., u.r.; 71 u.l.; 72 M., u.l., u.r.; 75 u.l.; 77 (2); 79 o.l., u.; 82 o.r.; 84 o., u.; 85 u.; 86 o.r.; 90 o.l.; 91 u.l.; 92 o., u.l.; 94 o.; 95 o.r.; 96 u.l., u.r.; 99 u.l.; 102 u.; 103 o.l., o.r.; 105; 109 M., u.; 111; 119 o.l.; 128 u.r.; 133 u.; 136 o., u.r.; 138 (2); 139 (3); 142 o.l.;

143 M.; 145; 148 u.r.; 149 M.; 150 o.; 151 (2); 152 u.l.; 158 u.; 159 o.r., u.; 161 (2); 162 o.r.; 163 (2); 164 u.; 166 u.; 167 o.l.; 168 o.; 170 o.r.; 175 o.l.; 176 u.; 177 o.; 178 u.; 181 u.; 183 u.l.; 184 u.r.; 185 o.l.; 188 o.r.; 189 u.; 190 o.r., u.; 191 o.r., u.l.; 193 o.r.; 194 (3); 196 o.; 197 o.r.; 198 o.r., u.l.; 206 u.r.; 210 o.l., M.; 211 (2); 219 u.l.; 223 o.r.; 224 u.l.; 230 (2); 231 o.r.; 285 u.; 286 o.r., u.; 287 u.; 308 (3); 309 (3); 310 o.; 312 o.r.; 316 o.r.; 317; 332 M., u.; 333 u.; 334 (3); 346 o., M.; 347 M., u.; 348 o.; 349 o.; 353 M.; 354 o.; 355 o.l., o.r., u.l.; 356 u.; 357 o.; 358 o.l., u.; 359 o.; 360 u.; 361 o.r.; 363 u.l., u.r.; 364 o.l., u.; 365 (2); 366 o.; 367 (2); 370 o.; 372 o.l., o.M., u.; 373; 375 u.l., u.r.; 376 (3); 378 o.; 379 (2)

Tierfotoagentur:
Seite 15 M.; 19 o.r.; 23; 28 u.; 31 u.; 37 o., u.; 41 o.; 43 o.r.; 44 u.; 48 u.r.; 49 u.r.; 52 u.; 61 u.l.; 62 u.; 64 u.; 67 u.r.; 71 o.l.; 73 u.; 76 o.r.; 93 o.; 98 u.; 112 u.; 122 u.l.; 132 o.r.; 133 o.; 136 u.l.; 137; 142 u.; 143 u.; 155 u.; 159 M.; 170 u.r.; 171 o.; 172 o.l., o.r.; 177 u.; 188 u.; 198 u.r.; 201 o.; 231 u.; 232 (3); 233 (2); 234 (2); 235 (3); 241 o., u.r.; 242 (3); 243 o.l., o.r.; 254 u.; 255 (2); 256 o.l., u.l.; 257; 264 u.; 276 o.r.; 277 o.l.; 281 u.; 287 o.l., o.r.; 288 o.l., o.r.; 289; 290 u.l.; 293 u.; 295 u.l., u.r.; 296 o.r., u.; 297; 298 (2); 299 (3); 313 u.; 328 o.; 333 o.l.; 335 o.; 336 o.; 337 (2); 338 o.r.; 357 u.

Picani:
Seite 128 o.; 204 (3); 205 (3); 206 o.l., o.r., u.l.; 208 (3); 209; 210 o.r.; 212 (3); 213 (3); 214 (3); 215 (3); 216 (3); 217 (3); 218 (3); 220 (2); 221 (3); 222 o.l., o.r.; 226 (2); 227 (3); 228 (3); 229 (2); 236 (2); 237 (3); 238 (3); 239 (3); 240 o.; 246 (3); 247 (2); 248 o.r., u.; 249 (2); 252 (3); 253 (3); 254 o.l., o.r.; 258 (3); 259 (3); 260 (3); 261 (3); 262 (3); 263 (3); 266 (3); 267 (3); 268 (3); 270 (3); 271 (2); 272 (2); 273 u.; 274 (3); 275 (4); 276 o.l., u.; 280 (3); 281 o.; 282 (2); 283 u.; 284 u.l.; 290 o.; 291 o.; 294 (3); 295 o.; 300 o.; 301 (3); 302; 306 o.; 314 (2); 315 (3); 323 o.; 324 (2); 325 (2); 326 (2); 327 (3); 328 u.r.; 332 o.; 333 o.r.

Okapia KG:
Seite 49 o.; 53 u.r.; 54 o.; 86 o.l.; 88 o.l.; 98 M.; 100 o.; 103 u.; 104 M.; 110 u.l., u.r.; 112 o.l.; 115 u.; 116 o., u.l.; 118 u.l.; 123 u.; 124 o.l.; 127; 132 o.l.; 134 u.; 144 u.; 146 u.l., u.r.; 147 o.; 148 o., u.l.; 154 o.; 156 u.l.; 167 o.r.; 168 u.r.; 172; 173 u.; 185 u.; 200 o.; 240 u.l.; 329; 339 o.r.; 342 o.; 344 o.r.; 351 M., u.; 352 o., M.; 353 o.; 356 o.r.; 362 u.; 374 o.r.

Eva-Maria Krämer:
Seite 38 o.; 54 u.l.; 55 u.; 57 M.; 61 o.l.; 63 u.; 93 u.r.; 95 u.; 96 o.; 99 u.r.; 108 (3); 109 o.; 113 u.; 114; 115 o., M.; 120 (4); 123 o.; 124 o.r.; 126 u.; 128 M.; 130 u.; 134 o.l., o.r.; 135 o., M.; 144 o.; 155 o.; 157 o.r.; 180 o.r.; 201 u.

twinbooks (Stefanie Zehender):
Seite 219 o.; 224 o., u.r.; 225 (2); 241 u.l.; 243 u.; 244 (3); 245 (3); 248 o.l.; 250 (3); 251 (2); 256 o.r., u.r.; 264 o.l., o.r.; 265 (3); 269 (3); 273 o.l., o.r.; 277 o.r., u.; 286 o.l.; 288 u.; 290 u.r.; 291 u.l., u.r.; 292 (2); 293 o.l., o.r.; 300 u.l., u.r.; 303 (3); 304 (2); 305 (2); 310 u.l., u.r.; 311 (3); 312 o.l., u.; 313 o.; 316 o.l.; 317 (3); 318 (2); 320 (3); 321 (2); 322 (3); 323 u.; 335 o.; 336 u.; 338 o.l., u.; 339 o.l.

Sonstige Quellen:
Fotolia LLC (CALLALLOO Canis) 296 o.l.; North American Kai Association 98 o.; Shutterstock Inc. 33 u., 45 o., 72 o., 75 o., 81, 116 u.r., 149 u.; 179 u.r., 180 u.r.; 349 u.; Wikimedia Foundation (Ana Isabel Bujan Fehlandt) 15 o.; Wikimedia Foundation (Summer06) 30 u.; Wikimedia Foundation (DannyFaQ) 31 o.; Wikimedia Foundation (Andres de Montbard) 49 u.l.; Wikimedia Foundation (Caronna) 54 u.r., 113 M.; Wikimedia Foundation (P. Marlow) 57 u.; Wikimedia Foundation (PrzemekL) 87 o.; Wikimedia Foundation (Stanley) 104 u.; Wikimedia Foundation (Alephalpha) 110 o.; Wikimedia Foundation (Pleple2000) 117 o.l.; Wikimedia Foundation (Android90) 122 o., M.; Wikimedia Foundation (Lnko2323) 122 u.r.; Wikimedia Foundation (Beata Raciborska) 126 o.r.; Wikimedia Foundation (Johami) 147 u.; Wikimedia Foundation (Jamil) 344 o.l.